高等学校遥感信息工程实践与创新系列教材

计算机图形学实习教程

——基于C++语言

（第二版）

于子凡　　桂志鹏　编著

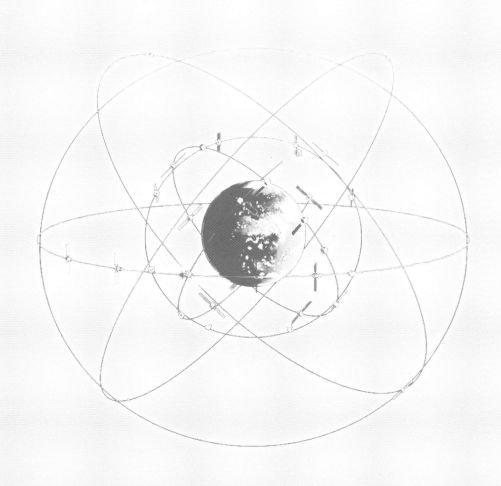

WUHAN UNIVERSITY PRESS

武汉大学出版社

图书在版编目（CIP）数据

计算机图形学实习教程：基于 C++语言／于子凡，桂志鹏编著.
2 版. -- 武汉 ：武汉大学出版社，2025. 6. -- 高等学校遥感信息工
程实践与创新系列教材. -- ISBN 978-7-307-25029-1

Ⅰ.TP391.411；TP312.8

中国国家版本馆 CIP 数据核字第 2025NY8887 号

责任编辑:任仕元　　　　责任校对:汪欣怡　　　　版式设计:马　佳

出版发行：**武汉大学出版社**　（430072　武昌　珞珈山）

（电子邮箱：cbs22@whu.edu.cn　网址：www.wdp.com.cn）

印刷:武汉科源印刷设计有限公司

开本：787×1092　1/16　印张：19　字数：440 千字　插页：1

版次：2017 年 9 月第 1 版　　2025 年 6 月第 2 版

2025 年 6 月第 2 版第 1 次印刷

ISBN 978-7-307-25029-1　　定价：65.00 元

高等学校遥感信息工程实践与创新系列教材 ————————

编审委员会

序

    实践教学是理论与专业技能学习的重要环节，是开展理论和技术创新的源泉。实践与创新教学是践行"创造、创新、创业"教育的新理念，是实现"厚基础、宽口径、高素质、创新型"复合人才培养目标的关键。武汉大学遥感科学与技术类专业(遥感信息、摄影测量、地理信息工程、遥感仪器、地理国情监测、空间信息与数字技术)人才培养一贯重视实践与创新教学环节，"以培养学生的创新意识为主，以提高学生的动手能力为本"，构建了反映现代遥感学科特点的"分阶段、多层次、广关联、全方位"的实践与创新教学课程体系，夯实学生的实践技能。

    从"卓越工程师教育培养计划"到"国家级实验教学示范中心"建设，武汉大学遥感信息工程学院十分重视学生的实验教学和创新训练环节，形成了一整套针对遥感科学与技术类不同专业方向的实践和创新教学体系、教学方法和实验室管理模式，对国内高等院校遥感科学与技术类专业的实验教学起到了引领和示范作用。

    在系统梳理武汉大学遥感科学与技术类专业多年实践与创新教学体系和方法的基础上，整合相关学科课间实习、集中实习和大学生创新实践训练资源，出版遥感信息工程实践与创新系列教材，不仅服务于武汉大学遥感科学与技术类专业在校本科生、研究生实践教学和创新训练，并可为其他高校相关专业学生的实践与创新教学以及遥感行业相关单位和机构的人才技能实训提供实践教材资料。

    攀登科学的高峰需要我们沉下心去动手实践，科学研究需要像"工匠"般细致入微地进行实验，希望由我们组织的一批具有丰富实践与创新教学经验的教师编写的实践与创新教材，能够在培养遥感科学与技术领域拔尖创新人才和专门人才方面发挥积极作用。

2017 年 3 月

1

第二版前言

本教材是《计算机图形学实习教程——基于 C#语言》的修订版，主要变化在于编程语言由 C#改为 C++，并对软件平台进行了升级。调整编程语言平台的原因如下：

1. 更好地为后续专业课程服务

计算机图形学是测绘遥感学科的专业基础课程，其实习内容一方面通过编程实践帮助学生深入理解图形学算法，另一方面旨在提升大二年级学生的编程能力，使其更好地适应后续专业课程的学习。由于后续专业课程更多采用 C++语言，因此本教材对编程语言平台进行了调整。

2. 计算机图形学算法本身的需求

C#是微软公司专为 .NET 平台设计的开发语言，其继承自 C/C++，具有简单、现代、面向对象和类型安全的特性。作为 .NET 框架的首选语言，C#依赖 .NET 运行环境，其功能高度集成于 .NET 平台。尽管 C#简化了编程流程，并在跨平台兼容性上表现优异，但其对传统 C 语言功能的重新封装存在一定局限。例如，图形处理中关键的像素操作之类的基本函数被归类至图像类，与图形类分离，导致两类编程方法差异显著，灵活性受限。

相较而言，Visual Studio C++具备更强的底层控制能力，尤其支持图形学算法中至关重要的"异或"操作，并能以统一方式处理像素与图形操作。这一特性使其更适用于需要直接操作像素的图形学算法实现，为开发提供了更高的灵活性和效率。

3. 解决软件版本升级带来的兼容性问题

微软 Visual Studio 更新频繁，但不同版本间存在兼容性差异，这对低年级学生自主解决兼容性问题提出了挑战。第一版教材软件编程基于 VS2015 平台，而当前主流版本已升级至 VS2022。在教学实践中发现，版本兼容问题消耗了师生大量精力，且随着软件持续更新，兼容性差异越来越大，教材的适用性逐渐降低。为此，本修订版采用 VS2022 作为开发平台，所有示例均由作者重新编写并严格测试，确保其能够完全适应当前的教学环境和学生的学习需求。这一调整将有效减少因版本差异导致的技术障碍，使师生能够更专注于图形学核心内容的教学与实践。

与第一版教材相比，本版新增了以下核心内容：

- 交互功能增强：鼠标坐标实时显示；
- 基础算法扩展：正负圆生成算法、边缘填充算法、扫描线种子填充算法、递归填充算法；
- 三维图形处理：任意平面投影、画家算法；
- 曲线绘制：Hermite 曲线实现。

这些新增内容得益于 C++语言更强大的底层图形处理能力，特别是在像素级操作方面的优势。此外，基于 C++更丰富的功能特性，本版教材还对场景漫游和消隐算法等内容进行了深度扩展，使实践教学与计算机图形学理论课程内容的结合更加紧密。

全书共 9 章，具体编写分工如下：于子凡负责第 1~6 章及第 9 章的编写；桂志鹏负责第 7~8 章的编写；全书由于子凡统一文字风格并最终定稿。武汉大学付仲良教授对全书做了细致的审阅，并提出了很好的修改意见。在此，向所有为本书的成书及出版做出贡献的人们表示衷心感谢！

本书适合作为信息技术相关专业本科生的计算机图形学配套实践教材，也可以作为 Visual C++编程初学者的进阶学习参考用书。

由于编者水平有限，书中定有很多不足和缺憾，敬请读者在阅读过程中及时加以批评、指正！

编　者

2024 年 12 月于珞珈山

第一版前言

计算机图形学技术是制作电子地图的基本工具，因此计算机图形学成为测绘学科相关专业的专业基础课。计算机图形学中包含了大量算法，涉及各种理论、模型、技巧，仅依靠阅读课本难以全面、准确地体会和理解各种算法的思路与精妙之处。动手编程实践，对于计算机图形学各种算法的学习很有帮助，这样便于学生及时发现自己的理解偏差。

计算机已经成为测绘行业的重要工具，从业人员必须掌握计算机编程技能。作为一门基础课，计算机图形学通常安排在大学低年级阶段学习。此时学生刚刚学完或正在学习面向对象程序设计课程，学到的一些基本编程技能和方法需要通过实践加以巩固和提高。但低年级学生对本专业的基本理论和方法还缺乏了解，练习编程还缺乏思路。计算机图形学正好提供了大量的算法，这些算法相对独立，编程难度也不大，可以为编程初学者提供大量的编程学习素材。

本实习教材将计算机图形学课程学习与编程技能紧密地结合起来。教材按照章节组织计算机图形学的基本内容，各章节选择有代表性的典型算法，首先分析算法思路、研究算法模型，然后用目前应用最广泛的 Visual C#语言对算法进行编程实现。本书第 1 章介绍了一个软件平台的编制方法，第 2~8 章分别介绍了计算机图形学的各种基本内容，包括基本图形生成、图形填充和裁剪、图形的变换、图形投影、投影图形的消隐方法和曲线生成算法。每章内容既相对独立，又成为软件平台的组成部分，当所有章节编程内容完成以后，一个完整的计算机图形学实习软件就完成了。各章的程序都有详细的注释，以帮助读者更好地理解编程思路。在实现过程中，都尽可能地使用常用的编程技巧，以帮助读者积累编程经验。为了帮助初学者降低学习难度和上升坡度，所有程序都是经过检验、证明无误的，读者只要加以模仿并认真体会教材内容，就能完成教材设定的基本任务，并从实践的角度更深入地理解计算机图形学各种算法的基本思想。

本实习教材还在各章附有作业，以便为希望进一步提升编程能力的读者提供素材。

本书适合与信息技术相关的各专业本科生作为计算机图形学辅助教材使用，同时也适合学习 Visual C#编程的初学者参考。

由于编者水平有限，书中定有许多不足和缺憾，敬请读者在阅读过程中及时加以批评和指正！

作　者

2017 年 7 月于武汉大学

1

目　　录

1

第1章 实验平台建立

Visual Studio 是微软公司提供的集成开发环境，用于创建、运行和调试各种 .NET 编程语言编写的程序。Visual Studio 提供了若干种模板，帮助用户使用 .NET 编程语言（包括 C#，C++，VB. NET，Java）开发 Windows 窗体程序、控制台程序、WPF 程序等多种类型的应用程序以及建立网站等。其中，Windows 窗体程序是在 Windows 操作系统中执行的程序，具有图形用户界面。

C++语言是 Visual Studio 平台上的主要开发语言之一。Visual Studio 为 C++语言提供了功能强大的 MFC 运行库，为用户自动建立了功能完备的程序框架。C++语言是面向对象的编程语言，用户只需要关注自己要解决的问题，在程序框架的各个部分添加解决自己问题的语句，就能够最终构建自己的软件。

本书用基于 MFC 的 C++语言编写 Windows 窗体程序实现图形学的各种算法，并在图形用户界面上显示算法生成的图形，通过生成的图形是否能实现预定的目标来检验对图形学算法的理解是否正确。书中的各种例子是在 Windows10 操作系统环境中使用 Visual Studio 2022 集成开发环境实现的。

1.1 创建新项目

用 C++进行 Windows 窗体程序开发，以项目为单位组织与管理软件的编制，以窗口来显示各种图形。因此，首先需要创建一个具有单一窗口的项目。打开 Visual Studio 2022，可以看到如图 1-1 所示界面。

图 1-1　Visual Studio 2022 起始界面

　　鼠标点击"创建新项目"，出现如图 1-2 所示"创建新项目"窗口。在"搜索模板"下的三个下拉框中分别选择"C++""Windows""桌面"，应该出现如图 1-5 所示的用 C++语言创建新项目窗口。如果出现的窗口与之不一样，则是由于安装 VS2022 时，有部分必要的组件没有安装，需要补充安装 C++组件。

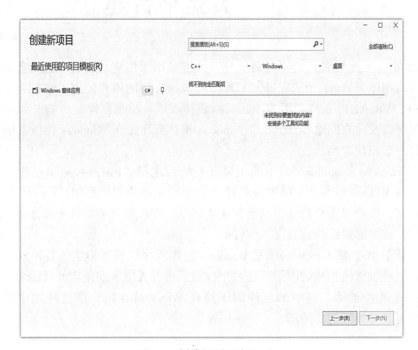

图 1-2　创建新项目窗口（1）

　　补安装过程如下：点击窗口中"安装多个工具和功能"，出现如图 1-3 所示窗口。

图 1-3　补充安装显示窗口（1）

勾选".NET 桌面开发""使用 C++的桌面开发",在右边"安装详细信息"窗口,在"可选"下面,将所有的可选项勾选。鼠标点击右下角"修改"按键,出现如图 1-4 所示的下载、安装过程显示窗口。

图 1-4 补充安装显示窗口 (2)

补充安装完毕,重新启动 VS2022,用 C++创建新项目,可以看到如图 1-5 所示窗口。

图 1-5 创建新项目窗口 (2)

在图 1-5 中选择"MFC 应用",点击"下一步"按键,出现"配置新项目"窗口,如图 1-6 所示。

为项目确定名称和存储位置,并勾选"将解决方案和项目放在同一目录中",点击

图 1-6   配置新项目窗口

"创建"按键，出现 MFC 应用程序类型选项窗口，如图 1-7 所示。

图 1-7   MFC 应用程序类型选项

　　首先，在第一列选项中选择"应用程序类型"；在"应用程序类型（T）"下拉框中选择"单个文档"，勾选"文档/视图结构支持（V）"；在"项目样式"下拉框中选择"MFC standard"；在"使用 MFC"下拉框中选择"在静态库中使用 MFC"。其次，如图 1-8 所示，在第一列选项中选择"高级功能"；清除高级功能所有勾选项。最后，点击"完成"按键,系统开始生成程序。

图 1-8 创建新项目窗口(3)

项目创建成功后,出现 VS2022 编程窗口系统界面,如图 1-9 所示。

图 1-9 VS2022 编程窗口系统界面

系统界面由 4 个窗口组成,左上窗口为编程主窗口,待打开源程序或源程序任何资源时,将以分页的形式显示源程序或资源。左下窗口为输出窗口,在运行、调试程序时显示实时运行信息。右上窗口为解决方案资源管理器窗口,以折叠方式显示项目的程序代码和各种资源。右下窗口为属性窗口，任何被选定的组件，所有的属性项及其对应的属性值，以表格形式显现出来。可以在属性窗口中设置、修改当前被选定组件的属性值。

　　程序框架已经生成，可以编译、运行。点击系统工具栏中的"开始执行"按键（图 1-10 左图），系统自动编译并执行程序，执行结果如图 1-10 右图所示。但这只是一个空的程序框架，需要我们向这个框架中填入我们的内容。

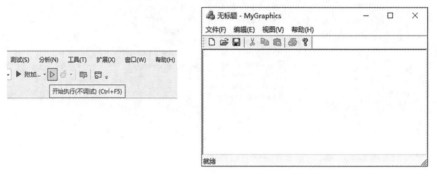

图 1-10　执行程序及执行结果

1.2　为程序设置名称

　　在"解决方案资源管理器"点击"资源文件"、点击"MyGraphics. rc"项，资源视图窗口被打开，如图 1-11 所示。打开资源视图，也可以直接点击"解决方案资源管理器"底部的"资源文件"分页标签。

图 1-11　打开资源视图

　　在资源视图中，鼠标双击"String Table"，系统在编程主窗口中显示 String Table 的具体内容，如图 1-12 所示。在 IDR_MAINFRAME 变量对应的"标题"下，用程序名称替换第一个"MyGraphics"字符串，如图 1-12 所示。

　　点击"开始执行"按键，执行程序，并检验程序命名效果。执行结果如图 1-13 所示，程序命名已经生效，程序名称已经更改。

图 1-12　为程序命名(1)

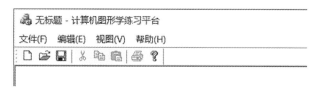

图 1-13　为程序命名(2)

1.3　建立菜单

一个软件中,菜单是必不可少的,它引导使用者正确地操作软件。一个完整的菜单由若干个菜单项组成,菜单项可以分为主菜单项、子菜单项,在子菜单项下仍然可以建立更下一级的子菜单。整个菜单就是这样构成了一个多级层次。

打开资源视图,鼠标双击资源视图窗口中"Menu"下的变量 IDR_MAINFRAME,菜单结构和内容显示在编程主窗口中,如图 1-14 所示。

图 1-14　打开菜单编辑窗口

当前菜单项有水平、垂直两个"请在此处键入"虚框。水平虚框用于添加同级并列的菜单项，垂直虚框用于添加菜单项下一级的子菜单项。点击图中"文件"菜单项，改名为"基本图形生成"，先建立子菜单。在下面的垂直虚框中，依次输入基本图形生成的各个子菜单项名称，菜单项的位置可以用鼠标拖动的方法进行调整。把"退出"拖到水平菜单项尾端，删除原来所有的其他菜单项。鼠标右击一个子菜单项，在弹出的菜单中点击"插入分隔符"，可以在该子菜单项上看到一个分隔符生成。建立好的子菜单项如图 1-15 所示。

为了程序能够识别每一个子菜单项，还要为子菜单项设置变量。鼠标右击任一子菜单项，在弹出的菜单中点击"编辑 ID"，则"编辑 ID"被勾选。此时，每个子菜单项前的方括号中都出现"ID_加数字"，这是系统为菜单项赋予的一个独一无二的变量，在该系统中，这个变量代表该菜单项。但系统自动赋予的变量没有具体含义，不便了解其作用，而且这个变量以后会自动变成菜单响应函数的名字。为了便于今后阅读程序，必须将变量改名，与菜单项基本功能联系起来。直接编辑每个菜单项，修改后的菜单项变量名如图 1-16 所示。

图 1-15　建立的子菜单　　　　图 1-16　修改菜单项变量名

从图 1-16 可以看到，"基本图形生成"菜单项没有变量，这是因为该菜单项实际上是一个组菜单项的组名，下面的所有子菜单项都是小组成员。组菜单项的作用是打开、显示一个菜单组，不执行任何其他动作，并不需要对应的菜单响应函数，因此没有必要赋予变量。

在任何菜单项(例如"DDA 直线"菜单项)被选中的情况下，系统界面右下角的属性窗口列出了被选组件的全部属性，如图 1-17 所示。所设置的菜单项名称是"描述文字"的属性值，修改的变量名是"ID"的属性值。在属性窗口中可以直接修改组件属性值，这是一种更方便的方法，今后的属性修改应该在属性窗口中进行。

菜单项"基本图形生成"建立完毕。用同样的方法依次建立其他同级菜单项，建立的菜单如图 1-18 所示。

至此，程序菜单系统初步建立。含有子菜单的菜单项为父菜单项，图 1-18 中除了"退出"菜单外都含有子菜单项。它们的子菜单项在今后具体编程时再建立。

点击"开始执行"按键，程序编译、执行，可以看到建立的菜单。但目前我们只是在

图 1-17　选定组件与其属性窗口

图 1-18　完成的菜单

系统生成的空的 MFC 框架程序中添加了菜单内容，它仍然是一个空的程序框架，还需要将各个菜单的响应函数一一填入框架。要完成菜单响应函数，我们需要首先了解 MFC 应用程序框架以及它的部分内部运行机制。

1.4　MFC 程序框架基本类介绍

MFC 应用程序框架中有四个基本类，它们的名称和作用如下：
- 主框架类：管理窗口；
- 应用类：对有关部分进行管理和调度；
- 文档类：管理程序数据；
- 视图类：管理图形显示。

在"解决方案"资源管理器中，展开折叠的"头文件"和"源文件"，可以看到系统提供的源程序主要内容(图 1-19)。其中，MainFrm. cpp 和 MainFrm. h 是实现主框架类的程序及其头文件；MyGraphics. cpp 和 MyGraphics. h 实现应用类；MyGraphicsDoc. cpp 和 MyGraphicsDoc. h

实现文档类；MyGraphicsView. cpp 和 MyGraphicsView. h 实现视图类。

图 1-19　查看系统提供的主要源代码

　　面向对象程序设计编程基本工作就是：向一个系统建立的、空的程序框架中添加我们自己的功能，以实现我们所需的程序。具体的做法就是在这四类源程序中添加我们的程序代码。这就需要知道实现一个具体的功能需要在哪里添加代码。需要强调的是，对于程序自动生成的框架源代码都不可随意改动，否则，出现的错误很难改正。

　　如果要在程序框架中添加一点我们自己的东西，主要在框架内添加代码；如果要做数据处理，主要在文档类里下工夫；要绘制图形，则主要考虑视图类。这里都说"主要"，是因为有些功能的实现需要其他类的协助，在其他类中添加程序语句。我们编程主要涉及文档和视图两类，大部分代码都添加到 Doc 和 View 中。

　　从技术角度看，直接在上述系统建立的四个类任何 cpp 源程序中添加代码，都能实现需要的功能，但只在系统提供的类的框架中添加语句，会导致程序条理不清、阅读程序困难，给后续的编程带来很大麻烦。在一些较大型程序开发中，需要大量创建我们自己的新类，新类源代码保存在各自独立的 cpp 源程序文件中，有独立的 .h 头文件。新添加的类要通过上述基本类与程序框架建立联系。在今后添加我们自己的新类的编程中，会看到这些。

1.5　鼠标事件响应程序框架

　　在编写各种菜单响应程序前，要为鼠标操作做准备，因为在图形操作中我们要用鼠标来进行各种操作。为此，首先介绍 Windows 系统事件驱动机制。

1.5.1 Windows 事件驱动机制

Windows 系统设置了许多事件，如按键盘、鼠标操作，打开关闭窗口等。在系统中，所有事件用以 WM_开头的变量进行标识。Windows 系统自动检测所有这些事件，当某一事件发生时，如按下鼠标左键，系统马上通知应用程序，应用程序有机会对事件做出反应。要控制程序如何作出我们所需要的反应，就需要编程实现。表 1-1 显示了 Windows 系统确定的一些鼠标有关事件变量名。

表 1-1　　　　　　　　　　　　鼠标有关事件变量名

变量标识符	事　　件
WM_MOUSEMOVE	鼠标光标在客户区移动
WM_LBUTTONDOWN	按下鼠标左键
WM_MBUTTONDOWN	按下鼠标中键
WM_RBUTTONDOWN	按下鼠标右键
WM_LBUTTONUP	松开鼠标左键
WM_MBUTTONUP	松开鼠标中键
WM_RBUTTONUP	松开鼠标右键
WM_LBUTTONDBCLK	双击鼠标左键
WM_MBUTTONDBCLK	双击鼠标中键
WM_RBUTTONDBCLK	双击鼠标右键

1.5.2 添加鼠标有关事件响应程序

下面以点击左键为例，介绍增加鼠标有关事件响应程序的方法。

在 VS2022 菜单中依次点击菜单"项目"→"类向导"，出现类向导使用窗口，如图 1-20 所示。在窗口"类名"下拉框中选视图类；点击"消息"标签，所有标识消息的变量都出现在下面的窗口中，从中选中 WM_LBUTTONDOWN 事件；点击"添加处理程序(A)"按键，系统自动添加一个"按下鼠标左键"事件处理函数。

在图 1-20 中，点击"编辑代码"按键，可以看到程序 MyGraphicsView.cpp(即视图类实现程序)已经打开，增加的鼠标左键响应函数 OnLButtonDown 自动加到了程序的最后部分。目前它还只是一个空函数，什么也还不做。

用同样的方法，将鼠标右键响应函数、鼠标移动响应函数加到程序中，只需分别选 WM_RBUTTONDOWN、WM_MOUSEMOVE 事件来完成鼠标响应框架。

说明：鼠标事件一般在图上操作时发生，所以其响应函数放在视图类中。

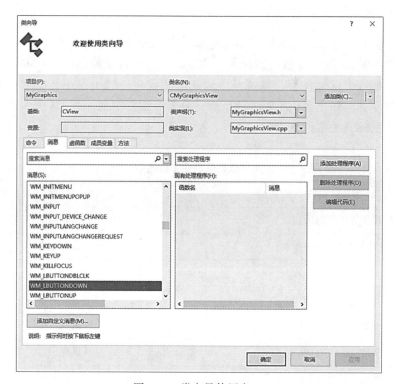

图 1-20　类向导使用窗口

1.6　鼠标坐标显示

图形操作往往需要精确定点，必须知道当前坐标，因此必须为操作者提示鼠标坐标。准备将坐标显示在应用程序窗口的右下角。在自动生成的工程项目中，窗口的右下角处原是用来显示键盘按键信息的(图 1-21 左图)，现改为显示鼠标坐标(图 1-21 右图)。

图 1-21　鼠标坐标显示设计

鼠标坐标显示步骤如下：

1. 注销主框类变量 m_wndStatusBar

打开文件 MainFrm.h，如下所示，注销其中的变量 m_wndStatusBar(**增加、修改的部分用加阴影表示，下同**)。m_wndStatusBar 是表示窗口状态棒的标识变量，我们的目的是要把它由类内变量变成全程变量，以便其他类的程序可以使用、改变它的内部参数。

```
public:
    virtual ~CMainFrame();
```

```
#ifdef _DEBUG
    virtual void AssertValid( ) const;
    virtual void Dump( CDumpContext& dc) const;
#endif


protected：//control bar embedded members
//  CStatusBar  m_wndStatusBar;
    CToolBar    m_wndToolBar;
```

2. 定义 m_wndStatusBar 为全程变量

在 MainFrm. cpp 前部中声明为全程变量。

```
#ifdef _DEBUG
#define new DEBUG_NEW
#endif

CStatusBar m_wndStatusBar;
//CMainFrame
```

3. 准备坐标显示区域

修改 static UINT indicators[ ]数组，注销原显示内容，增加新内容显示区域。

```
static UINT indicators[ ]=
{
    ID_SEPARATOR,          //状态行指示器
//  ID_INDICATOR_CAPS,
//  ID_INDICATOR_NUM,
//  ID_INDICATOR_SCRL,
    ID_SEPARATOR,          //状态行指示器
    ID_SEPARATOR,          //状态行指示器
    ID_SEPARATOR,          //状态行指示器
};
```

4. 改变窗口创建方法

将窗口的状态显示改为坐标显示，这是改变了窗口的创建方法。在 CMainFrame：：OnCreate 函数中注销原条件语句，创建新的条件语句，程序内容作如下修改：

```
//  if (! m_wndToolBar.CreateEx(this, TBSTYLE_FLAT, WS_CHILD |WS_
VISIBLE |CBRS_TOP
//      |CBRS_GRIPPER |CBRS_TOOLTIPS |CBRS_FLYBY |CBRS_SIZE_DYNAMIC) ||
//      ! m_wndToolBar.LoadToolBar(IDR_MAINFRAME))
    if (! m_wndToolBar.Create(this) ||! m_wndToolBar. LoadTool
Bar(IDR_MAINFRAME))
    {
        TRACE0( "未能创建工具栏 \n");
```

```
        return-1;  //未能创建
   }
```

5. 定义坐标显示区域宽度

在 CMainFrame∷OnCreate 函数中最后一个语句前增加下列语句，以确定显示区域宽度：

```
   m_wndToolBar.EnableDocking(CBRS_ALIGN_ANY);
   EnableDocking(CBRS_ALIGN_ANY);
   DockControlBar(&m_wndToolBar);
   m_wndStatusBar.SetPaneInfo(1, 300, SBPS_NORMAL, 100);
   m_wndStatusBar.SetPaneInfo(2, 301, SBPS_NORMAL, 30);
   m_wndStatusBar.SetPaneInfo(3, 302, SBPS_NORMAL, 30);
   return 0;
}
```

6. 在视图类说明全程变量 m_wndStatusBar

在主框类定义的全程变量必须在视图类先进行说明。MFC 程序框架的运行次序是：先运行主框类程序，再调用视图类程序。已经在主框类定义过的全程变量 m_wndStatusBar 只需要在视图类中再次说明即可使用。打开 MyGraphicsView. cpp 文件，在前部对全程变量进行申明。

```
#ifdef _DEBUG
#define new DEBUG_NEW
#endif


extern CStatusBar m_wndStatusBar;
//CMyGraphicsView
```

7. 在鼠标移动函数中显示坐标

在 OnMouseMove 函数中增加内容：

```
void CMyGraphicsView∷OnMouseMove(UINT nFlags, CPoint point)
{
   //TODO：在此添加消息处理程序代码和/或调用默认值
   int xx, yy;
   CString str;
   LPCTSTR p1;
   xx=point.x;                                    //取出坐标信息
   yy=point.y;
   str.Format(_T("% d"), xx);
   p1=LPCTSTR(str);                               //转化为字符串
   m_wndStatusBar.SetPaneText(2, p1, TRUE);    //在第 2 个区域显示 x
坐标
```

```
str.Format(_T("%d"),yy);
p1=LPCTSTR(str);                           //转化为字符串
m_wndStatusBar.SetPaneText(3,p1,TRUE); //在第3个区域显示y坐标

    CView::OnMouseMove(nFlags,point);
}
```
编译、执行程序，可以看到鼠标坐标显示出来。

1.7 编写菜单响应函数

鼠标响应框架只有一个，我们要用来画直线、圆、曲线等各种图形，所有图形操作都要加在鼠标响应框架中。各种图形的操作方法相似，无非是用鼠标确定几个点。为了不发生混淆，响应程序只需要用变量来标记当前做何种图形操作以及按了几次鼠标。

下面以 DDA 直线为例，说明如何创建菜单响应函数。已经创建了 DDA 直线菜单项，响应菜单程序建立步骤如下：

1. 在视图类添加 DDA 直线菜单响应空函数

打开工程项目，依次点击菜单"项目"→"类向导"，出现类向导使用窗口。在"类名"栏中选视图类(即菜单响应程序放在视图类中)；在"对象"窗口中选 ID_DDALine；在"消息"窗口中选 COMMAND(图 1-22)；点击"添加处理程序"按键，出现函数命名窗口，系统已默认函数名 OnDdaline，点击该窗口中的"确定"按键，接受系统命名函数名(也可以改为 OnDDAline)，该函数在视图类程序中生成。

图 1-22　创建 DDA 直线菜单响应函数

2. 编写 DDA 响应程序

　　首先，为视图类增添两个整型成员变量 MenuID 和 PressNum。MenuID 用数据表示哪个菜单项被选择，PressNum 记录鼠标左键点击次数。这两个变量对所有菜单响应都需要，所以将它们设置为视图类变量，供视图类中所有菜单响应函数使用。

　　依次点击系统菜单"项目"→"类向导"，打开类向导使用窗口，类名选择视图类，点击"成员变量"，如图 1-23 所示。

图 1-23　创建类成员变量

　　点击"添加自定义"按键，选择整型变量类型，输入变量名，点击"确定"按键，如图 1-24 所示，依次创建两个整型变量 MenuID 和 PressNum。

　　然后，打开视图类程序文件，找到末尾处系统生成的菜单响应函数，添加如下语句：

```
void CMyGraphicsView:: OnDDAline()
{
    //TODO:在此添加命令处理程序代码
    MenuID=11; PressNum=0;
}
```

　　至此，DDA 直线的菜单响应函数完成。

　　MenuID 变量的作用是明确当前选定的菜单项是 DDA 直线算法，便于鼠标操作函数选择对应的图形生成算法。MenuID 变量值用两位十进制数表示，十位数代表菜单组，个位数代表菜单项在该组中的位置。MenuID=11 表示当前所选的菜单项是第一组"基本图形生

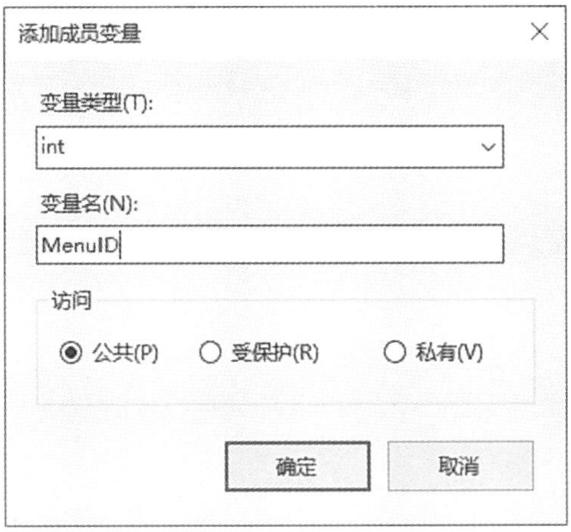

图 1-24　创建类成员变量

成"中的第一项"DDA 直线"。

3. 在鼠标响应框架中加入 DDA 的取点响应

首先要明确用鼠标画线的操作过程。

我们是这样设计的：在菜单选择了 DDA 画直线操作后，首先用鼠标左键确定直线段的起点，然后用鼠标左键再确定直线段的终点。当两个点确定后，程序就开始调用 DDA 直线算法生成直线，然后程序画出直线。

在明确了当前是用 DDA 算法画线的前提下，PressNum 变量的作用就是确定鼠标左键确定的点是第一个点还是第二个点。如果是第一个点，就记录下来；如果是第二个点，就取出记录的第一个点，然后用两个点调用 DDA 直线生成算法函数生成并画出直线。PressNum 变量明确是第一个点还是第二个点的依据是其变量值。画线前，PressNum 初始化为 0，然后每键入一次左键，该变量就加 1。键入左键时，若 PressNum=0，就是第一个点，若 PressNum=1，就是第二个点。第二个点确定以后，该变量立即重置为 0，为画第二条直线段做准备。

明确了操作方法后，DDA 直线菜单响应函数操作步骤如下。在鼠标左键响应函数中添加如下语句：

```
void CMyGraphicsView:: OnLButtonDown(UINT nFlags, CPoint point)
{
    //TODO：在此添加消息处理程序代码和/或调用默认值
    CMyGraphicsDoc *pDoc=GetDocument();        //获得文档类指针
    CClientDC pDC(this);                       //定义当前绘图设备
    if (MenuID==11) {                          //DDA 直线
        if (PressNum==0) {   //第一次按键将第一点保留在文档类数组中
            pDoc->group[PressNum]=point;
            PressNum++; SetCapture();
```

```
        }
        else if (PressNum==1) {   //第二次按键保留第二点，用文档类画线
            pDoc->group[PressNum]=point;
            PressNum=0;  //程序画图
            pDoc->DDALine(&pDC);
            ReleaseCapture();
        }
    }
    CView:: OnLButtonDown(nFlags, point);
}
```

几点说明：

- SetCapture( )函数功能：强行滞留鼠标，滞留的鼠标只能在图形显示区域移动；ReleaseCapture( )函数功能：释放鼠标滞留，鼠标可以点击图形显示区域外的菜单。
- group[ ]数组是文档类的成员变量，用于保存鼠标左键选择的点，目前还没有创建。DDALine 函数是文档类成员函数，用于实现 DDA 直线算法，目前还没有创建。
- 在视图类直接画线更简单，即 DDALine 函数放在视图类中，不用在文档和视图类之间传数据，但编程不规范。我们还是将 DDALine 菜单响应函数 OnDDAline( )放在视图类，把涉及数据处理的 DDALine 生成算法函数 DDALine( )放在文档类。
- 直线端点是重要数据，应该保留，所以设置 group[ ]数组。
- 保留和管理数据是文档类的任务，应该交给文档类，也就是用文档类公共变量保存数据。
- 在视图类创建一个指向文档类的公共变量指针，在视图类中，运用该指针就可使用文档类的任何标记为 public 的成员。这是 VC++建立的不同类别之间数据交流的一种机制。
- 在视图类中使用文档类公共变量要用文档类指针。
- 取得文档类指针要用函数 GetDocument( )。
- 视图类中使用的文档类公共变量和函数必须事先在文档类中声明和定义。

目前，在视图类中使用的文档类公共变量和函数还没有声明和定义，下面来做这些工作。

4. 类变量声明和定义

在第 3 步中使用了文档类的数组 group[ ]和函数 DDALine( )。在能够使用前应该先对它们进行定义。前面已经演示了用类向导窗口添加函数和变量的方法，其实成员变量和成员函数也可以手动添加。下面演示手动添加的方法。

打开 MyGraphicsDoc. h，增加下列内容：

```
class CMyGraphicsDoc : public CDocument
{
protected: //仅从序列化创建
    CMyGraphicsDoc() noexcept;
```

```
DECLARE_DYNCREATE(CMyGraphicsDoc)
```

public：//特性
```
    CPoint group[100]; //定义数组，用来记录选择的点
```
public：//操作
```
    void DDALine(CClientDC * pDC); //定义函数
```
函数不仅要定义一个函数名，还要确定如何实现。打开 MyGraphicsDoc.cpp，在末尾增加空函数。这只是在框架和语法上实现了该函数，但它什么也还不能做。

```
void CMyGraphicsDoc:: DDALine(CClientDC * pDC)
{

}
```

编译程序，可以看到"DDA 直线"菜单项已经由灰色变成黑色，说明其可以选择执行了。但程序并不能画线，因为 DDALine 还是空函数，以后编程实现 DDA 方法并添加在该函数中，就可运行。目前，DDA 方法程序框架已搭好。

1.8　VC 图形编程知识简介

本节通过一个实例来介绍部分 VC 图形编程知识。首先利用搭建的 DDALine 函数框架给出一个实现画直线的函数，然后根据这个例子介绍一些必要的 VC 图形编程知识。

1. 一个直线函数例子

在 DDALine 函数中增加下列代码，它们不是 DDALine 函数应有的内容，这里只是借用其框架：

```
void CMyGraphicsDoc:: DDALine(CClientDC * pDC)
{
    CPen pen(0, 0, RGB(255, 0, 0)); //定义一支红色新笔
    CPen * pOldPen=pDC->SelectObject(&pen); //绘图设备选新笔，同时保留旧笔

    pDC->SetROP2(R2_COPYPEN); //绘图方法为直接画
    pDC->MoveTo(group[0]); //抬笔到第一点，第一点由鼠标事先确定，存放在 group[0]
    pDC->LineTo(group[1]); //画到第二点，第二点由鼠标事先确定，存放在 group[1]
    pDC->SelectObject(pOldPen); //恢复旧笔
}
```

编译、执行程序，在菜单中选"DDA 直线"，然后用鼠标在窗口中选两个不同的点，可以看到画出的红色直线。

2. 几点说明

● CClientDC 是描述或定义绘图设备的一个类。对于计算机硬件资源，Windows 操作

19

系统将其以设备的形式进行组织，并提供给用户使用。CClientDC 类是 VC++中的一个类，是基于 Windows 提供的一种绘图设备，以函数的形式提供了详细的使用方法，用户只要调用函数就能方便地进行绘图操作。

- 变量 pDC 是 CClientDC 类的一个对象，更具体地说是一个指向 CClientDC 类实例的指针。我们知道，一个类中定义的函数需要该类的一个对象来调动、使用。在这里，我们用 pDC 这个对象来调用 CClientDC 类中的各种函数。对象 pDC 是在视图类中的 OnLButtonDown 函数创建的，通过函数调用，将这个参数传递到文档类的 DDALine 函数中。

- OnLButtonDown 中使用了参数 this。参数 this 在 VC++中是指当前设备。因为 OnLButtonDown 函数是用鼠标在屏幕区域选点，所以参数 this 所指的设备就是鼠标活动的屏幕区域。因此，我们在 DDALine 函数中所有的图形操作都在屏幕区域上进行。

- CClientDC 类带有许多绘图函数，如本例中的 SelectObject( )、SetROP2( )、MoveTo( )、LineTo( )，我们可以直接让对象 pDC 使用 CClientDC 类中的所有函数。

- 变量 pDC 指向的实例是从视图类通过函数传递过来的。pDC 只是一个变量名，也可以用其他的名称代替，例如部分参考书上使用 ht。不管用什么名字，变量仍然指向那个实例，所应用的是那个实例的函数。在本书中，统一使用 pDC。在文档类中仍然可以使用这些绘图函数。

- 画点函数 SetPixel( ) 也是 CClientDC 类中的一个函数，这里还没有使用，今后会常用。

1.9　技巧："橡皮筋"技术

在上面的画直线例子中，当我们确定直线的第二个点时，很难记住第一个点的位置，对于将要画出的直线位置不好把握。"橡皮筋"技术能帮助我们画线时进行定位，它就像一根橡皮筋，在第一个点和鼠标移动点之间始终保持一条直线。

"橡皮筋"更确切的说法是用特定的颜色预先将图形绘出供操作者选择，操作者对图形满意了，再采用正式的颜色、用指定的算法正式绘出图形。橡皮筋只是绘制直线时对预先绘制图形的形象说法。

预绘制的图形需要不断地擦除。"橡皮筋"技术利用了这样的技巧：用"异或"的方式将直线画两次可擦除直线。"橡皮筋"应用在鼠标移动过程中，与确定第一个点的鼠标左键函数和鼠标移动函数有关，因此，"橡皮筋"的功能在鼠标移动函数中实现。下面介绍如何增加一根"橡皮筋"

1. 在视图类(MyGraphicsView. h 文件中)声明两个变量记录点信息

```
class CMyGraphicsView : public CView
{
protected: //仅从序列化创建
    CMyGraphicsView() noexcept;
```

```
DECLARE_DYNCREATE(CMyGraphicsView)
```

//特性
```
public:
    CMyGraphicsDoc * GetDocument() const;
```

//操作
```
public:
    int MenuID, PressNum;
    CPoint mPointOrign, mPointOld;
```

2. 在函数 OnLButtonDown 中增加代码

```
if(MenuID==11) { //DDA 直线
    if(PressNum==0){
        pDoc->group[PressNum]=point;
        PressNum++;
        mPointOrign=point; mPointOld=point; //记录第一点
        SetCapture();}
```

3. 在函数 OnMouseMove 中增加代码

```
    int xx, yy;
    CString str;
    LPCTSTR p1;
    CClientDC pDC(this);
    pDC.SetROP2(R2_NOT); //设置异或方式
    xx=point.x; yy=point.y;
     sprintf(p1,"% 4d", xx); m_wndStatusBar.SetPaneText(2, p1,
TRUE);
     sprintf(p1,"% 4d", yy); m_wndStatusBar.SetPaneText(3, p1,
TRUE);
    if (MenuID==11 && PressNum==1) {
        if (mPointOld ! =point) {
            pDC.MoveTo(mPointOrign); pDC.LineTo(mPointOld); //擦
旧线
            pDC.MoveTo(mPointOrign); pDC.LineTo(point); //画新线
            mPointOld=point;
        }
    }
```

重新编译、执行，在菜单中选"DDA 直线"，然后用鼠标在窗口中选两个不同的点，可以看到"橡皮筋"的效果。

本章作业

按照指导书说明，建立计算机图形学练习平台，并认真体会菜单建立、菜单响应函数建立、VC++图形操作等方法的具体步骤。

第 2 章　基本图形生成算法实现

计算机图形学的很多算法采用递推方式：以当前点为基础求解下一个点，然后再以求解出的下一个点为当前点求解下一个点。递推方式用循环体实现，循环体的运行需要一个初始条件和结束条件。以递推方式实现的算法都是这个思路：确定初始条件、循环体和结束条件，在循环体中体现算法思想；执行算法时，以初始条件确定一个点，然后开始求解下一点的循环计算，直到满足结束条件。

生成基本图形需要首先确定图形的定位信息。鼠标是人机交互环境下方便、简洁、常用的定位工具，本书确定使用鼠标为基本图形定位。不同的基本图形需要不同的定位信息，例如：直线段需要两个定位端点，圆需要一个圆心和一个半径。为了正确地为图形生成提供定位信息，需要首先确定要绘制哪种基本图形，这可以通过点击菜单项得到。基本的图形生成过程是：通过点击菜单得到需要生成的图形种类信息，然后用鼠标为生成图形确定定位信息，最后用程序根据算法生成基本图形。在为每一种基本图形生成程序前，要明确生成图形的操作思路，然后在编程中用程序语言实现。

2.1　生成直线的 DDA 算法

2.1.1　算法分析

一条直线段由两个端点唯一确定。在计算机图形学中，一条直线段常给出两个端点参数$(x0，y0)-(x1，y1)$，它们对应屏幕像素坐标，因而都是整数。对于一条直线段$(x0，y0)-(x1，y1)$，根据斜率的不同，有以下六种线段，如图 2-1 所示。

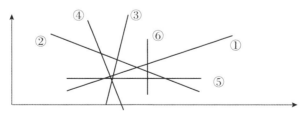

图 2-1　根据斜率不同划分的六种线段

第一种线段，算法要求起点$(x0，y0)$在左边，终点$(x1，y1)$在右边，特点是从左到右缓慢上升。如果起点在右边，终点在左边，就交换$(x0，y0)$、$(x1，y1)$，改变起、终点，使其满足 DDA 算法要求。在此基础上，第一种线段可以用数学模型 $x1-x0>y1-y0>0$ 表示。

根据 DDA 算法，先计算斜率 $m=(y1-y0)/(x1-x0)$。DDA 算法的初始条件：$x_0=x0$，$y_0=y0$；递推关系：$x_{i+1}=x_i+1$，$y_{i+1}=y_i+1$；终止条件：$x_i>x1$。其中，当前点为 $(x_i,\ y_i)$，下一点为 $(x_{i+1},\ y_{i+1})$，循环体的作用是根据 $(x_i,\ y_i)$ 求出 $(x_{i+1},\ y_{i+1})$，循环体开始于 $(x_0,\ y_0)=(x0,\ y0)$，终止于 $(x_i,\ y_i)=(x1,\ y1)$。当循环体终止时，直线段上所有的点都计算并绘制完毕，所求的直线段就画完了。

第一种线段用如下程序可实现：

```
for(x=x0, y=y0; x<=x1; x++, y=y+m)
{
    drawpixel(x, int(y+0.5), RGB(255, 0, 0)); // 用红色画出像素
(xᵢ, yᵢ)
}
```

第二种线段同样要求起点 $(x0,\ y0)$ 在左边，终点 $(x1,\ y1)$ 在右边，其特点是从左到右缓慢下降，数学模型为 $x1-x0 > y0-y1 > 0$。

对于第二种线段，我们当然可以像处理第一种线段一样，依据其特点设计一种生成方法。但我们已经有了第一种线段的生成方法和程序，希望利用第一种线段使用的方法画出。这既简化了编程方法，又提高了程序段的重复利用率，是软件编程中大力提倡的做法。

对第二种线段做关于 X 轴的对称变换，得到的结果就属于第一种线段。如图 2-2 所示，直线段 AB 属于第二种线段，做关于 X 轴的对称变换，得到直线段 $A'B'$，很明显，直线段 $A'B'$ 属于第一种线段。第二种线段可以利用第一种线段使用的方法画出。

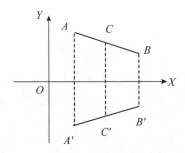

图 2-2　第二种线段的 X 轴对称变换属于第一种线段

X 轴的对称变换在数学上十分简单，只要将图形各个点的 Y 坐标加上一个负号，就得到了图形关于 X 轴对称变换的结果。如图 2-2 所示，点 $A(x0,\ y0)$ 关于 X 轴的对称变换点是 $A'(x0,\ -y0)$；点 $B(x1,\ y1)$ 关于 X 轴的对称变换点是 $B'(x1,\ -y1)$。线段 $(x0,\ y0)-(x1,\ y1)$ 关于 X 轴的对称变换线段就是 $(x0,\ -y0)-(x1,\ -y1)$。

直线段 $A'B'$ 属于第一种线段，可以用画第一种线段的程序求出直线段 $A'B'$ 上的每一个像素 $C'(x,\ y)$，但我们需要的是像素 C。因为 C 与 C' 同样是关于 X 轴对称，由 C' 为 $(x,\ y)$ 可知，像素 C 为 $(x,\ -y)$。我们针对 $A'B'$，用画第一种线段的算法计算出 $C'(x,\ y)$，

就得到了直线段 AB 上的对应像素 $C(x, -y)$。

现将第二种线段 $(x0, y0)-(x1, y1)$ 的绘制方法总结如下：用画第一种线段的方法对直线 $(x0, -y0)-(x1, -y1)$ 求出所有中间像素 (x, y)，绘制像素 $(x, -y)$。

第三种线段的数学模型是 $y1-y0 > x1-x0>0$，只要对线段做关于直线 $y=x$ 的对称变换，就变成了第一种线段，因此同样可以利用第一种线段的画法解决。

只要将图形各个点的 X、Y 坐标互换位置，就得到了图形关于直线 $y=x$ 对称变换的结果。如图 2-3 所示，直线段 $A(x0, y0)-B(x1, y1)$ 属于第三种线段，对 AB 做关于直线 $y=x$ 的对称变换得到 $A'(y0, x0)-B'(y1, x1)$。线段 $A'B'$ 属于第一种线段，可以用画第一种线段的程序求出线段 $(y0, x0)-(y1, x1)$ 每一个直线上的像素 $C'(x, y)$，我们需要的是像素 C，由 C' 为 (x, y) 可知像素 C 为 (y, x)。

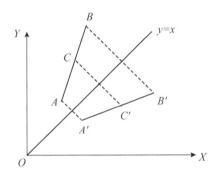

图 2-3　第三种线段关于 $y=x$ 直线对称变换得到第一种线段

现将第三种线段 $(x0, y0)-(x1, y1)$ 的绘制方法总结如下：用画第一种线段的方法对直线 $(y0, x0)-(y1, x1)$ 求出所有中间像素 (x, y)，绘制像素 (y, x)。

第四种线段的数学模型为 $y0-y1 > x1-x0>0$，也可利用画第一种线段的方法解决，如图 2-4 所示。

图 2-4 中，直线段 $AB(x0, y0)-(x1, y1)$ 属于第四种线段，对 AB 先做关于 X 轴的对称变换，再做关于直线 $y=x$ 的对称变换得到 $A'B'(-y0, x0)-(-y1, x1)$。直线段 $A'B'$ 属于第一种线段，可以用画第一种线段的程序求出每一个直线上的像素 $C'(x, y)$。但我们需要的是像素 C，由 C' 变换为 C 要先经过关于直线 $y=x$ 的对称变换，再经过关于 X 轴的对称变换，$C'(x, y)$ 经过这两次变换，得到像素 C 为 $(y, -x)$。这里要注意变换次序，从第一种线段到第四种线段的变换顺序是先做关于直线 $y=x$ 的对称变换，再做关于 X 轴的对称变换。

现将第四种线段 $(x0, y0)-(x1, y1)$ 的绘制方法总结如下：用画第一种线段的方法对直线 $(-y0, x0)-(-y1, x1)$ 求出所有中间像素 (x, y)，绘制像素 $(y, -x)$。

第五种线段是水平线，要求 $x0<x1$，$y0=y1$，用一个循环语句就可以解决。绘制程序如下：

```
for(x=x0; x<=x1; x++)
{
```

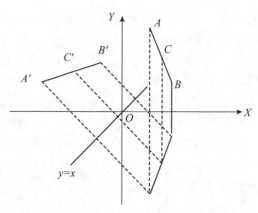

图 2-4　第四种线段关于 X 轴和 $y=x$ 直线的两次对称变换得到第一种线段

```
            drawpixel(x, y0, color));
    }
```
第六种线段是垂直线，要求 $x0=x1$，$y0<y1$。绘制程序如下：
```
    for(y=y0; y<=y1; y++)
    {
            drawpixel(x0, y, color);
    }
```

对于一条任意给定的直线段，首先要判断并去除两个端点重合的情况，否则会导致后面的程序段都无法处理。然后需要判断它属于 1、2、3、4、5、6 中的哪一种，根据种类选择相应的绘制方法。还要根据数学模型的要求，调整线段的起点和终点。

2.1.2　程序实现

我们已经建立起 DDA 直线的操作框架，现在只要在建立框架中，用 DDA 算法生成直线的语句进行必要的置换。

将 DDALine( ) 函数中原有的所有内容采用注释方式注销其语句功能，保留语句，以便以后比较。加入以下程序：
```
void CMyGraphicsDoc:: DDALine(CClientDC * pDC)
{
    int x, x0, y0, x1, y1, flag;
    float m, y;
    pDC->SetROP2(R2_COPYPEN); //绘图方法为直接画
    //直线端点由鼠标确定后存放在 group[0]、group[1]
    x0 = group[0].x; y0 = group[0].y;
    x1 = group[1].x; y1 = group[1].y;
    if (x0 == x1 && y0 == y1)return; //两个端点重合，直接退出
```

```
if (x0 = =x1)//垂直线
{
    if (y0 > y1)//交换起点、终点
    {
        x=y0; y0 =y1; y1 =x;
    }
    for (x=y0; x <=y1; x++)
    {
        pDC->SetPixel(x0, x, RGB(255, 0, 0));
    }
    return;
}
if (y0 = =y1)//水平线
{
    if (x0 > x1)//交换起点、终点
    {
        x =x0; x0 =x1; x1 =x;
    }
    for (x=x0; x <=x1; x++)
    {
        pDC->SetPixel(x, y0, RGB(255, 0, 0));
    }
    return;
}
if (x0 > x1)//交换起点、终点
{
    x =x0; x0 =x1; x1 =x;
    x =y0; y0 =y1; y1 =x;
}
flag =0; //判断属于1、2、3、4哪一种直线
if (x1-x0 > y1-y0 && y1-y0 > 0)flag =1;
if (x1-x0 > y0-y1 && y0-y1 > 0)
{
    flag =2; y0 =-y0; y1 =-y1;
}
if (y1-y0 > x1-x0)
{
    flag =3; x=x0; x0 =y0; y0 =x; x =x1; x1 =y1; y1 =x;
}
```

```
    }
    if (y0-y1 > x1-x0)
    {
        flag=4; x=x0; x0=-y0; y0=x; x=x1; x1=-y1; y1=x;
    }
    m=(float)(y1-y0) /(float)(x1-x0);
    for (x=x0, y=(float)y0; x <=x1; x++, y=y+m) //第一种直线递推方法
    {
        if (flag==1)pDC->SetPixel(x, int(y), RGB(255, 0, 0));
        if (flag==2)pDC->SetPixel(x, -int(y), RGB(255, 0, 0));
        if (flag==3)pDC->SetPixel(int(y), x, RGB(255, 0, 0));
        if (flag==4)pDC->SetPixel(int(y), -x, RGB(255, 0, 0));
    }
}
```

　　点击工具栏中的"开始执行(不调试)"或按 Ctrl+F5,运行程序。用 DDA 直线算法画六种类型的直线段,查看效果。

　　可以看到,有红、黑两种颜色的像素存在。黑色像素是拉橡皮筋画直线留下的,红色像素是用 DDA 算法画直线段留下的。黑线先画,红线后画,存在黑色像素说明黑线红线不完全重叠,红线没有完全覆盖黑线。黑线是用 VC 提供的直线函数计算出来的,红线则由 DDA 算法生成,两种直线来自不同算法。这说明,对于不同直线算法,即使线段端点相同,计算出的像素也稍有差异。不仅直线算法如此,其他种类的图形算法也存在这个问题。

　　其实,关键的问题是最后的橡皮筋直线没有被擦除。因为擦旧线语句在 OnMouseMove 函数中,选第二点的操作使控制权转移到 OnLButtonDown 函数中,没有机会擦旧线。为此,在 OnLButtonDown 函数中,在用算法画红线前,增加擦旧线语句。

```
        else if (PressNum==1) { //第二次按键保留第二点,用文档类画线
            pDoc->group[PressNum]=point;
            PressNum=0; //程序画图
            pDC.SetROP2(R2_NOT); //设置异或方式
            pDC.MoveTo (mPointOrign); pDC.LineTo (mPointOld);
//擦旧线
            pDoc->DDALine(&pDC);
            ReleaseCapture();
```

　　点击"开始执行",查看效果。

2.2 生成直线的中点算法

2.2.1 算法分析

中点直线算法与 DDA 直线算法类似，第一种线段用中点算法实现，第二、三、四种线段转化成第一种线段实现，水平、垂直直线用循环语句实现。因此，我们只讨论第一种直线段的生成算法。

中点算法针对第一种线段，$(x0, y0)$ 是起点，在左边；$(x1, y1)$ 是终点，在右边。根据具体的中点算法有：

$\Delta x = x1 - x0$，$\Delta y = y1 - y0$

- 初始条件：$(x_0, y_0) = (x0, y0)$，$d_0 = \Delta x - 2\Delta y$
- 递推公式：

$$x_{i+1} = x_i + 1$$
当 $d_i > 0$ 时，$y_{i+1} = y_i$，$d_{i+1} = d_i - 2\Delta y$
当 $d_i <= 0$ 时，$y_{i+1} = y_i + 1$，$d_{i+1} = d_i - 2(\Delta y - \Delta x)$

- 终止条件：$x_i >= x1$

公式中的 x_i、y_i、d_i 在程序中分别用变量 x、y、d 表示，则公式部分可以用以下语句实现：

```
x=x0; y=y0; d=(x1-x0)-2*(y1-y0); //初始条件
while(x<x1+1)//终止条件
{
    drawpixel(x,y,color); //用颜色color画点(x,y)
    x++; //以下是递推公式
    if (d > 0)
    {
        d=d-2*(y1-y0);
    }
    else
    {
        y++; d=d-2*((y1-y0)-(x1-x0));
    }
}
```

2.2.2 编程实现

画中点直线和 DDA 直线的操作方法完全一样，都是用鼠标在窗体图形区域确定直线段的两个端点，由算法生成直线段，只是在生成直线段时要使用中点算法。因此，从选菜单开始就要带有中点算法的标记，也就是 MenuID = 12。

中点直线的菜单项和菜单项 ID_MidLine 都已经设置好，只需要编写菜单项响应函数。

1. 创建菜单响应函数

同 DDA 直线菜单项一样，在系统菜单上依次点击"项目"→"类向导"，打开"类向导"使用窗口，在窗口中选择视图类，对象窗口中选择 ID_MidLine，消息窗口中选择 COMMAND，然后点击"添加处理程序"按键，并接受系统给出的函数名，系统在视图类实现程序 MyGraphicsView. CPP 中生成菜单响应空函数。可以看到，它和 DDA 直线菜单响应函数紧邻。在空函数中添加如下所示语句，响应函数建立完毕。

```
void CMyGraphicsView:: OnDDAline()
{
    //TODO：在此添加命令处理程序代码
    MenuID=11; PressNum=0;
}


void CMyGraphicsView:: OnMidline()
{
    //TODO：在此添加命令处理程序代码
    MenuID=12; PressNum=0;
}
```

2. 创建鼠标操作方法

紧接着，要实现中点直线的鼠标操作方法。因为中点直线的鼠标操作方法与 DDA 直线的鼠标操作方法完全一样，因此只要能够对两者加以区分，就可以借用 DDA 直线的鼠标操作实现程序部分。为此，在 OnLButtonDown 中做如下修改：

```
if(MenuID==11 || MenuID==12){      //DDA 直线，中点直线
    if(PressNum==0){     //第一次按键将第一点保留在文档类数组中
        pDoc->group[PressNum]=point;
        mPointOrign=point; mPointOld=point; //记录第一点
        PressNum++; SetCapture();
    }
    else if(PressNum==1){      //第二次按键保留第二点，用文档类画
线
        pDoc->group[PressNum]=point;
        PressNum=0;       //程序画图
        pDC.SetROP2(R2_NOT);      //设置异或方式
        pDC.MoveTo(mPointOrign);   pDC.LineTo(mPointOld); //
擦旧线
        if(MenuID==11)pDoc->DDALine(&pDC);
        if(MenuID==12)pDoc->MidLine(&pDC);
        ReleaseCapture();
```

```
        }
    }
```

在 OnMouseMove 中做如下修改：

```
    if ((MenuID==11 || MenuID==12) && PressNum==1){
        if (mPointOld != =point){
            pDC.MoveTo(mPointOrigin); pDC.LineTo(mPointOld); //擦
旧线
            pDC.MoveTo(mPointOrigin); pDC.LineTo(point); //画新线
            mPointOld=point;
        }
    }
```

3. 创建算法实现函数

MidLine( )函数是文档类成员函数，用于实现中点直线生成算法，目前还没有。这种目前还不存在但需要用到的函数先用上以后再去解决的方法是常用的编程技巧，可以避免编程思路被随时可能出现的细节问题所干扰。在创建 DDA 直线算法函数时已经学习了了手工创建成员函数的方法，用类向导也可以创建函数。现在以中点直线算法函数为例，学习使用类向导创建成员函数的方法。依次点击"项目"→"类向导"，打开类向导窗口。选择文档类，点击"方法"，点击"添加方法"按键，如图 2-5 所示。

图 2-5 使用类向导创建成员函数

在打开的"添加函数"窗口中，输入函数名 MidLine，在"返回类型"下拉框中选择 void，点击"参数"栏中的"+"按键，在新出现的框中输入函数形参 CClientDC ∗ pDC，如图 2-6 所示，点击"确定"按键。可以看到，在文档类实现文件末尾出现创建的空函数。

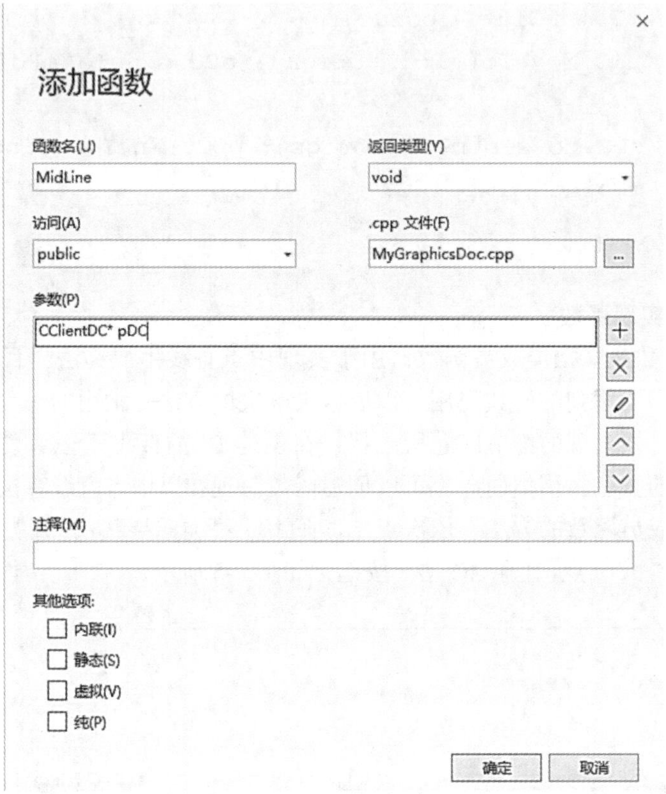

图 2-6　使用类向导创建成员函数

4. 编写算法实现函数

与 DDA 直线类似，第一种直线用中点算法实现，第二、三、四种直线转化成第一种直线实现，水平、垂直直线用循环语句实现。具体地，在系统生成的 MidLine 空函数程序中插入如下所示的程序语句：

```
void CMyGraphicsDoc:: MidLine(CClientDC ∗ pDC)
{
    //TODO：在此处添加实现代码.

    int x, y, d, flag, x0, y0, x1, y1;
    pDC->SetROP2(R2_COPYPEN); //绘图方法为直接画
    x0 = group[0]. x; y0 = group[0]. y;
    x1 = group[1]. x; y1 = group[1]. y;
    if (x0 = =x1 && y0 = =y1)return; //两个端点重叠，不画
```

```
    if(x0==x1)//垂直线
    {
        if(y0>y1)
        {
            x=y0; y0=y1; y1=x;
        }
        for(y=y0; y<=y1; y++)
        {
            pDC->SetPixel(x1, y, RGB(255, 0, 0)); //画点函数, 在(x1, y)
处画红点
        }
        return;
    }
    if(y0==y1)//水平线
    {
        if(x0>x1)
        {
            x=x0; x0=x1; x1=x;
        }
        for(x=x0; x<=x1; x++)
        {
            pDC->SetPixel(x, y0, RGB(255, 0, 0)); //画点函数, 在
(x, y0)处画红点
        }
        return;
    }
    if(x0>x1)//起点(x0, y0)是左端点, 如果不满足, 就将(x0, y0)、
(x1, y1)互换
    {
        x=x0; x0=x1; x1=x;
        x=y0; y0=y1; y1=x;
    }
    flag=0; //直线类别标记
    if(x1-x0>y1-y0 && y1-y0>0)flag=1;
    if(x1-x0>y0-y1 && y0-y1>0)//第二种线段转化为第一种线段
    {
        flag=2; y0=-y0; y1=-y1;
    }
```

```
if(y1-y0 > x1-x0)//第三种线段转化为第一种线段
{
    flag=3; x=x0; x0=y0; y0=x; x=x1; x1=y1; y1=x;
}
if(y0-y1 > x1-x0)//第四种线段转化为第一种线段
{
    flag=4; x=x0; x0=-y0; y0=x; x=x1; x1=-y1; y1=x;
}
x=x0; y=y0; d=(x1-x0)-2*(y1-y0);
while(x < x1+1)
{
    if(flag==1)pDC->SetPixel(x, y, RGB(255, 0, 0));
    if(flag==2)pDC->SetPixel(x, -y, RGB(255, 0, 0));
    if(flag==3)pDC->SetPixel(y, x, RGB(255, 0, 0));
    if(flag==4)pDC->SetPixel(y, -x, RGB(255, 0, 0));
    x++;
    if(d > 0)
    {
        d=d-2*(y1-y0);
    }
    else
    {
        y++; d=d-2*((y1-y0)-(x1-x0));
    }
}
```
}

运行程序，用鼠标操作绘制各种线段，查看效果。

Bresenham 直线算法思路与中点直线算法略有不同，两者的递推公式不同。除此之外，包括初始条件、结束条件、鼠标操作方式等都完全一样，因此只要替换中点直线算法循环体程序语句，就能完成 Bresenham 直线算法。读者不妨自己试一试。

2.3　生成圆的 Bresenham 算法

2.3.1　算法分析

我们已经知道，生成圆的 Bresenham 算法为：
- 初始条件：$x_0=0$，$y_0=R$，$d_0=3-2R$
- 递推公式：

$x_{i+1} = x_i + 1$

当 $d_i > 0$ 时，$y_{i+1} = y_i - 1$，$d_{i+1} = d_i + 4(x_i - y_i) + 10$

当 $d_i <= 0$ 时，$y_{i+1} = y_i$，$d_{i+1} = d_i + 4x_i + 6$

- 终止条件：$x_i > y_i$

该算法是在圆心为 $(0, 0)$、半径为 R 的前提下推导出来的，因此这组公式只适合生成圆心在原点的圆，并且该算法只是以顺时针方向计算了90°到45°的八分之一圆弧段（如图 2-7 所示的 AB 弧段）上的像素，也就是只画了一个圆的八分之一。

其他的八分之七部分根据对称性可以求出。在圆心位于坐标系原点 $(0, 0)$ 的圆上，找到了圆上一个点 (x, y)，就可以同时确定分布在其他七个八分之一圆弧段上的 7 个点：$(x, -y)$，$(-x, y)$，$(-x, -y)$，(y, x)，$(y, -x)$，$(-y, x)$，$(-y, -x)$，如图 2-7 所示。当算法依次计算出 90°到 45°圆弧段上的所有像素后，利用对称关系可以找到整个圆上的所有像素，一个完整的圆就形成了。

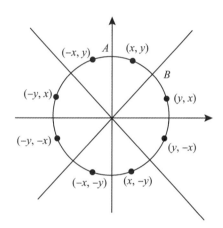

图 2-7　根据对称性，确定圆上一个点，就可以同时确定七个点

对于圆心在任意点 $(x0, y0)$、半径为 R 的圆 A，该算法不能直接应用，但可以间接应用。如图 2-8 所示，考虑圆心为 $(0, 0)$、半径为 R 的圆 B。A 与 B 比较，其对应像素坐标相差 $(x0, y0)$。用该算法计算 B 的每一个像素 (x, y)，但不显示绘制，显示绘制的是坐标为 $(x+x0, y+y0)$ 的圆 A 上的对应像素，这样圆 A 就画出来了。

该算法也可以绘制圆弧。将圆上所有点计算出来，但只绘制圆弧范围内的像素，对每一个计算出来的像素，要增加一个判断过程，只有符合条件的像素，才绘制出来。

2.3.2　编程实现

在"基本图形生成"菜单中已经创建了子菜单项"Bresenham 圆"以及对应的变量标识 ID_BresenhamCircle。依照画直线的经验，实现图形生成的过程是：①在视图类中生成菜单响应函数；②在视图类鼠标响应函数中实现图形绘制操作；③在文档类中编写实现图形算法的函数。

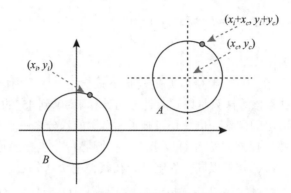

图 2-8　圆心不在原点的圆的绘制方法

1. 生成菜单响应函数

运用"类向导"创建菜单响应函数。在类向导窗口选择 ID_BresenhamCircle，创建菜单响应函数。在系统创建的空函数中增添如下语句：

```
void CMyGraphicsView::OnBresenhamcircle()
{
    //TODO：在此添加命令处理程序代码
    MenuID=15; PressNum=0;
}
```

顺便将中点圆与正负圆的菜单响应函数也创建如下：

```
void CMyGraphicsView::OnMidcircle()
{
    //TODO：在此添加命令处理程序代码
    MenuID=14; PressNum=0;
}
```

```
void CMyGraphicsView::OnZfcircle()
{
    //TODO：在此添加命令处理程序代码
    MenuID=16; PressNum=0;
}
```

2. 创建鼠标操作方法

画圆的鼠标操作设计为：先用鼠标左键确定圆心，再移动鼠标确定半径。在确定半径时，随着鼠标的移动，一个圆随着鼠标的移动半径发生变化。这是橡皮筋技术在画圆时的应用。当圆确定后，鼠标左键确定圆上一点。将圆心和圆上一点依次存入 group 数组，然后调用文档类中圆的生成算法函数完成圆的绘制。

　　鼠标左键函数完成两件事：①第一次按键确定圆心；②第二次按键确定圆上一点，然后调用 Bresanham 算法完成圆的绘制。因为其他两种圆生成算法的操作方法完全相同，在编写 Bresenham 圆的鼠标操作程序时一并完成。在鼠标左键函数中增加如下语句：

```
void CMyGraphicsView:: OnLButtonDown(UINT nFlags, CPoint point)
{
    //TODO：在此添加消息处理程序代码和/或调用默认值
    CMyGraphicsDoc * pDoc = GetDocument(); //获得文档类指针
    CClientDC pDC(this);                    //定义当前绘图设备
    if (MenuID = =11 || MenuID = =12) {                    //DDA 直线
        if (PressNum = =0) {          //第一次按键将第一点保留在文档
类数组中
            pDoc->group[PressNum]=point;
            mPointOrign=point; mPointOld=point; //记录第一点
            PressNum++; SetCapture();
        }
        else if (PressNum = =1) {          //第二次按键保留第二点，用文档
类画线
            pDoc->group[PressNum]=point;
            PressNum=0;                    //程序画图
            pDC.SetROP2(R2_NOT);            //设置异或方式
            pDC.MoveTo(mPointOrign);   pDC.LineTo(mPointOld); //
擦旧线
            if (MenuID = =11)pDoc->DDALine(&pDC);
            if (MenuID = =12)pDoc->MidLine(&pDC);
            ReleaseCapture();
        }
    }
    if (MenuID = = 14 || MenuID = = 15 || MenuID = = 16) {  //中点圆,
Bresenham 圆, 正负圆
        if (PressNum = =0) {//第一次按键将第一点保留在 mPointOrign
            pDoc->group[PressNum]=point;
            PressNum++;
            mPointOrign=point;
            mPointOld=point; //记录第一点
            SetCapture();
        }
        else if (PressNum = =1) {//第二次按键调用文档类画圆程序画图
```

```
          pDoc->group[PressNum]=point;
          PressNum=0;
          pDC.SetROP2(R2_NOT);                //设置异或方式
          pDC.SelectStockObject(NULL_BRUSH); //画空心圆
              int r = (int) sqrt ((mPointOrign.x - mPointOld.x) *
(mPointOrign.x - mPointOld.x) + (mPointOrign.y - mPointOld.y) *
(mPointOrign.y-mPointOld.y));
                  pDC.Ellipse (mPointOrign.x - r, mPointOrign.y - r,
mPointOrign.x+r, mPointOrign.y+r); //擦旧圆
          if (MenuID==14)(pDoc->MidCircle(&pDC)); //中点圆
            if (MenuID == 15)(pDoc->BresenhamCircle(&pDC)); //
Bresenham 圆
          if (MenuID==16)(pDoc->ZFCircle(&pDC)); //正负圆
          ReleaseCapture();
        }
      }
```

```
    CView:: OnLButtonDown(nFlags, point);
  }
```

鼠标移动函数要在圆心确定后、圆上点确定前，随着鼠标的移动，画出一个大小变化的示意圆，该示意圆用 VC 自身的函数完成。在鼠标移动函数中增加下列语句：

```
    if ((MenuID==11 || MenuID==12) && PressNum==1) {
      if (mPointOld ! =point) {
        pDC.MoveTo(mPointOrign);   pDC.LineTo(mPointOld); //
    擦旧线
        pDC.MoveTo(mPointOrign);   pDC.LineTo(point); //画新线
        mPointOld=point;
      }
    }
```

```
    int r; //增加一个整型变量表示半径。整型是系统函数所要求的变量类型
    if ((MenuID==14 || MenuID==15 || MenuID==16) && PressNum==1)
    {
        pDC.SelectStockObject(NULL_BRUSH); //画空心圆
        if (mPointOld ! =point) {
```

```
                    r = ( int ) sqrt (( mPointOrign.x - mPointOld.x ) *
( mPointOrign.x - mPointOld.x ) + ( mPointOrign.y - mPointOld.y ) *
(mPointOrign.y-mPointOld.y));
                pDC.Ellipse ( mPointOrign.x - r, mPointOrign.y - r,
mPointOrign.x+r, mPointOrign.y+r); //擦旧圆
            r =(int)sqrt((mPointOrign.x-point.x) * (mPointOrign. x-
point.x)+(mPointOrign.y-point.y) *(mPointOrign.y-point.y));
                pDC.Ellipse ( mPointOrign.x - r, mPointOrign.y - r,
mPointOrign.x+r, mPointOrign.y+r); //画新圆
        mPointOld=point;
    }
}
```

目前，还缺乏文档类圆生成算法函数。先用类向导创建如下三个空函数：

```
void CMyGraphicsDoc:: BresenhamCircle(CClientDC * pDC)
void CMyGraphicsDoc:: MidCircle(CClientDC * pDC)
void CMyGraphicsDoc:: ZFCircle(CClientDC * pDC)
```

运行程序，用鼠标操作，查看效果。可以看到，鼠标操作设计方案已经实现。

3. 实现 Bresenham 画圆算法

在 BresenhamCircle 空函数中加入如下语句：

```
void CMyGraphicsDoc:: BresenhamCircle(CClientDC * pDC)
{
    //TODO：在此处添加实现代码
    int r, d, x, y, x0, y0;
    pDC->SetROP2(R2_COPYPEN); //绘图方法为直接画
    x0=group[0].x; y0=group[0].y; //圆心
    r=(int)sqrt((group[0].x-group[1].x) * (group[0].x-group[1].
x)+(group[0].y-group[1].y) * (group[0].y-group[1].y)); //半径
    x=0; y=r; d=3-2 * r; //初始条件
    while (x < y || x==y)     //结束条件
    {
        pDC->SetPixel(x+x0, y+y0, RGB(255, 0, 0));
        pDC->SetPixel(-x+x0, y+y0, RGB(255, 0, 0));
        pDC->SetPixel(x+x0, -y+y0, RGB(255, 0, 0));
        pDC->SetPixel(-x+x0, -y+y0, RGB(255, 0, 0));
```

```
        pDC->SetPixel(y+x0, x+y0, RGB(255, 0, 0));
        pDC->SetPixel(-y+x0, x+y0, RGB(255, 0, 0));
        pDC->SetPixel(y+x0, -x+y0, RGB(255, 0, 0));
        pDC->SetPixel(-y+x0, -x+y0, RGB(255, 0, 0));
        x=x+1;    //递推过程
        if(d < 0 || d==0)
        {
            d=d+4*x+6;
        }
        else
        {
            y=y-1; d=d+4*(x-y)+10;
        }
    };
}
```

运行程序，用鼠标操作绘制圆，查看效果。

中点圆算法思路与 Bresenham 圆算法不同，因而推导出的递推公式不同。除此之外，包括初始条件、结束条件、鼠标操作方式等都完全一样，因此只要替换 Bresenham 圆算法循环体程序语句，就能完成中点算法。读者不妨自己试一试。

2.4　正负圆生成算法

2.4.1　算法分析

正负圆生成算法与 Bresenham 圆生成算法有所不同。首先，正负圆直接生成圆心不在原点的圆；其次，正负圆生成算法计算从 90°到 0°共计四分之一个圆上的点，每计算一个点，要根据对称关系计算其他三个点。点$(x，y)$与其他三个点的关系如图 2-9 所示。

对于圆心为$(x0，y0)$，半径为R的圆，该算法如下：

* 初始条件：$x_0=x0$，$y_0=y0+R$，$d_0=0$
* 递推公式：

当$d_i<0$时，$x_{i+1}=x_i+1$，$y_{i+1}=y_i$，$d_{i+1}=d_i+2(x_i-x0)+1$

当$d_i>=0$时，$x_{i+1}=x_i$，$y_{i+1}=y_i-1$，$d_{i+1}=d_i-2(y_i-y0)+1$

* 结束条件：$y_i<=y0$

2.4.2　编程实现

菜单响应函数与鼠标操作函数都已经完成，只需要在文档类中所设置的空函数中完成正负圆生成算法。具体如下：

```
void CMyGraphicsDoc:: ZFCircle(CClientDC * pDC)
```

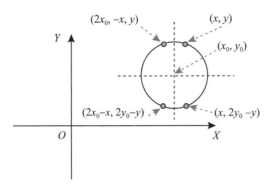

图 2-9 计算点与其他三点的关系

```
//TODO：在此处添加实现代码
int r, d, x, y, x0, y0;
pDC->SetROP2(R2_COPYPEN); //绘图方法为直接画
x0=group[0].x; y0=group[0].y; //圆心
r=(int)sqrt((group[0].x-group[1].x)*(group[0].x-group[1].x)
    +(group[0].y-group[1].y)*(group[0].y-group[1].y)); //
半径
d=0; x=x0; y=y0+r;
while (y > y0)
{
    pDC->SetPixel(x, y, RGB(255, 0, 0));
    pDC->SetPixel(-x+2*x0, y, RGB(255, 0, 0));
    pDC->SetPixel(x, -y+2*y0, RGB(255, 0, 0));
    pDC->SetPixel(-x+2*x0, -y+2*y0, RGB(255, 0, 0));
    if (d < 0)
    {
        x++; d=d+2*(x-x0)+1;
    }
    else
    {
        y--; d=d-2*(y-y0)+1;
    }
};
```

执行程序，检查正负圆算法的画圆效果。正负算法生成的圆上像素是四连通的，在递推公式中也可以看到，算法总是从当前点出发向右或向下走一步，寻找下一个点。Bresenham 圆算法和中点圆算法生成的圆都是八连通的，画出的圆显得更光滑。

本章作业

按照指导书说明，完成各种直线和圆的生成程序编制。

第3章　图形填充

图形填充算法有两类，第一类是绘制完一个封闭多边形以后，算法从图形边界开始用指定的颜色自动填充整个多边形；第二类是在一个封闭区域内，给一个种子点，算法从种子点开始用指定的颜色填充整个封闭区域。在本章介绍的四种算法中，扫描线填充、边缘填充属于第一类算法，扫描线种子填充、递归填充属于第二类算法。

为了显示图形效果，先在屏幕上用鼠标绘制一个封闭图形。对于第一类算法，封闭图形绘制完毕，算法开始填充多边形；对于第二类算法，封闭图形绘制完毕，还要在封闭多边形内部确定一个种子点，然后算法从种子开始填充封闭图形。具体操作是：用鼠标左键依次点击确定多边形的顶点，同时保留橡皮筋拉出的直线，以显示用户所选择的顶点；然后点击右键表示选点结束，系统擦除所有橡皮筋痕迹，调用第一类算法完成封闭多边形的填充。或者绘制完整的多边形，用鼠标左键在多边形内部再确定一个种子点，调用第二类算法完成封闭多边形的填充。

值得注意的是，扫描线算法和边缘填充算法都不需要在填充前绘制多边形图形，而种子填充的两种算法都需要。在实现各种算法时，应该区别对待。

3.1　扫描线填充算法

3.1.1　算法分析

扫描线填充算法对封闭多边形从下到上依次移动扫描线，在扫描线运动到一个新的位置时，沿着扫描线从左到右依次寻找多边形内点并用事先指定的颜色绘制作为内点的像素，如图3-1所示。扫描线移动完毕，多边形填充完成。

扫描线与多边形的边有多个交点。依据扫描线的连贯性，对这些交点排序以后，交点编号1至2之间、3至4之间的像素都是多边形内点，可以依次绘制。只要扫描线完成封闭多边形从下到上的移动，整个多边形的填充就绘制完毕。需要注意的是，扫描线是水平线，只有非水平边才能与扫描线形成交点，因此算法涉及的多边形的边都是非水平边，多边形的水平边直接舍弃。

计算扫描线与多边形边的交点成为算法的关键。直觉上，交点需要由扫描线与边直线方程联立求解，但这样的计算量太大影响算法速度。根据边的连贯性可以用加法计算一条边上的所有交点。如图3-2所示，一条非水平边的下端点为(x_1, y_1)，上端点为(x_2, y_2)，由于算法要求顶点坐标为整型数，因此两个端点必然与扫描线相交，端点本身就是交点。相邻扫描线的间隔固定为1，该边斜率的倒数为d，则下端点(x_1, y_1)的下一个交点为

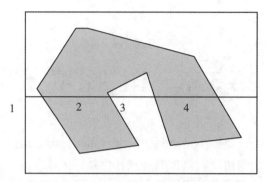

图 3-1 利用扫描线连贯性沿着扫描线找内点

(x_1+d, y_1+1)。屏幕像素坐标值皆为整数，取整处理后的交点像素坐标为$(\operatorname{int}(x_1+d+0.5), y_1+1)$。由交点$(x_1+d, y_1+1)$又可以求出下一个交点坐标精确值为$(x_1+2d, y_1+2)$。依此类推，直到上端点$(x_2, y_2)$，一条边上的所有交点就由加法计算全部求出。

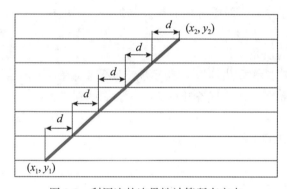

图 3-2 利用边的连贯性计算所有交点

多边形顶点是相邻两条边的交点，如图 3-3 所示。为了避免重复计算，每条边的上端点不参与计算，相当于把每条边的上端点裁掉，缩短了一个像素长度。也就是说，图 3-2 所示的边，计算范围限定在$[y_1, y_2)$扫描线区间。

扫描线填充算法充分利用了扫描线连贯性和边的连贯性，是一种速度快的填充方法。

要利用扫描线连贯性和边的连贯性，必须重新组织数据。扫描线填充算法用边结构组织所有非水平边数据，用 ET 表将所有边结构组织起来，用 AEL 活化边表表示当前扫描线。这些结构的组成方式以及应用方式在下面的编程实现中结合编程过程进行说明。

3.1.2　编程实现

1. 菜单响应函数建立

在图形填充菜单项下建立子菜单项"扫描线填充"，其菜单项 ID 确定为 ID_FILL_SCANLINE。在类向导窗口视图类为 ID_FILL_SCANLINE 建立菜单响应函数，并填写如下

图 3-3 相邻边的处理

内容：

```
void CMyGraphicsView:: OnFillScanline()
{
    //TODO：在此添加命令处理程序代码
    CMyGraphicsDoc * pDoc = GetDocument(); //获得文档类指针
    pDoc->PointNum = 0;
    MenuID = 41; PressNum = 0;
}
```

PointNum 是专门为多边形操作而设置的一个文档类变量，用来记录多边形顶点数量。多边形的顶点数是任意的，每一次输入的多边形顶点数都可能不同。后续对多边形的操作需要知道确切的顶点数量，因此添加设置一个文档类变量用来记录。目前还没有定义这个变量，采用手工方法添加文档类变量，打开文档类定义文件，添加语句。如下所示：

```
class CMyGraphicsDoc : public CDocument
{
protected：//仅从序列化创建
    CMyGraphicsDoc() noexcept;
    DECLARE_DYNCREATE(CMyGraphicsDoc)

public：//特性
    CPoint group[100];    //定义数组,
    int PointNum;
```

2. 建立鼠标操作函数

按照操作设计，三个鼠标操作函数均参与图形填充操作。

鼠标左键函数依次确定封闭多边形顶点，确定的顶点依次保存在文档类数组 group[ ] 中。

在鼠标左键函数中加入以下语句：

```
if (MenuID == 41) { //扫描线填充选顶点
    pDoc->group[pDoc->PointNum++] = point;
```

```
            mPointOrign=point;
            mPointOld=point;
            PressNum++;
            SetCapture();
        }
        CView:: OnLButtonDown(nFlags,point);
    }
```

鼠标移动函数在鼠标移动当前点与上一个确定点之间拉一条橡皮筋,以协助封闭多边形每条边的确定。

多边形绘制过程中的橡皮筋与绘制直线时完全一样,因此可以借助直线橡皮筋程序部分。在鼠标移动函数中加入、修改语句如下:

```
    if ((MenuID==11 || MenuID==12 || MenuID==41) && PressNum >0) {
        if (mPointOld ! =point) {
            pDC.MoveTo(mPointOrign);  pDC.LineTo(mPointOld); //
擦旧线
            pDC.MoveTo(mPointOrign);  pDC.LineTo(point); //画新
线
            mPointOld=point;
        }
    }
```

鼠标右键函数确定结束选点。用指定正式的绘图颜色绘制整个封闭多边形,调用文档类扫描线填充算法函数,对封闭图形进行填充。

鼠标右键响应函数首先擦除橡皮筋绘制的不封闭多边形,然后调用文档类填充函数进行填充。扫描线填充算法并不需要事先绘制多边形,它根据封闭多边形顶点模型就可以计算出所有的封闭多边形内点。为了编程方便,在调用算法前,将保存多边形顶点的 group 数组第一个点复制到最后一个点。在鼠标右键函数中添加如下语句:

```
    void CMyGraphicsView:: OnRButtonDown(UINT nFlags,CPoint point)
    {
        //TODO:在此添加消息处理程序代码和/或调用默认值
        CMyGraphicsDoc * pDoc=GetDocument(); //获得文档类指针
        CClientDC pDC(this);                 //定义当前绘图设备
        if (MenuID==41) { //填充选点结束
            //擦除不封闭多边形
            pDC.SetROP2(R2_NOT); //设置异或方式
            pDC.MoveTo(pDoc->group[0]);
            pDoc->group[pDoc->PointNum]=pDoc->group[0]; //复制第一点作
为最后一点
            for (int i=0; i < pDoc->PointNum; i++)
```

```
            pDC.LineTo(pDoc->group[i]);
        pDC.LineTo(point);

        //调用文档类填充函数
        pDoc->ScanLineFill(&pDC);
        PressNum = 0; pDoc->PointNum = 0; //初始化参数,为下一次操作做
准备

        ReleaseCapture();
    }
    CView:: OnRButtonDown(nFlags, point);
}
```

3. 编制文档类填充函数

目前,文档类填充函数 ScanLineFill( )还不存在,可以看到 VC 平台以红色波浪线注明了这个错误,这说明函数在使用前一定要事先定义好。我们先用类向导建立一个文档类空函数:

```
            void ScanLineFill(CClientDC * pDC);
```

可以看到,红色波浪线消失。

现在来实现扫描线算法。

首先,应该建立边结构,边结构中保留了每一条非水平边的信息。在此基础上,用一个边结构数组表示 ET 表。

一条边基本信息是两个端点。在教科书中,边结构信息包括:上端点的 y 坐标、下端点的 x 坐标、斜率的倒数、指向下一条边的指针。用下端点的 y 坐标对所有边结构进行分类、组织 ET 表,每条边下端点的 y 坐标信息暗含在 ET 表中。为了编程方便,将下端点的 y 坐标也建立在边结构中。指针编程很麻烦,我们设法绕过,因此我们的边结构也不包含指针。在文档类定义头文件 MyGraphicsDoc.h 中手工建立如下结构数据类型:

```
    struct EdgeInfo
    {
        int ymax;       //上端点的 y 坐标
        float xmin;      //下端点的 x 坐标
        float k;        //斜率的倒数
        int ymin;       //增加的一项:下端点的 y 坐标
    };
```

结构体可以进行初始化,也便于后续编程,因此紧接着结构定义,创建结构初始化方法。

```
    EdgeInfo init(CPoint p1, CPoint p2)//非水平边的边结构初始化
    {
        EdgeInfo temp;
        CPoint p;
```

```
        if (p1.y > p2.y) { p =p1; p1 =p2; p2 =p; }; //确保 p1 为下端点
        temp.ymax =p2.y;
        temp.ymin =p1.y;
        temp.xmin =p1.x;
        temp.k =(float)(p2.x-p1.x) /(float)(p2.y-p1.y); //斜率的
倒数
        return temp;
}
```

在扫描线算法函数中，用结构数组 edgelist 表示 ET 表。先建立表示 ET 表的边结构数组，然后计算每一条非水平边的边结构，填入结构数组。对每一条边，首先判断其是否水平，以排除水平边。

```
void CMyGraphicsDoc:: ScanLineFill(CClientDC * pDC)
{
    //TODO: 在此处添加实现代码
    EdgeInfo edgelist[100];                  //建立边结构数组
    int EdgeNum =0;                          //记录非水平边数量
    for (int i =0; i < PointNum; i++)        //建立每一条边的边结构
    {
        if (group[i].y ! =group[i+1].y) //只处理非水平边
        {
            edgelist[EdgeNum++] =init(group[i], group[i+1]);
        }
    }
}
```

参数 PointNum 记录 group 数组中的顶点数，也是多边形的边数，有可能包括了多边形的水平边。ET 表中的边不包括水平边，可能少于 PointNum，需要用另一个参数 EdgeNum 来记录。

ET 表建立完毕，开始实现 AEL 表功能，也就是用一条动态扫描线扫过整个 ET 表范围。

ET 表范围是多边形所有顶点中的最小 y 坐标到最大 y 坐标。为了程序简洁易读，编制两个文档类函数，分别完成寻找多边形所有边中最小 y 坐标和最大 y 坐标的计算。用类向导在文档类中增加两个返回一个整型数据的函数。如下所示：

```
int CMyGraphicsDoc:: YMin(CPoint * group)
{
    //TODO: 在此处添加实现代码
    int y =10000;
    for (int i =0; i < PointNum; i++)
    {
```

```
        if (y > group[i].y)
            y =group[i].y;
    }
    return y;
}
int CMyGraphicsDoc:: YMax(CPoint * group)
{

    //TODO：在此处添加实现代码
    int y =0;
    for (int i =0; i < PointNum; i++)
    {
        if (y < group[i].y)
            y =group[i].y;
    }
    return y;
}
```

在填充算法函数中，用这两个函数找出扫描线移动范围，记录下来，在该范围内逐一移动扫描线，问题就转化为在这条扫描线上的填充。在填充算法函数中添加以下语句：

```
for (int i =0; i < PointNum; i++)        //建立每一条边的边结构
{
    if (group[i].y ! =group[i+1].y)    //只处理非水平边
    {
        edgelist[EdgeNum++]=init(group[i], group[i+1]);
    }
}
int ymin =YMin(group);
int ymax =YMax(group);
for (int y =ymin; y <=ymax; y++) //AEL =y 时的扫描线填充
{
}
```

以上 for 循环体中要完成扫描线 AEL =y 时的填充，扫描线上的填充只发生在扫描线和与扫描线相交的边之间，所以只需要找与当前扫描线相交的边。第一步，找到一条与当前扫描线相交的边，计算边与扫描线的交点，在数组中记录下这个交点，然后寻找下一条与当前扫描线相交的边，做同样的工作，直到所有相交边处理完毕。第二步，对数组中记录的点按照 x 从小到大的顺序排序。第三步，排好序的点，从第一点画到第二点，第三点画到第四点……依此类推，直到所有点处理完毕。

边的上、下两个端点一上一下在扫描线的两边，则边与扫描线相交。更精确地说，按照扫描线填充算法，若扫描线 AEL =y 中的 y 值在 $[y_{min}, y_{max})$ 这个半开区间，则扫描线与边相交。这就是程序中用 y>=edgelist[i].ymin&&y<edgelist[i].ymax 来判断扫描线 AEL=y 是否与边 edgelist[i]相交的依据。上面的第一步也是一个逐边推进的循环体，使用数组 XSave[100]来记录交点，使用整型变量 X_{Num} 来记录交点的数量。由于交点的 y 坐标就是扫描线，因此数组只需要保存交点的 x 坐标。

```
int ymin=YMin(group);
int ymax=YMax(group);
int XNum; //记录保存的交点数量
float XSave[100]; //保存边与扫描线交点的 x 坐标
for (int y=ymin; y <=ymax; y++)//AEL=y 时的扫描线填充
{
    XNum=0; //计算一条扫描线前，先清 0
    //找出与当前扫描线相交的边
    for (int i=0; i < EdgeNum; i++)//逐边处理
    {
        if(y>=edgelist[i].ymin&&y<edgelist[i].ymax)//找
到相交边
        {
            XSave[XNum++]=CalculateCrossPoint(y, edgelist[i]);
        }
    }
}
```

函数 CalculateCrossPoint 计算当前扫描线与边 edgelist[i]的交点，并返回交点的 x 坐标。目前该函数还没有，需要定义。使用类向导，在文档类中增加如下函数：

```
float CMyGraphicsDoc::CalculateCrossPoint(int y, EdgeInfo E)
{
    //TODO：在此处添加实现代码
    float x;
    x=E.xmin+(float)(y-E.ymin)*E.k;
    return x;
}
```

扫描线填充算法利用了边的连贯性，用加减法就将一条边与所有扫描线的交点计算出来，这是该算法速度快的一个重要原因。当逐边处理循环体执行完毕，所有的交点都保存在数组 X_{Save} 中，正常情况下是偶数个交点。

下面增加的语句是对 X_{Save} 数组从小到大进行排序，我们使用交换法。程序如下：

```
for (int i=0; i < EdgeNum; i++)//逐边处理
{
    if(y>=edgelist[i].ymin&&y<edgelist[i].ymax)//找到相
```

交边

```
            {
                XSave [ XNum + + ] = CalculateCrossPoint ( y , edgelist
[ i ]);
            }
        }

    float x;
    for ( int i = 0; i < XNum-1; i++)
    {
        for ( int j = 0; j < XNum-1; j++)
        {
            if(XSave[j]>XSave[j+1])
            {
                x=XSave[j];
                XSave[j]=XSave[j+1];
                XSave[j+1]=x;
            }
        }
    }
```

第三步是填充，就是从第一个交点开始，沿水平方向，逐点填充，直到第二个交点为止；接着从第三个交点开始，沿水平方向，逐点填充，直到第四个交点为止……依此类推，直到所有交点都填完。为了加快速度，我们采用画线方式，以交点一、二为端点画直线，交点三、四为端点接着画直线，直到所有交点都处理完毕。这就用一次调用画线函数代替反复调用画点函数，理论上可以提高速度。程序如下：

```
    float x;
    for ( int i = 0; i < XNum-1; i++) //排序
    {                                    //相邻数据两两交换方法
        for ( int j = 0; j < XNum-1; j++)
        {
            if(XSave[j]>XSave[j+1])
            {
                x=XSave[j];
                XSave[j]=XSave[j+1];
                XSave[j+1]=x;
            }
        }
    }
```

```
        pDC->SetROP2(R2_COPYPEN); //设置直接绘制方式
        CPen pen(PS_SOLID, 1, RGB(255, 0, 0)); //设置多边形边界颜色(即
画笔)
        CPen * pOldPen=pDC->SelectObject(&pen); //选新笔，保存旧笔
        for (int i=0; i < XNum-1; i+=2)
        {
            pDC->MoveTo((int)XSave[i], y);
            pDC->LineTo((int)XSave[i+1], y);
        }
        pDC->SelectObject(pOldPen); //恢复系统的画笔颜色设置
```

到此，所有的问题一一解决。下面列出完整的扫描线填充函数程序。

```
void CMyGraphicsDoc:: ScanLineFill(CClientDC * pDC)
{
    //TODO：在此处添加实现代码
    EdgeInfo edgelist[100]; //建立边结构数组
    int EdgeNum=0;
    for (int i=0; i < PointNum; i++) //建立每一条边的边结构
    {
        if (group[i].y! =group[i+1].y) //只处理非水平边
        {
            edgelist[EdgeNum++]=init(group[i], group[i+1]);
        }
    }
    int ymin=YMin(group);
    int ymax=YMax(group);
    int XNum; //记录保存的交点数量
    float XSave[100]; //保存边与扫描线交点的 x 坐标
    for (int y=ymin; y <=ymax; y++) //AEL=y 时的扫描线填充
    {
        XNum=0; //计算一条扫描线前，先清 0
        //找出与当前扫描线相交的边
        for (int i=0; i < EdgeNum; i++) //逐边处理
        {
            if(y>=edgelist[i].ymin&&y<edgelist[i].ymax) //找到相
交边
            {
                XSave[XNum++]=CalculateCrossPoint(y, edgelist
[i]);
```

```
                }
            }
            float x;
            for (int i = 0; i < XNum-1; i++)
            {
                for (int j = 0; j < XNum-1; j++)
                {
                    if(XSave[j]>XSave[j+1])
                    {
                        x = XSave[j];
                        XSave[j] = XSave[j+1];
                        XSave[j+1] = x;
                    }
                }
            }
            pDC->SetROP2(R2_COPYPEN); //设置直接绘制方式
            CPen pen(PS_SOLID, 1, RGB(255, 0, 0)); //设置多边形边界颜色(即
画笔)
            CPen * pOldPen = pDC->SelectObject(&pen); //选新笔, 保存旧笔
            for (int i = 0; i < XNum-1; i+=2)
            {
                pDC->MoveTo((int)XSave[i], y);
                pDC->LineTo((int)XSave[i+1], y);
            }
            pDC->SelectObject(pOldPen); //恢复系统的画笔颜色设置
        }
    }
```

运行程序, 查看结果。

3.2 边缘填充

3.2.1 算法分析

多边形的非水平边与扫描线有很多交点。多边形边缘填充实质是以所有的这些交点为起点, 以"异或"的方式向右边最远点逐像素画点。

如果一个像素经过偶数次异或画点, 将还原为背景颜色; 而经过奇数次异或画点的像素将显示画点颜色与背景颜色经过异或运算混合的颜色。

经过计算机图形学课程关于该算法的理论学习, 我们知道, 当一个封闭多边形所有的

非水平边都经过这样的处理后，多边形内部像素肯定经过了奇数次异或画点，因而显示的是画点颜色与背景颜色相异或得到的混合颜色；多边形外部像素肯定经过了偶数次异或画点，因而还原为背景颜色。这样，封闭多边形内部就形成了与背景不同的颜色，填充完成。

算法的编程实现可以这样进行：对封闭多边形每一条非水平边，逐边操作；其操作方法是：对于每一条边的所有交点，逐点进行向右边最远端逐一将每个像素画点。逐边加逐点可以用一个大循环体嵌套一个小循环体实现。逐点中还有一个逐一画像素也应该用一个循环体实现。采取与扫描线填充算法相同的处理方法，用一个画直线操作替代逐一画像素操作。

边缘填充原理简单，容易实现；理论上的缺点是大量的无关像素也要被多次染色，浪费了计算时间，原因是算法要求向右画到最远端。提高效率的方法是不必画到右边最远端，只要出了多边形范围，就立即停止向右画。具体方法是先找到封闭多边形所能达到的最右端，以这个最右端作为向右画的停止线。如图 3-4 所示，左图是边缘填充原理，要求从边缘点一直画到窗口最右边，显然图中大部分像素都是没有必要处理的；中图将窗口尺度缩小一倍，可以减少大量的需要处理的无用像素；右图是将窗口缩小为图形的右边界，最大限度地去掉了无关像素，因而具有最高的效率。本例采用右图所示的方法。

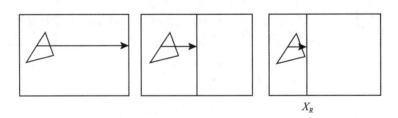

图 3-4　计算点与其他三点的关系

边缘填充算法的操作方式与扫描线填充算法完全一样。在选取菜单项后，用鼠标左键依次选取多边形顶点；用右键结束选点。边缘填充同样不需要画出多边形的边界，可以依据数学模型直接计算内点。因此，可以借用扫描线填充算法的操作。

3.2.2　编程实现

借用扫描线填充算法的操作，只需要在必要的地方添加边缘填充算法菜单标识。

1. 菜单响应函数建立

在图形填充菜单项下建立子菜单项"边缘填充"，其菜单项 ID 确定为 ID_FILL_EDGE。在类向导窗口视图类为 ID_FILL_ EDGE 建立菜单响应函数，并填写如下内容：

```
void CMyGraphicsView:: OnFillEdge()
{
    //TODO：在此添加命令处理程序代码
```

```
CMyGraphicsDoc * pDoc = GetDocument();  //获得文档类指针
pDoc->PointNum = 0;
MenuID = 42; PressNum = 0;
}
```

2. 建立鼠标操作函数

既然是借用，就只需要在三个鼠标操作函数中添加少量必要语句。顺便说一句，后面还有两个填充算法，它们确定多边形的操作方法也是一样的，因此，也顺便将它们的菜单标识一起加上。

在鼠标左键函数中加入以下语句：

```
if (MenuID = = 41 || MenuID = = 42 || MenuID = = 43 || MenuID = = 44) {
                                                           //多边形选顶点
    pDoc->group[pDoc->PointNum++] = point;
    mPointOrigin = point;
    mPointOld = point;
    PressNum++;
    SetCapture();
}


CView:: OnLButtonDown(nFlags, point);
}
```

多边形绘制过程中的橡皮筋与绘制直线时完全一样，因此可以借助直线橡皮筋程序部分。在鼠标移动函数中加入、修改语句如下：

```
if ((MenuID = = 11 || MenuID = = 12 || (MenuID>40&&MenuID<45) &&
PressNum >0) {
    if (mPointOld ! =point) {
        pDC.MoveTo(mPointOrigin); pDC.LineTo(mPointOld);  //擦
旧线
        pDC.MoveTo(mPointOrigin); pDC.LineTo(point);  //画新线
        mPointOld = point;
    }
}
```

鼠标右键响应函数首先擦除橡皮筋绘制的不封闭多边形，然后调用文档类填充函数进行填充。边缘填充算法的鼠标右键操作与扫描线填充算法完全相同，因此可以借鉴已有语句。唯一的不同是要根据菜单项标识变量的不同选择各自的算法实现文档函数。在鼠标右键函数中添加如下语句：

```
void CMyGraphicsView:: OnRButtonDown(UINT nFlags, CPoint point)
{
    //TODO：在此添加消息处理程序代码和/或调用默认值
```

```
    CMyGraphicsDoc * pDoc =GetDocument();  //获得文档类指针
    CClientDC pDC(this);                    //定义当前绘图设备
    if (MenuID > 40&& MenuID< 45) {  //填充选点结束
        //擦除不封闭多边形
        pDC.SetROP2(R2_NOT);  //设置异或方式
        pDC.MoveTo(pDoc->group[0]);
        pDoc->group[pDoc->PointNum]=pDoc->group[0];  //复制第一点作
为最后一点
        for (int i =0; i < pDoc->PointNum; i++)
            pDC.LineTo(pDoc->group[i]);
        pDC.LineTo(point);


        //调用文档类填充函数
        If(MenuID = =41) pDoc->ScanLineFill(&pDC);
        If(MenuID = =42)pDoc->EdgeFill(&pDC);
        PressNum = 0; pDoc->PointNum = 0;  //初始化参数，为下一次操作做
准备

        ReleaseCapture();
    }

    CView:: OnRButtonDown(nFlags, point);
}
```

3. 编制文档类填充函数

文档类边缘填充算法首先是准备好绘图工具，设置异或方式，找到向右画线停止点。然后开始大循环，从 group 数组中逐一取出每条边进行处理。

目前，该函数还不存在，用类向导建立函数如下：

```
void CMyGraphicsDoc:: EdgeFill(CClientDC * pDC)
{
    //TODO：在此处添加实现代码
    CPoint p1, p2, p;
    pDC->SetROP2(R2_NOT);  //设置异或方式
    CPen pen(PS_SOLID, 1, RGB(0, 255, 0));  //设置即画笔
    CPen * pOldPen =pDC->SelectObject(&pen);  //选新笔，保存旧笔
    int xr =0;  //向右画线停止点
    for (int i =0; i < PointNum; i++) {  //找出多边形中最大的 x 坐标
        if (xr < group[i]. x)xr =group[i]. x;
    }
    for (int i =0; i < PointNum; i++) {
```

```
        p1=group[i]; p2=group[i+1];
        //开始对边处理
        }
    }
    pDC->SelectObject(&pen); //恢复保存的旧笔
}
```

对边的处理过程是，首先排除水平线，其次将下端点放在前面，然后以从下端点到上端点的次序逐一计算扫描线与边的交点，计算出交点后，从交点开始，向右画到停止点。

```
for (int i=0; i < PointNum; i++) {
    p1=group[i]; p2=group[i+1];
    if (p1.y==p2.y)break; //如果是水平边就取下一条边
    if (p1.y > p2.y) { //确保p1是下端点
        p=p1; p1=p2; p2=p;
    }
    for (int y=p1.y; y < p2.y; y++) {
        int x=(int)(CalculateGrossPoint1(y, p1, p2)+0.5); //实
数四舍五入取整
        pDC->MoveTo(x, y);
        pDC->LineTo(xr, y);
    }
}
```

CalculateGrossPoint1 函数计算扫描线与边的交点，目前，函数 CalculateGrossPoint1 还不存在。使用类向导在文档类建立它，并填入如下语句：

```
float CMyGraphicsDoc:: CalculateGrossPoint1 (int y, CPoint p1,
CPoint p2)
{
    //TODO:在此处添加实现代码
    float x;
    x=p1.x+(float)(y-p1.y)*(float)(p2.x-p1.x) /(float)(p2.y-
p1.y);
    return x;
}
```

最后的善后工作是恢复画笔。完整的边缘填充算法函数如下所示：

```
void CMyGraphicsDoc:: EdgeFill(CClientDC * pDC)
{
    //TODO:在此处添加实现代码
    CPoint p1, p2, p;
    pDC->SetROP2(R2_NOT); //设置异或方式
```

```
CPen pen(PS_SOLID, 1, RGB(0, 255 , 0)); //设置即画笔
CPen *pOldPen =pDC->SelectObject(&pen); //选新笔，保存旧笔
int xr = 0; //向右画线停止点
for (int i = 0; i < PointNum; i++) { //找出多边形中最大的 x 坐标
    if (xr < group[i].x)xr =group[i].x;
}
for (int i = 0; i < PointNum; i++) {
    p1 =group[i]; p2 =group[i+1];
    if (p1.y == p2.y)break; //如果是水平边就取下一条边
    if (p1.y > p2.y) { //确保 p1 是下端点
        p=p1; p1 =p2; p2 =p;
    }
    for (int y =p1.y; y < p2.y; y++) {
        int x =(int)(CalculateGrossPoint1(y, p1, p2)+0.5); //实
数四舍五入取整
        pDC->MoveTo(x, y);
        pDC->LineTo(xr, y);
    }
}
    pDC->SelectObject(pOldPen); //恢复系统的画笔颜色设置
}
```

执行程序，操作边缘算法画图。可以看到，填充的图形颜色不是我们所期望的。用异或方法绘图，颜色不好控制，这是它的一个缺点。

3.3　扫描线种子填充算法

3.3.1　算法分析

种子填充算法是另一类填充算法，这类算法的共同点是：在一个封闭的多边形内，从一个给定的种子出发，向四周未填充像素进行填充，直到遇到边界的阻拦才停止。一个封闭的多边形和一个给定的种子是算法的基本条件。

种子填充的过程非常复杂，因为每个种子都有自己的填充方向，只能按照规定的方向搜索、填充，一旦在该方向上受阻，就再也没法进行下去，该种子的使命就完成了。为了保证任意形状的封闭多边形都能填满，种子在规定的方向搜索、填充时，还要寻找新的种子，找到的新种子可能还不少。由于当前计算机从硬件结构到操作系统还不是并行运算体系，只有一个种子能够运行。当这个种子使命完成时，选择哪个种子继续运行？为了使所有种子能够有序运行，使用了堆栈。将所有的种子都压入堆栈，包括最初的那个种子以及种子运行时找到的所有新种子都不例外。在当前没有种子运行时，从堆栈中弹出一个种子

开始运行。用堆栈保证了始终只有一个种子运行。算法结束的情况是，弹出一个种子时，堆栈中没有种子，无种子可弹出，算法结束。

堆栈是计算机技术常用概念，是一个后进先出的存储区，在这里用于存储各种填充种子。堆栈有一个指针，总是指向堆栈区第一个可用的、空的存储单元，如图3-5所示。当有数据要存储时，指针引导系统将数据存储在指针指向的存储单元，然后指针移向下一个空的、可用的存储单元。进行数据取出时，指针上移一个单元，然后将指向的数据输出。可以看到，后入栈的种子2将先于种子1被弹出，所以堆栈操作是"后进先出"。

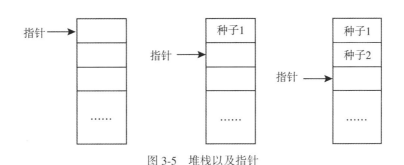

图3-5 堆栈以及指针

扫描线种子填充算法对搜索方向进行了限制，种子从本身出发，只能沿着扫描线向左右进行搜索、填充。

3.3.2 编程实现

1. 菜单响应函数建立

在"图形填充"下建立一个子菜单"扫描线种子填充"，在属性窗口将其变量 ID 命名为 ID_FILL_SEED。使用类向导在视图类为其建立菜单响应函数如下：

```
void CMyGraphicsView:: OnFillSeed()
{
    //TODO：在此添加命令处理程序代码
    CMyGraphicsDoc * pDoc = GetDocument(); //获得文档类指针
    pDoc->PointNum = 0;
    MenuID = 43; PressNum = 0;
}
```

至此，菜单响应函数建立完成。

2. 鼠标操作实现

扫描线种子填充算法鼠标操作分成两部分。第一部分用鼠标左键依次选定封闭多边形各个顶点，鼠标右键结束选点；第二部分用鼠标左键选择一个种子，然后调用文档类种子填充函数开始多边形填充。第一部分与前面的扫描线填充算法操作一样，因此可以借用已有操作程序。事实上，在前面我们已经把 MenuID = 43 编入程序，已经完成部分借用。不同的是操作还有第二部分，需要选种子，因此鼠标右键以后，要将这个多边形绘制出来，还要引导程序再次使用鼠标左键，并完成相关参数设置，调用文档类填充算法函数。

确定多边形的操作，鼠标左键函数和鼠标移动函数都在前面已经修改好，直接修改鼠标右键函数。

```
void CMyGraphicsView:: OnRButtonDown(UINT nFlags, CPoint point)
{
    //TODO: 在此添加消息处理程序代码和/或调用默认值
    CMyGraphicsDoc * pDoc = GetDocument(); //获得文档类指针
    CClientDC pDC(this); //定义当前绘图设备
    if (MenuID > 40 && MenuID < 45) { //填充选点结束

        //擦除不封闭多边形
        pDC.SetROP2(R2_NOT); //设置异或方式
        pDC.MoveTo(pDoc->group[0]);
        for (int i = 0; i < pDoc->PointNum; i++)
            pDC.LineTo(pDoc->group[i]);
        pDC.LineTo(point);

        pDoc->group[pDoc->PointNum] = pDoc->group[0]; //复制第一点作
为最后一点
        //调用文档类填充函数
        if (MenuID == 41) {
            pDoc->ScanLineFill(&pDC);
            PressNum = 0; pDoc->PointNum = 0; //变量初始化，准备下一个图
形操作
            ReleaseCapture();
        }
        if(MenuID == 42){
            pDoc->EdgeFill(&pDC);
            PressNum = 0; pDoc->PointNum = 0; //变量初始化，准备下一个图
形操作
            ReleaseCapture();
        }
        if (MenuID == 43) {
            //用指定颜色绘制封闭多边形
            pDC.SetROP2(R2_COPYPEN); //设置直接绘制方式
            CPen pen(PS_SOLID, 1, RGB(255, 0, 0)); //设置多边形边界颜色(即
画笔)
            CPen * pOldPen = pDC.SelectObject(&pen); //选新笔，保存旧笔
```

```
        pDC.MoveTo(pDoc->group[0]);
        for (int i=0; i<=pDoc->PointNum; i++)
            pDC.LineTo(pDoc->group[i]);
        pDC.SelectObject(pOldPen); //恢复系统的画笔颜色设置

        MenuID=143; //改变MenuID，鼠标左键改为选种子操作
        }
    }
```

在视图类鼠标左键函数中添加如下语句：

```
    if (MenuID==41 || MenuID==42 || MenuID==43 || MenuID==44) { //
多边形填充选顶点
        pDoc->group[pDoc->PointNum++]=point;
        mPointOrign=point;
        mPointOld=point;
        PressNum++;
        SetCapture();
    }

    if (MenuID==143) { //种子填充选种子点
        pDoc->group[pDoc->PointNum]=point; //种子放入group数组最
后位置
        pDoc->SeedFill(&pDC);
        PressNum=0; pDoc->PointNum=0; //清零，为绘制下一个图形做准备
        MenuID=43; ReleaseCapture();
    }
    CView:: OnLButtonDown(nFlags, point);
}
```

函数 SeedFill 是文档类种子填充算法函数，目前还没有。使用类向导，在文档类中创建如下函数：

```
                void SeedFill(CClientDC * pDC);
```

3. 种子填充算法实现

首先做好准备工作，包括准备好堆栈、计算过程中需要的变量、绘图设备。

这里设置一个存储点数据的数组作为堆栈，设置一个整型数作为指针，有数据压入堆栈时，整型数加 1，有数据弹出堆栈时，整型数减 1，当整型数为 0 时，堆栈空。种子填充算法在堆栈不为空时运行。这样，我们可以在空的函数中加入以下语句，建立起算法的大框架。

```
void CMyGraphicsDoc:: SeedFill(CClientDC * pDC)
{
    //TODO:在此处添加实现代码
```

```
int savex, xleft, xright, pflag, x, y, num; //需要的参数
CPoint stack_ptr[200]; //堆栈

pDC->SetROP2(R2_COPYPEN); //绘图方法为直接画
num=0; //num 为堆栈中的种子数，也就是指针
stack_ptr[num++]=group[PointNum]; //鼠标左键选的种子压入堆栈
while (num > 0) //循环体为算法实现部分，算法在堆栈不为空时运行
{
}
}
```

算法主体就做两件事：①从堆栈中弹出一粒种子，从种子当前位置开始，向左右填充；②在当前填充的区间范围内，在上下两根相邻扫描线中寻找所有未填充区域，每个未填充区域中选一个种子压入堆栈。

先完成第 1 件事。在搜索、填充过程中，需要判断当前点是不是未填充点。为了简便，多边形边界和填充像素都只使用红色，因此，只要不是红色，就是未填充点。如果边界和填充点还使用了其他多种颜色，则需要多种颜色一并判断。在函数中加入如下语句：

```
num=0; //num 为堆栈中的种子数
stack_ptr[num++]=group[PointNum];
while (num > 0)
{
    x=stack_ptr[--num].x; y=stack_ptr[num].y; //弹出种子
    savex=x; //保留种子位置
    while (pDC->GetPixel(x,y)！=RGB(255,0,0))//向右填充，直
到边界
    {
        pDC->SetPixel(x++, y, RGB(255,0,0));
    };
    xright=x-1; //保留填充区右边界
    x=savex-1; //回到种子
    while (pDC->GetPixel(x,y)！=RGB(255,0,0))//向左填充，直
到边界
    {
        pDC->SetPixel(x--, y, RGB(255,0,0));
    };
    xleft=x+1; //保留填充区左边界
}
```

未填充区情况较为复杂。如图 3-6 所示，AB 填充区上有三个未填充区，必须为每个未填充区都选一粒种子，否则，会造成漏填。

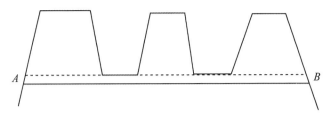

图 3-6　搜索未填充区

为了避免漏选，搜索范围要充足，要从 A 搜索到 B。为了避免一个未填充区域有多个未填充像素被选为种子，要设置两个状态变量，分别表示当前像素和前一个像素的可填充状态。只有前一个像素不可填、当前像素可填，才能选当前像素为种子。这样，每个未填充区域只有第一个像素才能成为种子。一共有上下两条相邻扫描线需要搜索，两条线的方式完全一样，只有表示扫描线位置的 y 值不同。添加如下语句，完成算法第二件事。

```
while (pDC->GetPixel(x, y) ! =RGB(255, 0, 0))//向左填充，直
到边界
{
    pDC->SetPixel(x--, y, RGB(255, 0, 0));
};
xleft=x+1; //保留填充区左边界
```

```
//在当前扫描线下一行搜索未填充区域
y++;
x=xleft; //到达搜索起点
bool currentPixel, previousPixel; //设置两个状态变量，标识两
个像素填充状态
//先判断第一个点，如果未填充就选为种子
if (pDC->GetPixel(x, y) ! =RGB(255, 0, 0)) {
    currentPixel=true;
    stack_ptr[num].x=x; stack_ptr[num++].y=y;
}
else {
    currentPixel=false;
}
x++; previousPixel=currentPixel;
while (x < xright)//到达右边界才停止搜索
{
    if (pDC->GetPixel(x, y) ! =RGB(255, 0, 0))
```

```
                currentPixel=true;
            else
                currentPixel=false;
            //只有previousPixel=false currentPixel=ture,才选为种子
            if(! previousPixel&&currentPixel){
                stack_ptr[num].x=x; stack_ptr[num++].y=y;
            }
            x++; previousPixel=currentPixel;
        }


        //在当前扫描线上一行搜索未填充区域
        y-=2;
        x=xleft; //到达搜索起点
        //先判断第一个点，如果未填充就选为种子
        if (pDC->GetPixel(x, y) ! =RGB(255, 0, 0)) {
            currentPixel=true;
            stack_ptr[num].x=x; stack_ptr[num++].y=y;
        }
        else {
            currentPixel=false;
        }
        x++; previousPixel=currentPixel;
        while (x < xright)//到达右边界才停止搜索
        {
            if (pDC->GetPixel(x, y) ! =RGB(255, 0, 0))
                currentPixel=true;
            else
                currentPixel=false;
            //只有previousPixel=false currentPixel=ture,才选为种子
            if(! previousPixel&&currentPixel){
                stack_ptr[num].x=x; stack_ptr[num++].y=y;
            }
            x++; previousPixel=currentPixel;
        }
    }
```

完整的扫描线种子填充函数如下所示：

```
void CMyGraphicsDoc:: SeedFill(CClientDC * pDC)
{
```

```
//TODO：在此处添加实现代码
int savex, xleft, xright, x, y, num;
CPoint stack_ptr[200]; //堆栈

pDC->SetROP2(R2_COPYPEN); //绘图方法为直接画
num = 0; //num 为堆栈中的种子数
stack_ptr[num++] = group[PointNum];
while (num > 0)
{
    x = stack_ptr[--num].x; y = stack_ptr[num].y; //弹出种子
    savex = x; //保留种子位置
    while (pDC->GetPixel(x, y) != RGB(255, 0, 0))//向右填充，直
到边界
    {
        pDC->SetPixel(x++, y, RGB(255, 0, 0));
    };
    xright = x-1; //保留填充区右边界
    x = savex-1; //回到种子
    while (pDC->GetPixel(x, y) != RGB(255, 0, 0))//向左填充，直
到边界
    {
        pDC->SetPixel(x--, y, RGB(255, 0, 0));
    };
    xleft = x+1; //保留填充区左边界

    //在当前扫描线下一行搜索未填充区域
    y++;
    x = xleft; //到达搜索起点
    bool currentPixel, previousPixel;
    //先判断第一个点，如果未填充就选为种子
    if (pDC->GetPixel(x, y) != RGB(255, 0, 0)) {
        currentPixel = true;
        stack_ptr[num].x = x; stack_ptr[num++].y = y;
    }
    else {
        currentPixel = false;
    }
    x++; previousPixel = currentPixel;
```

```
    while (x < xright) //到达右边界才停止搜索
    {
        if (pDC→GetPixel(x, y)！=RGB(255, 0, 0))
            currentPixel=true;
        else
            currentPixel=false;
        //只有 previousPixel=false currentPixel=ture, 才选为种子
        if(! previousPixel&&currentPixel){
            stack_ptr[num]. x=x; stack_ptr[num++]. y=y;
        }
        x++; previousPixel=currentPixel;
    }


    //在当前扫描线上一行搜索未填充区域
    y-=2;
    x=xleft; //到达搜索起点
    //先判断第一个点，如果未填充就选为种子
    if (pDC→GetPixel(x, y)！=RGB(255, 0, 0)){
        currentPixel=true;
        stack_ptr[num]. x=x; stack_ptr[num++]. y=y;
    }
    else {
        currentPixel=false;
    }
    x++; previousPixel=currentPixel;
    while (x < xright) //到达右边界才停止搜索
    {
    if (pDC→GetPixel(x, y)！=RGB(255, 0, 0))
        currentPixel=true;
    else
        currentPixel=false;
    //只有 previousPixel=false currentPixel=ture, 才选为种子
    if(! previousPixel&&currentPixel){
        stack_ptr[num]. x=x; stack_ptr[num++]. y=y;
        }
        x++; previousPixel=currentPixel;
    }
}
```

　　}

　　程序只是简单地实现了算法,并没有考虑各种异常处理,最重要的是没有考虑种子选在封闭多边形外部的异常。因此,确定的种子一定要在封闭多边形内部,否则会造成不可预知的后果。

　　执行程序,可以看到种子填充比前面两种填充方法速度慢得太多,这是因为算法需要逐点判断其填充状态,只有空白的未填充像素才进行实际填充。速度慢,是种子类填充的通病。

3.4　递归填充

3.4.1　算法分析

　　递归填充是使用递归函数进行填充。

　　递归函数是自己调用自己的函数,分为直接递归和间接递归两种。如果 A 函数直接调用函数 A,则为直接递归;如果 A 函数调用函数 B,而函数 B 又调用了函数 A,则为间接递归。很多语言不能使用递归函数,而 C 语言可以。

　　递归函数用得好,可以简化编程,使程序变得简洁明了。函数每调用一次,都会占用系统部分资源,直到函数执行完才释放出占用的资源。递归函数的主要问题是,在函数的运行过程中,需要调用自己,作为调用者的自己因为还没有执行完毕,不会释放占用的资源;作为被调用者的自己,为了完成运行,还需要调用自己,同样不会释放占用的资源。这样,就形成了嵌套。嵌套层次如果太多,会导致大量资源被占用,一旦超出系统所有的资源量,会导致系统崩溃。所以,使用递归函数,需要认真控制其中断机制,不能让其无限制地递归下去。

　　递归填充算法使用的递归函数如下所示:

```
void CMyGraphicsDoc:: FloodSeedFill(CClientDC * pDC, int x, int y)
{
    //TODO:在此处添加实现代码
        if (pDC->GetPixel(x,y)! =RGB(255,0,0)){   //当前点(x,y)
是未填充点
            pDC->SetPixel(x,y,RGB(255,0,0));        //填充当前点
            FloodSeedFill(pDC, x-1, y);             //以上下左右为
新的当前点
            FloodSeedFill(pDC, x+1, y);             //调用自己进行
填充
            FloodSeedFill(pDC, x, y-1);
            FloodSeedFill(pDC, x, y+1);
        }
}
```

从种子点出发，首先填充当前位置的种子点，然后将当前点依次移往周边，调用自己填充新的当前点，这样逐步扩张，直到所有的未填充像素被填充。该函数的中断机制是：用条件语句 if 来保证，只有在当前点未填充的条件下，函数才得以执行。当多边形内部所有的点都被填充后，递归过程就停止了。

3.4.2　编程实现

1. 菜单响应函数建立

在图形填充菜单项下建立子菜单项"递归填充"，其菜单项 ID 确定为 ID_FILL_ RECURSION。用类向导在视图类为 ID_FILL_ RECURSION 建立菜单响应函数，并填写如下内容：

```
void CMyGraphicsView:: OnFillRecursion()
{
    //TODO：在此添加命令处理程序代码
    CMyGraphicsDoc * pDoc = GetDocument(); //获得文档类指针
    pDoc->PointNum = 0;
    MenuID = 44; PressNum = 0;
}
```

2. 建立鼠标操作函数

递归填充是种子填充类的一种，操作与扫描线种子填充算法一样，也是分两步：先选定多边形顶点，再选定种子。只是文档类的填充算法函数不同，只需要借助 MenuID 参数的不同，调用不同的文档类函数即可。鼠标左键函数和鼠标移动函数已经加入了本菜单项标识，不用再修改。在鼠标右键函数中加入了本菜单项标识。

```
void CMyGraphicsView:: OnRButtonDown(UINT nFlags, CPoint point)
{
    //TODO：在此添加消息处理程序代码和/或调用默认值
    CMyGraphicsDoc * pDoc = GetDocument(); //获得文档类指针
    CClientDC pDC(this); //定义当前绘图设备
    if (MenuID > 40 && MenuID < 45) { //填充选点结束
        //擦除不封闭多边形
        pDC.SetROP2(R2_NOT); //设置异或方式
        pDC.MoveTo(pDoc->group[0]);
        for (int i = 0; i < pDoc->PointNum; i++)
            pDC.LineTo(pDoc->group[i]);
        pDC.LineTo(point);

        pDoc->group[pDoc->PointNum] = pDoc->group[0]; //复制第一点作
为最后一点
        //调用文档类填充函数
```

```
        if (MenuID==41) {
            pDoc->ScanLineFill(&pDC);
            PressNum=0; pDoc->PointNum=0; //种子填充类还没完成操作,
改为各自清场
            ReleaseCapture();
        }
        if(MenuID==42){
            pDoc->EdgeFill(&pDC);
            PressNum=0; pDoc->PointNum=0; //种子填充类还没完成操作,
改为各自清场
            ReleaseCapture();
        }
        if (MenuID==43 || MenuID==44) {
            //用指定颜色绘制封闭多边形
            pDC.SetROP2(R2_COPYPEN); //设置直接绘制方式
            CPen pen(PS_SOLID, 1, RGB(255,0,0)); //设置多边形边界颜色(即
画笔)
            CPen *pOldPen=pDC.SelectObject(&pen); //选新笔,保存旧笔
            pDC.MoveTo(pDoc->group[0]);
            for (int i=0; i<=pDoc->PointNum; i++)
                pDC.LineTo(pDoc->group[i]);
            pDC.SelectObject(pOldPen); //恢复系统的画笔颜色设置

            MenuID+=100; //改变MenuID,引导鼠标左键选种子操作
        }
    }

    CView:: OnRButtonDown(nFlags,point);
}
```

在视图类鼠标左键函数中加入堆栈填充菜单标识符和文档类堆栈填充算法调用, 做如下修改:

```
    if (MenuID==41 || MenuID==42 || MenuID==43 || MenuID==44) { //
多边形填充选顶点
        pDoc->group[pDoc->PointNum++]=point;
        mPointOrign=point;
        mPointOld=point;
        PressNum++;
        SetCapture();
```

```
    }
    if(MenuID==143 || MenuID==144){ //种子填充选种子点
        pDoc->group[pDoc->PointNum]=point; //种子放入group数组最
后位置
        if(MenuID==143)pDoc->SeedFill(&pDC);
        if(MenuID==144)pDoc->RecursionFill(&pDC);
        PressNum=0; pDoc->PointNum=0; //清零,为绘制下一个图形做准备
        MenuID-=100; ReleaseCapture();
    }

    CView::OnLButtonDown(nFlags,point);
}
```

3. 编制文档类填充函数

函数 RecursionFill 是文档类递归填充算法函数,目前还没有。使用类向导,在文档类中创建如下函数:

```
                void RecursionFill(CClientDC*pDC);
```

该函数的实现十分简单,以种子点为当前点,调用递归函数 FloodSeedFill 即可。程序语句如下:

```
void CMyGraphicsDoc::RecursionFill(CClientDC*pDC)
{
    //TODO:在此处添加实现代码
    pDC->SetROP2(R2_COPYPEN); //绘图方法为直接画
    FloodSeedFill(pDC,group[PointNum].x,group[PointNum].y);
}
```

现在,在文档类再建立该递归函数。使用类向导,在文档类中建立函数如下:

```
void CMyGraphicsDoc::FloodSeedFill(CClientDC*pDC, int x, int y)
{
    //TODO:在此处添加实现代码
        if(pDC->GetPixel(x,y)!=RGB(255,0,0)){ //当前点(x,y)是
未填充点
        pDC->SetPixel(x,y,RGB(255,0,0)); //填充当前点
        FloodSeedFill(pDC,x-1,y); //以上下左右为新的当前点
        FloodSeedFill(pDC,x+1,y); //调用自己进行填充
        FloodSeedFill(pDC,x,y-1);
        FloodSeedFill(pDC,x,y+1);
        }
}
```

运行程序,用递归填充进行实际操作。可以发现,面积大一点的多边形,无法填充完

毕，程序中途退出。这就是由于填充面积越大，递归嵌套层次越多，越容易导致系统资源耗尽，触发操作系统保护机制，程序直接中断。所以，递归填充虽然编程简单，但只能填充小面积多边形。

本章作业

按照指导书说明，完成本章四种填充算法。

第4章 二维裁剪

4.1 Cohen-Sutherland 算法

4.1.1 算法分析

Cohen-Sutherland 算法是对直线段进行窗口裁剪的算法。该算法将窗口平面划分成九个区域，每个区域给予不同的编码。根据线段端点落入的不同区域，给予线段端点不同的编码。该算法的特点是将图形操作问题转化成计算机擅长的编码处理问题。基于线段端点编码，算法给出了一整套关于编码的裁剪方法。

为了将精力集中在裁剪的实现上，我们事先规定一个窗口。操作时，选择菜单后，立即画出规定的裁剪窗口；鼠标左键选定两个直线端点以后，调用算法，用该窗口对直线段进行裁剪。

4.1.2 编程实现

1. 菜单响应函数建立

在图形裁剪菜单项下建立子菜单项"Cohen 算法"，其菜单项 ID 确定为 ID_CUT_COHEN。用类向导在视图类为 ID_CUT_COHEN 建立菜单响应函数，并填写如下内容：

```
void CMyGraphicsView:: OnCutCohen()
{
    //TODO：在此添加命令处理程序代码
    CMyGraphicsDoc * pDoc = GetDocument(); //获得文档类指针
    MenuID = 31; PressNum = 0;
    XL = 100; XR = 400; YD = 100; YU = 400; //设置窗口参数
    pointsgroup[0]. x = XL; pointsgroup[0]. y = YD;
    pointsgroup[1]. x = XR; pointsgroup[1]. y = YD;
    pointsgroup[2]. x = XR; pointsgroup[2]. y = YU;
    pointsgroup[3]. x = XL; pointsgroup[3]. y = YU;
    CPen pen;      //画出裁剪窗口
    pen.CreatePen(PS_SOLID, 2, RGB(0, 0, 255));
    CPen * pOldPen = pDC->SelectObject(&pen);
    SetROP2(R2_COPYPEN);
```

```
    MoveTo(pointsgroup[0]);
    LineTo(pointsgroup[1]);
    LineTo(pointsgroup[2]);
    LineTo(pointsgroup[3]);
    LineTo(pointsgroup[0]);
    pDC->SelectObject(pOldPen);
}
```

X_L、X_R、Y_U、Y_D 是窗口的四个参数，数组 pointsgroup 依次存储窗口左下、右下、右上、左上四个顶点。因为其他的很多算法也要使用窗口，因此将这些参数作为视图类变量，手工添加在视图类头文件中。

```
//操作
public:
    CPoint mPointOrign, mPointOld;
    CPoint pointsgroup[4];
    int XL, XR, YD, YU;
//重写
public:
    virtual void OnDraw(CDC * pDC); //重写以绘制该视图
    virtual BOOL PreCreateWindow(CREATESTRUCT& cs);
```

2. 建立鼠标操作函数

鼠标操作就是用鼠标左键画一条待裁剪直线，因此，操作和画直线一样，可以借助于画直线部分。

在视图类鼠标左键响应函数中添加如下语句：

```
void CMyGraphicsView:: OnLButtonDown(UINT nFlags, CPoint point)
{
    //TODO: 在此添加消息处理程序代码和/或调用默认值
    CMyGraphicsDoc * pDoc=GetDocument(); //获得文档类指针
    CClientDC pDC(this); //定义当前绘图设备
        if (MenuID= =11 || MenuID= =12 || MenuID= =31) { //画直线操作
            if (PressNum= =0) { //第一次按键将第一点保留在文档类数组中
                pDoc->group[PressNum]=point;
                mPointOrign=point; mPointOld=point; //记录第一点
                PressNum++; SetCapture();
            }
            else if (PressNum= =1) { //第二次按键保留第二点，用文档类画线
                pDoc->group[PressNum]=point;
                PressNum=0; //程序画图
```

```
            pDC.SetROP2(R2_NOT); //设置异或方式
                        pDC.MoveTo ( mPointOrign ); pDC.LineTo
(mPointOld); //擦旧线
            if (MenuID = =11)pDoc->DDALine(&pDC);
            if (MenuID = =12)pDoc->MidLine(&pDC);
            if (MenuID = =31)pDoc->CohenSutherland(&pDC, XL,
XR, YU, YD);
            ReleaseCapture();
        }
    }
```

CohenSutherland 函数是算法实现函数，其中裁剪线段两个端点已经存储在文档类数组group[ ]中，在文档类中可以直接使用，视图类绘图设备参数和窗口参数作为函数参数，目前还没有建立。使用类向导在文档类建立一个空函数如下：

```
    void CMyGraphicsDoc:: CohenSutherland(CClientDC * pDC, int xl, int
xr, int yu, int yd);
```

在鼠标移动响应函数中添加如下语句：

```
    p1=LPCTSTR(str);
    m_wndStatusBar.SetPaneText(3, p1, TRUE); //在第 3 个区域显示 y 坐
标

    if ((MenuID==11 || MenuID==12 || MenuID==31 || (MenuID > 40
&& MenuID < 45)) && PressNum > 0) {
        if (mPointOld ! =point) {
            pDC.MoveTo(mPointOrign); pDC.LineTo(mPointOld); //擦
旧线
            pDC.MoveTo(mPointOrign); pDC.LineTo(point); //画新线
            mPointOld=point;
        }
    }
    int r; //增加一个整型变量表示半径。整型是系统函数所要求的变量类型
```

3. 编制文档类裁剪函数

函数 CohenSutherland 是文档类 Cohen-Sutherland 线段裁剪算法实现函数，空函数已经建立好了，裁剪窗口四个参数和绘图设备参数已经通过函数形参传递过来，待裁剪线段的两个端点也存储在 group 数组中。

首先要做的是取出端点，给端点赋予编码。

```
    x1=group[0].x; y1=group[0].y; //取出两个端点
    x2=group[1].x; y2=group[1].y;
    code1=encode(x1, y1, xl, xr, yu, yd); //对端点编码
```

```
code2 = encode(x2, y2, xl, xr, yu, yd);
```

函数 encode 的功能是对线段的一个端点进行编码，就是根据窗口参数先确定 9 个区域，然后根据端点落在哪个区域，直接赋予编码。该函数目前还没有，需要用类向导在文档类中立即建立。

如果严格按照教科书上算法描述方法，生成端点编码用 4 个二进制码位，编程繁复。这里把四位二进制编码用整数表示，在计算机内部，系统会自动地转化成二进制码位。这就需要事先确定 4 位编码的意义。我们确定，4 位二进制编码从左到右依次代表窗口上、下、右、左四条窗口边，对应位编码为 0 则表示端点在窗口内，对应位编码为 1 则表示端点在窗口边之外。encode 函数实现如下：

```
int CMyGraphicsDoc:: encode(int x, int y, int XL, int XR, int YU,
int YD)
{
    int code = 0;  //编码位规定：YU-YD-XR-XL
    if (x >=XL && x <=XR && y >=YD && y <=YU) code = 0;  //窗口区域：0000;
    if (x < XL && y >=YD && y <=YU) code = 1;       //窗口左区域：0001;
    if (x > XR && y >=YD && y <=YU) code = 2;       //窗口右区域：0010;
    if (x >=XL && x <=XR && y > YU) code = 8;       //窗口上区域：1000;
    if (x >=XL && x <=XR && y < YD) code = 4;       //窗口下区域：0100;
    if (x < XL && y > YU) code = 9;                 //窗口左上区域：1001;
    if (x > XR && y > YU) code = 10;                //窗口右上区域：1010;
    if (x < XL && y < YD) code = 5;                 //窗口左下区域：0101;
    if (x > XR && y < YD) code = 6;                 //窗口右下区域：0110;
    return code;
}
```

在获取两个端点编码以后，就可以根据两个端点的编码进行操作了。根据算法，当两个端点编码都为 0 时，若整个线段在窗口内，则直接显示整个线段；当两个端点编码进行相与计算时，若结果不为 0，则整个线段在窗口外，不显示整个线段。除了这两种情况外，线段都有可能与窗口边相交，需要进行裁剪或多次裁剪。对此，建立一个循环体，在该循环体中，根据端点不为 0 的编码，选择窗口边对线段进行裁剪，裁剪后重新编码，开始再一次的循环、裁剪，最后的结果必然是全在窗口内或全在窗口外两种情况中的一种。最后对全在窗口内的线段进行绘制。算法实现函数如下：

```
void CMyGraphicsDoc:: CohenSutherland(CClientDC *pDC, int xl, int
xr, int yu, int yd)
{
    //TODO：在此处添加实现代码
    int code1, code2, code, x1, y1, x2, y2;
    float x, y;
```

```
    x1=group[0].x; y1=group[0].y; //取出两个端点
    x2=group[1].x; y2=group[1].y;
    if(x1==x2&&y1==y2)return; //两个端点重合，直接退出
    code1=encode(x1,y1,xl,xr,yu,yd); //对端点编码
    code2=encode(x2,y2,xl,xr,yu,yd);
    while (code1!=0 || code2!=0) //线段在除窗口内的所有情况
    {
        if ((code1 & code2)!=0)return; //完全不可见
        code=code1; //现在，肯定有一个编码不为0。取不为0的端点编码
        if (code1==0)code=code2;
        if ((1 & code)!=0) //端点在窗口左边外，1表示编码0001
        {   //求线段与窗口左边的交点
            x=(float)xl;
            y=(float)y1+(float)(y2-y1)*(float)(x-x1)/(float)
(x2-x1);
        }
        else if ((2 & code)!=0) //端点在窗口右边外，2表示编码0010
        {   //求线段与窗口右边的交点
            x=(float)xr;
            y=(float)y1+(float)(y2-y1)*(float)(x-x1)/(float)
(x2-x1);
        }
        else if ((4 & code)!=0) //端点在窗口底边外，4表示编码0100
        {   //求线段与窗口底边的交点
            y=(float)yd;
            x=(float)x1+(float)(x2-x1)*(float)(y-y1)/(float)
(y2-y1);
        }
        else if ((8 & code)!=0) //端点在窗口顶边外，8表示编码1000
        {   //求线段与窗口顶边的交点
            y=(float)yu;
            x=(float)x1+(float)(x2-x1)*(float)(y-y1)/(float)
(y2-y1);
        }
        if (code==code1)
        {   //如果计算的是code1，就把(x1,y1)移到交点，重新计算code1
            x1=int(x+0.5); y1=int(y+0.5); code1=encode(x,y,xl,
xr,yu,yd);
```

```
                        }
            else
            {   //如果计算的是 code2，就把(x2，y2)移到交点，重新计算 code2
                x2 = int(x+0.5); y2 = int(y+0.5); code2 = encode(x, y, xl,
xr, yu, yd);
            }
        }
        //画出裁剪后的直线
        pDC->SetROP2(R2_COPYPEN);
        CPen Pen;
        Pen.CreatePen(PS_SOLID, 2, RGB(255, 0, 0));
        CPen * OldPen = pDC->SelectObject(&Pen);
        pDC->MoveTo(x1, y1);
        pDC->LineTo(x2, y2);
        pDC->SelectObject(OldPen);
}
```

执行程序，查看运行结果。

4.2　中点裁剪算法

4.2.1　算法分析

中点裁剪算法是对直线段进行窗口裁剪的算法。其基本目的是快速找到线段与窗口边的交点，基本思路是以一次裁剪一半线段的方式将与交点无关的半段线裁去，经过若干次裁剪，剩余线段非常短，线段端点与交点相邻或就是交点，交点的位置就确定了。该算法的目标是从线段的一端出发，沿着线段向另一端方向搜索，寻找离起始端点最近的可见点（即交点）。如果起始端点本身就在窗口内，那起始端点本身就是可见点，直接将起始端点作为最近可见点，否则需要用搜寻方法寻找离起始端点最近的可见点。然后交换起点、终点，从另一端寻找最近的可见点。通过两个可见点确定线段的可见部分。

中点裁剪算法的搜寻方法是：根据线段的起始端点和终点确定线段的中点，中点将线段分成两半；根据起点所在的半段线是否在窗口的一条边所确定的外侧空间，来决定舍弃哪一半。如果起点所在半段线在窗口的外侧空间，则将该段舍弃，其操作动作就是将线段起始端点移到中点处；如果该条件不满足就舍弃起点所不在的另一个半段线，其操作动作就是将线段终点移到中点处。由于一次裁去一半，线段的起点和终点将很快靠近。当起点与终点相邻时，就需要从两者中选一个作为最近可见点，结束算法。如果被裁剪的线段完全不可见，那么这两个点必然都在窗口外，据此，可以将整个线段抛弃；如果被裁剪的线段部分可见，那么这两个点至少有一个在窗口内，将在窗口内的点选出作为最近可见点。

中点分割裁剪算法的线段端点鼠标确定操作与 Cohen-Sutherland 裁剪算法的操作完全

一样，在选择裁剪菜单后，立即生成裁剪窗口。用鼠标左键点两点，确定一条将要被裁剪的线段。用一种颜色显示线段的位置。线段确定后立即进行裁剪，用另一种颜色标记裁剪结果。

4.2.2　编程实现

1. 菜单响应函数建立

在图形裁剪菜单项下建立子菜单项"中点算法"，其菜单项 ID 确定为 ID_CUT_MID。用类向导在视图类为 ID_CUT_ MID 建立菜单响应函数，并填写如下内容：

```
void CMyGraphicsView:: OnCutMid()
{
    //TODO：在此添加命令处理程序代码
    CMyGraphicsDoc * pDoc = GetDocument();  //获得文档类指针
    CClientDC pDC(this);                    //定义当前绘图设备
    MenuID = 32; PressNum = 0;
    XL = 100; XR = 400; YD = 100; YU = 400;  //设置窗口参数
    pointsgroup[0].x = XL; pointsgroup[0].y = YD;
    pointsgroup[1].x = XR; pointsgroup[1].y = YD;
    pointsgroup[2].x = XR; pointsgroup[2].y = YU;
    pointsgroup[3].x = XL; pointsgroup[3].y = YU;
    CPen pen; //画出裁剪窗口
    pen.CreatePen(PS_SOLID, 2, RGB(0, 0, 255));
    CPen * pOldPen = pDC.SelectObject(&pen);
    pDC.SetROP2(R2_COPYPEN);
    pDC.MoveTo(pointsgroup[0]);
    pDC.LineTo(pointsgroup[1]);
    pDC.LineTo(pointsgroup[2]);
    pDC.LineTo(pointsgroup[3]);
    pDC.LineTo(pointsgroup[0]);
    pDC.SelectObject(pOldPen);
}
```

2. 建立鼠标操作函数

除了 MenuID 变量赋值不同，其他与 Cohen 算法菜单响应函数完全一样。它们的鼠标操作也相同，在原有程序中加入中点裁剪菜单项信息即可。在鼠标左键响应函数中做如下添加：

```
//TODO：在此添加消息处理程序代码和/或调用默认值
CMyGraphicsDoc * pDoc = GetDocument(); //获得文档类指针
CClientDC pDC(this);                   //定义当前绘图设备
if (MenuID == 11 || MenuID == 12 || MenuID == 31 || MenuID == 32) {
```

```
        if ( PressNum = = 0 ) {        //第一次按键将第一点保留在文档类数组中
            pDoc->group[ PressNum ]=point;
            mPointOrigin =point; mPointOld =point; //记录第一点
            PressNum++; SetCapture();
        }
        else if ( PressNum = =1 ) {    //第二次按键保留第二点,用文档类画线
            pDoc->group[ PressNum ]=point;
            PressNum = 0;              //程序画图
            pDC.SetROP2(R2_NOT);          //设置异或方式
            pDC.MoveTo(mPointOrigin); pDC.LineTo(mPointOld); //擦
旧线
            if ( MenuID = =11)pDoc->DDALine(&pDC);
            if ( MenuID = =12)pDoc->MidLine(&pDC);
             if ( MenuID = = 31 ) pDoc->CohenSutherland( &pDC, XL, XR,
YU, YD);
            if ( MenuID = =32)pDoc->MidCut(&pDC, XL, XR, YU, YD);
            ReleaseCapture();
        }
    }
```

在鼠标移动响应函数中作如下添加:

```
    p1 =LPCTSTR( str );
    m_wndStatusBar.SetPaneText(3, p1, TRUE); //在第 3 个区域显示 y 坐
标

    if ((MenuID = =11 || MenuID = =12 || MenuID = =31 || MenuID = =32 ||
(MenuID > 40 && MenuID < 45)) && PressNum > 0) {
        if (mPointOld ! =point) {
            pDC.MoveTo(mPointOrigin); pDC.LineTo(mPointOld); //擦
旧线
            pDC.MoveTo(mPointOrigin); pDC.LineTo(point); //画新线
            mPointOld =point;
        }
    }
    int r; //增加一个整型变量表示半径。整型是系统函数所要求的变量类型
```

3. 编制文档类裁剪函数

鼠标左键响应函数中添加的函数 MidCut( )是文档类中中点裁剪算法的实现函数,现在还没有,通过类向导添加该空函数。待裁剪线段的两个端点已经保留在 group[ ]数组中,窗口边参数和绘图设备参数通过函数传递。在该函数中添加如下语句:

```
void CMyGraphicsDoc∷MidCut(CClientDC * pDC, int xl, int xr, int yu,
int yd)
{
    //TODO：在此处添加实现代码
    int x1, y1, x2, y2;
    CPoint p1, p2;
    x1 = group[0].x; y1 = group[0].y；//取出待裁剪线段
    x2 = group[1].x; y2 = group[1].y;
    if(x1 == x2&&y1 == y2)return；//两个端点重合，直接退出
    //如果现在就可以确定线段完全不可见，退出，结束算法
    if (LineIsOutOfWindow(x1, y1, x2, y2, xl, xr, yu, yd))
        return;
    //从起点(x1，x1)出发，寻找最近可见点
    p1 = FindNearestPoint(x1, y1, x2, y2, xl, xr, yu, yd);
    //如果找到的 p1 不可见，该线段肯定不可见，退出，结束
    if (PointIsOutOfWindow(p1.X, p1.Y, xl, xr, yu, yd))
        return;
    //没退出，说明 p1 是最近可见点，再从终点出发，寻找另一个可见点
    p2 = FindNearestPoint(x2, y2, x1, y1, xl, xr, yu, yd);

    //画出裁剪后的直线
    pDC->SetROP2(R2_COPYPEN);
    CPen Pen;
    Pen.CreatePen(PS_SOLID, 2, RGB(255, 0, 0));
    CPen * OldPen = pDC->SelectObject(&Pen);
    pDC->MoveTo(p1);
    pDC->LineTo(p2);
    pDC->SelectObject(OldPen);
}
```

LineIsOutOfWindow 函数和 PointIsOutOfWindow 函数分别用来判断一条线和一个点是否在窗口一条边的外侧空间，如果是就返回逻辑值 True，否则返回逻辑值 False。我们知道，每一条窗口边都把窗口平面划分为外侧空间和内侧空间两部分。如果线段或点在外侧空间，则肯定不在窗口内。中点分割算法是用图形元素是否在外侧空间来确定其是否在窗口外，比 Cohen 算法使用的编码判断方法简单得多，依次用四个外侧空间判断，每个外侧空间用一个判断语句，容易编程实现。这两个函数现在还没有建立，用类向导在文档类实现两个函数如下：

```
bool LineIsOutOfWindow(int x1, int y1, int x2, int y2, int XL, int XR,
int YU, int YD)
```

```
{
    //TODO：在此处添加实现代码
    //四条窗口边逐条判断
    if (x1 < XL && x2 < XL) //线段在窗口左边以外
        return true;
    else if (x1 > XR && x2 > XR) //线段在窗口右边以外
        return true;
    else if (y1 > YU && y2 > YU) //线段在窗口上边以外
        return true;
    else if (y1 < YD && y2 < YD) //线段在窗口下边以外
        return true;
    else
        return false;
}


bool CMyGraphicsDoc::PointIsOutOfWindow(int x, int y, int XL, int XR,
int YU, int YD)
{
    //TODO：在此处添加实现代码
    if (x < XL) //点在窗口左边以外
        return true;
    else if (x > XR) //点在窗口右边以外
        return true;
    else if (y > YU) //点在窗口上边以外
        return true;
    else if (y < YD) //点在窗口下边以外
        return true;
    else
        return false;
}
```

MidCut 函数中还用到了 FindNearestPoint 函数，它的功能是寻找离起始点最近的可见点，参数的排列规则是：起点 $(x1, y1)$ 在前，终点 $(x2, y2)$ 在后。用类向导在文档类中建立该函数如下。注意，函数返回数据类型为 CPoint，在确定函数值返回数据类型的下拉菜单中找不到该选项，需要手工输入。

```
CPoint CMyGraphicsDoc::FindNearestPoint(int x1, int y1, int x2,
int y2, int xl, int xr, int yu, int yd)
{
    //TODO：在此处添加实现代码
```

```
        int x , y;
        CPoint p;
        if (! PointIsOutOfWindow(x1,y1,xl,xr,yu,yd))
        {  //如果起点可见，则直接返回起点
            p.x=x1;
            p.y=y1;
            return p;
        }
        while (! (abs(x1-x2) <=1 && abs(y1-y2) <=1))
        {  //起、终点不是相邻像素，才执行循环体，继续裁剪
            x=(x1+x2) /2; y=(y1+y2) /2;
            if (LineIsOutOfWindow(x1,y1,x,y,xl,xr,yu,yd))
            {  //直线段(x1,y1)-(x,y)在外侧空间，裁掉直线段(x1,y1)-(x,y)
                x1=x; y1=y;
            }
            else
            {    // 直线段(x1,y1)-(x,y)不在外侧空间，裁掉直线段(x,y)
-(x2,y2)
                x2=x; y2=y;
            }
        }
        if (PointIsOutOfWindow(x1,y1,xl,xr,yu,yd))
        {  //(x1,y1)在外侧空间，返回(x2,y2)
            p.x=x2; p.y=y2;
        }
        else
        {  //(x1,y1)不在外侧空间，返回(x1,y1)
            p.x=x1; p.y=y1;
        }
        return p;
    }
```

至此，所有函数都已完成。执行程序，查看运行结果。

4.3 梁友栋-Barsky 裁剪算法

4.3.1 算法分析

梁友栋-Barsky 裁剪算法是对直线段进行窗口裁剪的算法。该算法的特点是将直线段

参数化,即用参数方程表示直线段,用参数值表示起点、终点和裁剪点,然后通过线段起点、终点以及可能的裁剪点(即直线段与窗口边的交点)之间的参数关系,找到所需要的裁剪点,获取线段裁剪结果。

在算法的具体描述中,涉及起始点的确定,参数方程建立,始边、终边的确定,交点的求解等步骤。如果严格按照步骤实现算法,不仅烦琐,而且难以编程实现。可以发挥程序的优势,例如,将交点的求解过程略过,直接用程序语句表示求解公式,同时将一些自定的规则、约定隐含在公式中实现。

梁友栋-Barsky 裁剪算法的操作与前面两种裁剪算法的操作完全一样,在选择裁剪菜单后,立即生成裁剪窗口。用鼠标左键选两点,确定线段的两个端点,然后启动裁剪函数进行线段裁剪。用一种颜色显示被裁剪线段的位置,线段确定后立即进行裁剪;用另一种颜色标记裁剪结果。

4.3.2 编程实现

1. 菜单响应函数建立

在图形裁剪菜单项下建立子菜单项"梁友栋算法",其菜单项 ID 确定为 ID_CUT_ LIANG。用类向导在视图类为 ID_CUT_ LIANG 下建立菜单响应函数,并填写如下内容:

```
void CMyGraphicsView:: OnCutLiang()
{
    //TODO:在此添加命令处理程序代码
    CMyGraphicsDoc * pDoc = GetDocument(); //获得文档类指针
    CClientDC pDC(this);                    //定义当前绘图设备
    MenuID = 33; PressNum = 0;
    XL = 100; XR = 400; YD = 100; YU = 400; //设置窗口参数
    pointsgroup[0].x = XL; pointsgroup[0].y = YD;
    pointsgroup[1].x = XR; pointsgroup[1].y = YD;
    pointsgroup[2].x = XR; pointsgroup[2].y = YU;
    pointsgroup[3].x = XL; pointsgroup[3].y = YU;
    CPen pen; //画出裁剪窗口
    pen.CreatePen(PS_SOLID, 2, RGB(0, 0, 255));
    CPen * pOldPen = pDC.SelectObject(&pen);
    pDC.SetROP2(R2_COPYPEN);
    pDC.MoveTo(pointsgroup[0]);
    pDC.LineTo(pointsgroup[1]);
    pDC.LineTo(pointsgroup[2]);
    pDC.LineTo(pointsgroup[3]);
    pDC.LineTo(pointsgroup[0]);
    pDC.SelectObject(pOldPen);
}
```

2. 建立鼠标操作函数

除了 MenuID 变量赋值不同，其他与前述两种算法菜单响应函数完全一样。它们的鼠标操作也相同，在原有程序中加入梁友栋裁剪菜单项信息即可。在鼠标左键响应函数中做如下添加：

```
//TODO：在此添加消息处理程序代码和/或调用默认值
CMyGraphicsDoc * pDoc = GetDocument(); //获得文档类指针
CClientDC pDC(this); //定义当前绘图设备
if (MenuID == 11 || MenuID == 12 || (MenuID > 30&&MenuID < 34)) {
        if (PressNum == 0) { //第一次按键将第一点保留在文档类数组中
            pDoc->group[ PressNum ] = point;
            mPointOrign = point; mPointOld = point; //记录第一点
            PressNum++; SetCapture();
        }
        else if (PressNum == 1) { //第二次按键保留第二点，用文档类画线
            pDoc->group[ PressNum ] = point;
            PressNum = 0; //程序画图
            pDC.SetROP2(R2_NOT); //设置异或方式
            pDC.MoveTo(mPointOrign); pDC.LineTo(mPointOld); //擦
旧线
            if (MenuID == 11)pDoc->DDALine(&pDC);
            if (MenuID == 12)pDoc->MidLine(&pDC);
            if (MenuID == 31)pDoc->CohenSutherland(&pDC, XL, XR,
YU, YD);
            if (MenuID == 32)pDoc->MidCut(&pDC, XL, XR, YU, YD);
            if (MenuID == 33)pDoc->LiangCut(&pDC, XL, XR, YU, YD);
            ReleaseCapture();
        }
    }
```

在鼠标移动响应函数中做如下添加：

```
p1 = LPCTSTR(str);
m_wndStatusBar.SetPaneText(3, p1, TRUE); //在第 3 个区域显示 y 坐
标

if ((MenuID == 11 || MenuID == 12 || (MenuID > 30&&MenuID < 34)
|| (MenuID > 40 && MenuID < 45)) && PressNum > 0) {
        if (mPointOld ! = point) {
            pDC.MoveTo(mPointOrign); pDC.LineTo(mPointOld); //擦
旧线
```

```
    pDC.MoveTo(mPointOrigin); pDC.LineTo(point); //画新线
    mPointOld=point;
    }
}
```

int r; //增加一个整型变量表示半径。整型是系统函数所要求的变量类型

3. 编制文档类裁剪函数

在鼠标左键响应函数中添加的函数 LiangCut 是文档类中梁友栋裁剪算法的实现函数，现在还没有，通过类向导添加该空函数。待裁剪线段两个端点已经保留在 group[ ] 数组中，窗口边参数和绘图设备参数通过函数传递。在该函数中添加如下语句：

```
void CMyGraphicsDoc:: LiangCut(CClientDC*pDC, int XL, int XR, int
YU, int YD)
    {
    //TODO: 在此处添加实现代码
    int x1, y1, x2, y2; //规定(x1, y1)为直线段起点
    float tsx, tsy, tex, tey; //设置两个始边、两个终边对应的 t 参数
    x1=group[0].x; y1=group[0].y; //取出直线
    x2=group[1].x; y2=group[1].y;
    if(x1==x2&&y1==y2)return; //两个端点重合，直接退出
    if (x1==x2) //垂线
    {
        tsx=0; tex=1; //特殊情况这样设置，可以使后续工作方式统一
    }
    else if (x1 < x2)
    {    //如果条件满足，则 X 方向的始边为 XL，终边为 XR，可直接计算对应
参数
        tsx=(float)(XL-x1) /(float)(x2-x1);
        tex=(float)(XR-x1) /(float)(x2-x1);
    }
    else
    {    //如果条件不满足，则 X 方向的始边为 XR，终边为 XL，可直接计算对应
参数
        tsx=(float)(XR-x1) /(float)(x2-x1);
        tex=(float)(XL-x1) /(float)(x2-x1);
    }
    if (y1==y2) //水平线
    {
        tsy=0; tey=1; //特殊情况这样设置，可以使后续工作方式统一
    }
```

85

```
else if (y1 < y2)
{   //条件满足, Y 方向的始边、终边随即确立, 可直接计算对应参数
    tsy = (float)(YD-y1) / (float)(y2-y1);
    tey = (float)(YU-y1) / (float)(y2-y1);
}
else
{
    tsy = (float)(YU-y1) / (float)(y2-y1);
    tey = (float)(YD-y1) / (float)(y2-y1);
}
tsx = max(tsx, tsy);    //系统提供的函数只能比较两个数
tsx = max(tsx, 0);       //用两次, 从 3 个数中选出最大的数
tex = min(tex, tey);
tex = min(tex, 1);
if (tsx < tex) //该条件满足, 裁剪结果才有可见部分
{

    int xx1, yy1, xx2, yy2;
    xx1 = (int)(x1+(x2-x1) * tsx);
    yy1 = (int)(y1+(y2-y1) * tsx);
    xx2 = (int)(x1+(x2-x1) * tex);
    yy2 = (int)(y1+(y2-y1) * tex);
    //画出裁剪后的直线
    pDC->SetROP2(R2_COPYPEN);
    CPen Pen;
    Pen.CreatePen(PS_SOLID, 2, RGB(255, 0, 0));
    CPen * OldPen = pDC->SelectObject(&Pen);
    pDC->MoveTo(xx1, yy1);
    pDC->LineTo(xx2, yy2);
    pDC->SelectObject(OldPen);

}
}
```

对于垂线和水平线, 不是四个而是两个 t 参数, 为了后续处理统一, 把水平、垂直方向不用的两个 t 参数分别赋予 0 和 1, 这样既能以统一的方式做后续处理, 又不影响最终的结果。系统提供的比较、取最大和最小数的函数只能在两个数中进行比较, 我们把它用两次, 先比较参数 1 和参数 2, 比较结果再与参数 3 进行比较。最后不要忽略的是: 起点参数一定要小于终点参数, 裁剪结果才是可见的, 才能将其画出。

执行程序, 查看运行结果。

4.4 窗口对多边形裁剪

4.4.1 算法分析

多边形裁剪不同于直线裁剪，是用窗口对一个多边形进行裁剪，其结果还是一个多边形。多边形常用一个记录顶点的数组 group[ ] 表示，最终的裁剪结果仍存放在数组中。本节采用 Sutherland-Hodgman 算法对多边形进行裁剪，该算法依次使用窗口四条边对多边形进行裁剪。四条边的裁剪原理相同，只是窗口边参数不同，因此，一条窗口边对多边形的裁剪算法是编程实现的重点。一条窗口边对多边形的裁剪实质是去除多边形在外侧空间的图形部分，保留多边形在内侧空间的图形部分。为了使程序结构合理、易读，将边的裁剪部分用一个函数实现。

在选择裁剪菜单后，立即生成裁剪窗口，这一点和前面三种裁剪方法一样，但确定裁剪图形就不一样了。被裁剪图形是多边形，因此，不再像前面三种裁剪算法，仅仅确定一个线段。借鉴前面图形填充算法中确定多边形的方法，被裁剪的多边形由鼠标左键依次确定各个顶点，并点击鼠标右键结束多边形顶点的确定，同时将第一顶点和最后顶点连接起来以封闭多边形。因此，这里的操作涉及鼠标左键、鼠标右键、鼠标移动等三个鼠标响应函数。在多边形确定后，调用裁剪函数对多边形进行裁剪。被裁剪多边形和裁剪结果分别用不同颜色标记，以对比裁剪效果。

4.4.2 编程实现

1. 菜单响应函数建立

在图形裁剪菜单项下建立子菜单项"多边形裁剪"，其菜单项 ID 确定为 ID_CUT_WINDOW。用类向导在视图类为 ID_CUT_ WINDOW 建立菜单响应函数，并填写如下内容：

```
void CMyGraphicsView:: OnCutWindow()
{
    //TODO：在此添加命令处理程序代码
    CMyGraphicsDoc * pDoc = GetDocument(); //获得文档类指针
    CClientDC pDC(this);                    //定义当前绘图设备
    pDoc->PointNum = 0;
    MenuID = 34; PressNum = 0;
    XL = 100; XR = 400; YD = 100; YU = 400; //设置窗口参数
    pointsgroup[0].x = XL; pointsgroup[0].y = YD;
    pointsgroup[1].x = XR; pointsgroup[1].y = YD;
    pointsgroup[2].x = XR; pointsgroup[2].y = YU;
    pointsgroup[3].x = XL; pointsgroup[3].y = YU;
    CPen pen;          //画出裁剪窗口
```

```
pen.CreatePen(PS_SOLID, 2, RGB(0, 0, 255));
CPen * pOldPen=pDC.SelectObject(&pen);
pDC.SetROP2(R2_COPYPEN);
pDC.MoveTo(pointsgroup[0]);
pDC.LineTo(pointsgroup[1]);
pDC.LineTo(pointsgroup[2]);
pDC.LineTo(pointsgroup[3]);
pDC.LineTo(pointsgroup[0]);
pDC.SelectObject(pOldPen);
}
```

2. 建立鼠标操作函数

除了 MenuID 变量赋值不同，其他与前述裁剪算法菜单响应函数完全一样。但它们的鼠标操作不相同，需要借鉴的程序是确定多边形操作，在这部分程序中加入多边形裁剪菜单项信息。在鼠标左键响应函数中做如下添加修改：

```
if ((MenuID > 40&&MenuID < 45) || MenuID = =34) {  // 多边形填充选
顶点
    pDoc->group[pDoc->PointNum++]=point;
    mPointOrign=point;
    mPointOld=point;
    PressNum++;
    SetCapture();
}
if (MenuID = =143 || MenuID = =144) {//种子填充选种子点
    pDoc->group[pDoc->PointNum]=point; //种子放入 group 数组最
后位置
```

在鼠标移动响应函数中做如下添加修改：

```
if ((MenuID = =11 || MenuID = =12 ||( MenuID > 31 && MenuID <35)
|| (MenuID > 40 && MenuID < 45)) && PressNum > 0) {
    if (mPointOld ! =point) {
        pDC.MoveTo(mPointOrign); pDC.LineTo(mPointOld); // 擦
旧线
        pDC.MoveTo(mPointOrign); pDC.LineTo(point); //画新线
        mPointOld=point;
    }
}
```

在鼠标右键响应函数中做如下添加修改：

```
    MenuID +=100;           //改变 MenuID，引导鼠标左键操作
}
```

```
        if(MenuID==34){
            pDoc->WindowCut(&pDC,XL,XR,YU,YD);
            PressNum=0;pDoc->PointNum=0; //变量初始化，为下一次操作
做准备
            ReleaseCapture();
        }
    }
    CView::OnRButtonDown(nFlags,point);
}
```

3. 编制文档类裁剪函数

在鼠标右键响应函数中添加的函数 WindowCut 是文档类中多边形裁剪算法的实现函数，现在还没有，通过类向导添加该空函数。窗口边参数和绘图设备参数通过函数传递。按照算法，窗口对多边形的裁剪转化为四条窗口边对多边形的裁剪。四条边对多边形的裁剪没有次序要求，只要每一条边裁剪一次即可。待裁剪多边形端点在 group[ ]数组中，裁剪后得到的多边形也保存在 group[ ]数组中。待四条边对多边形裁剪完毕，最终的裁剪结果就在 group[ ]数组中。最后，绘制出裁剪后的多边形，函数的任务就完成了。在该函数中添加如下语句：

```
void CMyGraphicsDoc::WindowCut(CClientDC * pDC,int xl,int xr,
int yu,int yd)
{
    //TODO：在此处添加实现代码
    EdgeClippingByXL(xl);        //用窗口左边进行裁剪
    EdgeClippingByXR(xr);        //用窗口右边进行裁剪
    EdgeClippingByYU(yu);        //用窗口顶边进行裁剪
    EdgeClippingByYD(yd);        //用窗口底边进行裁剪
    //画出裁剪后的多边形
    pDC->SetROP2(R2_COPYPEN);
    CPen Pen;
    Pen.CreatePen(PS_SOLID,2,RGB(255,0,0));
    CPen * OldPen=pDC->SelectObject(&Pen);
    pDC->MoveTo(group[0]);
    for(int i=1;i<=PointNum;i++) //绘制裁剪多边形
        pDC->LineTo(group[i]);
    pDC->SelectObject(OldPen);
}
```

按照算法，每一条窗口边都把窗口平面划分成内侧、外侧两个空间，然后依次取出多边形每一条边，根据边与内、外侧空间的关系，按照"内内""内外""外内""外外"四种不同的情况分别进行处理。所不同的是，四条边对内、外侧空间的划分结果不相同，因此，

四条边的裁剪要分成四条边、四个独立函数各自处理。处理过程中，设置一个临时数组 q[ ] 用于存储处理过程中产生的多边形顶点，待一条窗口边对多边形所有边都裁剪处理完毕，再将 q[ ] 数组中存储的裁剪结果转移到 group[ ] 数组。目前，四条边的裁剪函数都还不存在，用类向导在文档类中创建它们，并加入如下语句：

```
void CMyGraphicsDoc:: EdgeClippingByXL(int XL)
{
    //TODO：在此处添加实现代码

    float x, y;
    int n, i, number1;
    CPoint q[200]; //创建点数组存放裁剪结果
    number1 = 0;
    for (n = 0; n < PointNum; n++) //x = XL 用窗口左边来裁剪多边形
    {
        if (group[n].x < XL && group[n+1].x < XL) //外外，不输出
        {
        }
        if (group[n].x >= XL && group[n+1].x >= XL) //内内，输出后点
        {
            q[number1++] = group[n+1];
        }
        if (group[n].x >= XL && group[n+1].x < XL) //内外，输出交点
        {   //计算交点
            y = group[n].y+(float)(group[n+1].y-group[n].y)/
(float)(group[n+1].x-group[n].x)*(float)(XL-group[n].x);
            q[number1].x = XL;
            q[number1++].y = (int)(y+0.5);
        }
        if (group[n].x < XL && group[n+1].x >= XL) //外内，输出交点、
后点
        {
            y = group[n].y+(float)(group[n+1].y-group[n].y)/
(float)(group[n+1].x-group[n].x)*(float)(XL-group[n].x);
            q[number1].x = XL;
            q[number1++].y = (int)(y+0.5);
            q[number1++] = group[n+1];
        }
```

```
    }
    for (i=0; i < number1; i++)    //裁剪结果存入 group 数组
    {
        group[i]=q[i];
    }
    group[number1]=q[0];  //第一点作为最后一点保存
    PointNum=number1;
}


void CMyGraphicsDoc:: EdgeClippingByXR(int XR)
{
    //TODO：在此处添加实现代码
    float x, y;
    int n, i, number1;
    CPoint q[200]; //创建点数组存放裁剪结果
    number1=0;
    for (n=0; n < PointNum; n++) //x=XR 用窗口右边来裁剪多边形
    {
        if (group[n].x >=XR && group[n+1].x >=XR) //外外, 不输出
        {
        }
        if (group[n].x < XR && group[n+1].x < XR) //内内, 输出后点
        {
            q[number1++]=group[n+1];
        }
        if (group[n].x < XR && group[n+1].x >=XR) //内外, 输出交点
        {
            y=group[n].y+(float)(group[n+1].y-group[n].y) /(float)
(group[n+1].x-group[n].x) *(float)(XR-group[n].x);
            q[number1].x=XR;
            q[number1++].y =(int)(y+0.5);
        }
        if (group[n].x >=XR && group[n+1].x < XR) //外内, 输出交点、
后点
        {
            y=group[n].y+(float)(group[n+1].y-group[n].y) /(float)
(group[n+1].x-group[n].x) *(float)(XR-group[n].x);
```

```
            q[number1].x=XR;
            q[number1++].y=(int)(y+0.5);
            q[number1++]=group[n+1];
        }
    }
    for (i=0; i < number1; i++)
    {
        group[i]=q[i];
    }
    group[number1]=q[0];
    PointNum=number1;
}


void CMyGraphicsDoc:: EdgeClippingByYU(int YU)
{
    //TODO：在此处添加实现代码
    float x, y;
    int n, i, number1;
    CPoint q[200]; //创建点数组存放裁剪结果
    number1=0;
    for (n=0; n < PointNum; n++) //y=YU 用窗口顶边来裁剪多边形
    {
        if (group[n].y >=YU && group[n+1].y >=YU) //外外，不输出
        {
        }
        if (group[n].y < YU && group[n+1].y < YU) //内内，输出后点
        {
            q[number1++]=group[n+1];
        }
        if (group[n].y < YU && group[n+1].y >=YU) //内外，输出交点
        {
            x=group[n].x+(float)(group[n+1].x-group[n].x) /(float)
(group[n+1].y-group[n].y) * (float)(YU-group[n].y);
            q[number1].x=(int)(x+0.5);
            q[number1++].y=YU;
        }
        if (group[n].y >=YU && group[n+1].y < YU) //外内，输出交点、
后点
```

```
            {
                x = group[n].x+(float)(group[n+1].x-group[n].x) /
(float)(group[n+1].y-group[n].y)*(float)(YU-group[n].y);
                q[number1].x=(int)(x+0.5);
                q[number1++].y=YU;
                q[number1++]=group[n+1];
            }
        }
    for (i=0; i < number1; i++)
    {
        group[i]=q[i];
    }
    group[number1]=q[0];
    PointNum=number1;
}


void CMyGraphicsDoc:: EdgeClippingByYD(int YD)
{
    //TODO: 在此处添加实现代码
    float x, y;
    int n, i, number1;
    CPoint q[200]; //创建点数组存放裁剪结果
    number1=0;
    for (n=0; n < PointNum; n++) //y=YD 用窗口底边来裁剪多边形
    {
        if (group[n].y < YD && group[n+1].y < YD) //外外, 不输出
        {
        }
        if (group[n].y >=YD && group[n+1].y >=YD) //内内, 输出后点
        {
            q[number1++]=group[n+1];
        }
        if (group[n].y >=YD && group[n+1].y < YD) //内外, 输出交点
        {
            x = group[n].x+(float)(group[n+1].x-group[n].x) /
(float)(group[n+1].y-group[n].y)*(float)(YD-group[n].y);
            q[number1].x=(int)(x+0.5);
            q[number1++].y=YD;
```

```
            }
            if (group[n].y < YD && group[n+1].y >=YD) //外内，输出交点、
后点
            {
                x = group[n].x+(float)(group[n+1].x-group[n].x) /
(float)(group[n+1].y-group[n].y)*(float)(YD-group[n].y);
                q[number1].x=(int)(x+0.5);
                q[number1++].y=YD;
                q[number1++]=group[n+1];
            }
        }
        for (i=0; i < number1; i++)
        {
            group[i]=q[i];
        }
        group[number1]=q[0];
        PointNum=number1;
    }
```

执行程序，查看运行结果。

本章作业

1. 按照指导书说明，完成 Cohen-Sutherland 裁剪算法。
2. 按照指导书说明，完成中点裁剪算法。
3. 按照指导书说明，完成梁友栋-Barsky 裁剪算法。
4. 按照指导书说明，完成窗口对多边形裁剪算法。

第5章 图形变换

图形变换就是原图形发生了某种变化变成了新图形。图形变换要根据原图形的位置以及变化规律,计算出新图形的新位置坐标,并将图形在新位置上显示出来。需要知道图形原来在什么位置,发生了什么变化,采用何种算法能够根据图形原有位置和发生的变化规律快速准确地计算出新位置。

5.1 平移

5.1.1 算法分析

发生平移的图形其新位置坐标是由原坐标加上平移量而得到,因此平移量是重要参数。

平移量的获取设计为用鼠标操作得到。用鼠标左键在窗口中先后点两点,两点间的水平差异和垂直差异就是图形在 X、Y 方向上的平移量 Δx、Δy。为了图示平移量,在鼠标左键确定两点的过程中,用橡皮筋显示两点的差距。这个过程需要用到鼠标左键和鼠标移动两个响应函数。

为了显示平移效果,先在屏幕上显示一个图形,用鼠标确定平移量以后,根据算法计算图形变换后的新坐标,然后显示变换后的图形。

图形数据存放在文档类地图数据数组 MapData[ ] 中。首先,根据 MapData[ ] 中的图形数据绘制变换前的图形;然后鼠标操作确定平移参数,并将参数传递到文档类的图形平移函数中。平移函数依据平移算法对 MapData[ ] 数组中的数据进行图形平移计算,得到变换后的图形数据,并存放在 MapData[ ] 数组中。最后根据 MapData[ ] 数组中的数据绘制平移变换后的图形。

如果要显示真正的图形变换,例如对地图进行平移,应该在文档类中先把地图数据读入 MapData[ ] 数组中。我们这里只是演示变换效果,直接把一个矩形数据四个顶点存放在 MapData[ ] 数组中,省去了实际地图数据的磁盘数据读取、组织与操作。

5.1.2 编程实现

1. 菜单响应函数建立

在图形变换菜单项下建立子菜单项"平移",其菜单项 ID 确定为 ID_TRANS_MOVE。用类向导在视图类为 ID_TRANS_MOVE 建立菜单响应函数,并填写如下内容:

```
void CMyGraphicsView:: OnTransMove( )
```

```
{
    //TODO：在此添加命令处理程序代码
    CMyGraphicsDoc * pDoc = GetDocument();  //获得文档类指针
    CClientDC pDC(this);                    //定义当前绘图设备
    MenuID = 21; PressNum = 0;
    //给出原始变换矩形的坐标
    pDoc->MapData[0].x = 100; pDoc->MapData[0].y = 100;
    pDoc->MapData[1].x = 100; pDoc->MapData[1].y = 200;
    pDoc->MapData[2].x = 200; pDoc->MapData[2].y = 200;
    pDoc->MapData[3].x = 200; pDoc->MapData[3].y = 100;
    //用红色画出被变换矩形
    pDoc->DrawOriginalMap(&pDC);
}
```

函数 DrawOriginalMap 是文档类函数，作用是用红色画出变换前的矩阵，目前还没有。使用类向导在文档类中创建如下函数：

```
void DrawOriginalMap(CClientDC * pDC)
{
    CPen pen;          //画出操作图形
    pen.CreatePen(PS_SOLID, 2, RGB(255, 0, 0));
    CPen * pOldPen = pDC->SelectObject(&pen);
    pDC->SetROP2(R2_COPYPEN);
    pDC->MoveTo(MapData[0]);
    pDC->LineTo(MapData[1]);
    pDC->LineTo(MapData[2]);
    pDC->LineTo(MapData[3]);
    pDC->LineTo(MapData[0]);
    pDC->SelectObject(pOldPen);
}
```

MapData[ ]数组是放置变换地图数据的数组。实际的地图数据应该是多种数据格式并存，绝不是一个单纯的数组能够容纳。这里只是为了演示图形变换效果，就用一个最简单的矩形图形作为被平移图形。在文档类中建立这个数组如下：

```
public：//特性
    CPoint group[100]; //定义数组
    int PointNum;
    CPoint MapData[100];  //存放图形数据
```

2. 建立鼠标操作函数

整个操作只用鼠标左键选了两个点，拉橡皮筋显示了移动距离，并且在确定第二个点以后，操作结束，显示平移后的图形。所以整个操作只涉及鼠标左键函数和鼠标移动函

数。两个点的选取与画直线段操作一样，因此，已有的程序语句可以借用。对鼠标左键响
应函数做如下添加：

```
CClientDC pDC(this);           //定义当前绘图设备
if (MenuID = = 11 || MenuID = = 12 || MenuID = = 21 ||( MenuID >
30&&MenuID < 34)) {
    if (PressNum = = 0) {     //第一次按键将第一点保留在文档类数组中
        pDoc->group[PressNum]=point;
        mPointOrign =point; mPointOld =point; //记录第一点
        PressNum++; SetCapture();
    }
    else if (PressNum = = 1) { //第二次按键保留第二点，用文档类画线
        pDoc->group[PressNum]=point;
        PressNum = 0; //程序画图
        pDC.SetROP2(R2_NOT); //设置异或方式
        pDC.MoveTo(mPointOrign); pDC.LineTo(mPointOld); //擦旧线
        if (MenuID = =11)pDoc->DDALine(&pDC);
        if (MenuID = =12)pDoc->MidLine(&pDC);
         if (MenuID = = 31) pDoc->CohenSutherland(&pDC, XL, XR, YU,
YD);
        if (MenuID = =32)pDoc->MidCut(&pDC, XL, XR, YU, YD);
        if (MenuID = =33)pDoc->LiangCut(&pDC, XL, XR, YU, YD);
        if (MenuID = =21) {
            //平移第二点确定，计算平移量，传递给文档函数
            int tx =point.x-mPointOrign.x;
            int ty =point.y-mPointOrign.y;
            pDoc->DrawOriginalMap(&pDC); //用红色画出被变换矩形
            pDoc->MoveTranslate(&pDC,tx,ty); //先变换，再用蓝色画出
变换后的矩形
        }
        ReleaseCapture();
```
对鼠标移动响应函数做如下添加：
```
m_wndStatusBar.SetPaneText(3, p1, TRUE); //在第 3 个区域显示 y
坐标
    if ((MenuID = =11 || MenuID = = 12 || MenuID = = 21 ||( MenuID > 31
&& MenuID <35) || (MenuID > 40 && MenuID < 45)) && PressNum > 0) {
        if (mPointOld ! =point) {
            pDC.MoveTo(mPointOrign); pDC.LineTo(mPointOld); //擦
旧线
```

```
        pDC.MoveTo(mPointOrign); pDC.LineTo(point);  //画新线
        mPointOld=point;
    }
}
```

3. 编制文档类函数

文档类函数根据平移参数和平移算法，计算图形变换后的坐标，并画出变换后的图形。在文档类中添加如下函数：

```
void MoveTranslate(CClientDC * pDC, int tx, int ty)
{
    //根据平移算法计算变换后的矩形坐标
    MapData[0].x +=tx;
    MapData[0].y +=ty;
    MapData[1].x +=tx;
    MapData [1].y +=ty;
    MapData[2].x +=tx;
    MapData[2].y +=ty;
    MapData[3].x +=tx;
    MapData[3].y +=ty;
    CPen pen; //画出变换后的图形
    pen.CreatePen(PS_SOLID, 2, RGB(0, 0, 255));  //变换后的图形为蓝色
    CPen * pOldPen=pDC->SelectObject(&pen);
    pDC->SetROP2(R2_COPYPEN);
    pDC->MoveTo(MapData[0]);
    pDC->LineTo(MapData[1]);
    pDC->LineTo(MapData[2]);
    pDC->LineTo(MapData[3]);
    pDC->LineTo(MapData[0]);
    pDC->SelectObject(pOldPen);
}
```

原始矩形为红色，平移后的矩形为蓝色。还可以对平移后的图形继续进行平移操作。运行程序，查看效果。

5.2 旋转

5.2.1 算法分析

旋转与平移操作类似，也是用鼠标先后确定两个点，不过确定的是旋转角度，方法是用第一点指向第二点的向量与水平线的夹角作为旋转角度，旋转中心设计为图形中心，如

图 5-1 所示。被旋转图形为图 5-1 中实线正方形，旋转中心为其中心点。虚线正方形为旋转后的图形。两个点的确定操作需要鼠标左键函数。为了看清楚选择的旋转角度，用橡皮筋确定两个点的位置，需要鼠标移动函数。

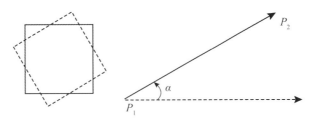

图 5-1　用鼠标确定旋转角度

因为旋转中心在矩形的中心点(150，150)，所以这是一个复合变换：首先平移坐标系，将坐标原点平移至(150，150)；然后以平移后的坐标系原点为旋转中心旋转 α；最后平移坐标系回到原来位置。变换公式如下：

$$[x'\ y'\ 1] = [x\ y\ 1]\begin{bmatrix} 1 & 0 & 0 \\ 0 & 1 & 0 \\ -150 & -150 & 1 \end{bmatrix}\begin{bmatrix} \cos\alpha & \sin\alpha & 0 \\ -\sin\alpha & \cos\alpha & 0 \\ 0 & 0 & 1 \end{bmatrix}\begin{bmatrix} 1 & 0 & 0 \\ 0 & 1 & 0 \\ 150 & 150 & 1 \end{bmatrix}$$

(5-1)

第一个矩阵是平移量为(-150，-150)的平移矩阵，平移坐标系原点到(150，150)。第二个矩阵是旋转量为 α 的旋转矩阵。第三个矩阵是平移量为(150，150)的平移矩阵，将坐标系原点从(150，150)平移回(0，0)。为了减少计算量，先将三个矩阵相乘合并成一个复合矩阵，然后用复合矩阵对图形做变换。

因为图形数据放置在文档类数组 MapData[ ]中，旋转变换算法的计算以及变换前后图形的显示均在文档类函数中进行。

首先在文档类中建立两个 3x3 矩阵相乘函数，实现复合矩阵的计算。该函数应用两次，就可以将式(5-1)中的三个相乘矩阵合并成一个复合矩阵，则式(5-1)变成

$$[x'\ y'\ 1] = [x\ y\ 1]\begin{bmatrix} a_1 & a_2 & a_3 \\ b_1 & b_2 & b_3 \\ c_1 & c_2 & c_3 \end{bmatrix}$$

(5-2)

的形式，式(5-2)中的 3×3 矩阵就是复合矩阵。由式(5-2)，可以计算出变换后的坐标如下：

$$x' = a_1 x + b_1 y + c_1$$

(5-3)

$$y' = a_2 x + b_2 y + c_2$$

再创建一个文档类函数，用式(5-3)对数组 MapData[ ]中的每一个点坐标进行计算，就完成了变换计算。

5.2.2 编程实现

1. 菜单响应函数建立

在菜单项"图形变换"下建立子菜单项"旋转"，将其 ID 属性值设为 ID_TRANS_ROTATE。应用类向导在视图类为 ID_TRANS_ROTATE 建立菜单响应函数。在系统建立的空的响应函数中加入如下语句：

```
void CMyGraphicsView:: OnTransRotate()
{
    //TODO：在此添加命令处理程序代码
    CMyGraphicsDoc * pDoc =GetDocument(); //获得文档类指针
    CClientDC pDC(this);                  //定义当前绘图设备
    MenuID =22; PressNum =0;
    //给出原始变换矩形的坐标
    pDoc->MapData[0]. x =100; pDoc->MapData[0]. y =100;
    pDoc->MapData[1]. x =100; pDoc->MapData[1]. y =200;
    pDoc->MapData[2]. x =200; pDoc->MapData[2]. y =200;
    pDoc->MapData[3]. x =200; pDoc->MapData[3]. y =100;
    //用红色画出被变换矩形
    pDoc->DrawOriginalMap(&pDC);
}
```

2. 建立鼠标操作函数

整个操作是用鼠标左键选了两个点，拉橡皮筋显示旋转角终边，并且在确定第二个点以后，操作结束，用旋转算法计算后显示旋转后的图形。整个操作只涉及鼠标左键函数和鼠标移动函数。对鼠标左键响应函数做如下添加：

```
    CClientDC pDC(this);                  //定义当前绘图设备
    if (MenuID == 11 || MenuID == 12 || MenuID == 21 || MenuID == 22 ||
(MenuID > 30&&MenuID < 34)) {
        if (PressNum ==0) {   //第一次按键将第一点保留在文档类数组中
            pDoc->group[PressNum]=point;
            mPointOrigin=point; mPointOld=point; //记录第一点
            PressNum++; SetCapture();
        }
        else if (PressNum == 1) {   //第二次按键保留第二点，用文档类画线
            pDoc->group[PressNum]=point;
            PressNum = 0;                     //程序画图
            pDC.SetROP2(R2_NOT);         //设置异或方式
            pDC.MoveTo(mPointOrigin); pDC.LineTo(mPointOld); //擦
```

旧线

```
            if(MenuID==11)pDoc->DDALine(&pDC);
            if(MenuID==12)pDoc->MidLine(&pDC);
            if(MenuID==31)pDoc->CohenSutherland(&pDC, XL, XR, YU,
YD);
            if(MenuID==32)pDoc->MidCut(&pDC, XL, XR, YU, YD);
            if(MenuID==33)pDoc->LiangCut(&pDC, XL, XR, YU, YD);
            if(MenuID==21){
                //平移第二点确定，计算平移量，传递给文档函数
                int tx=point.x-mPointOrign.x;
                int ty=point.y-mPointOrign.y;
                pDoc->DrawOriginalMap(&pDC); //用红色画出被变换矩形
                pDoc->MoveTranslate(&pDC, tx, ty); //先变换，再用蓝色
画出变换后矩形
            }
            if(MenuID==22){
                //旋转操作第二点确定，计算旋转角度，传递给文档函数
                double a;
                //排除两点重合的异常情况
                if(point.x==mPointOrign.x && point.y==mPointOrign.y)
                    return;
                //排除分母为零的异常情况
                if(point.x==mPointOrign.x && point.y>mPointOrign.y)
                    a=3.1415926 /2.0; //90度
                else if(point.x==mPointOrign.x && point.y<mPointOrign.y)
                    a=3.1415926 /2.0*3.0; //270度
                else
                    //计算旋转弧度
                        a=atan((double)(point.y-mPointOrign.y)/(double)
(point.x-mPointOrign.x));
                pDoc->DrawOriginalMap(&pDC); //用红色画出被变换矩形
                pDoc->RotateTranslate(&pDC, a); //参数传入文档类函数，
开始计算
            }
            ReleaseCapture();
```

需要注意的是，我们的显示屏幕 *Y* 坐标系是从上指向下，而图 5-1 中确定旋转角度的图示中，坐标系是我们所习惯的 *Y* 坐标系由下指向上。因此，在确定角度的操作时，要注意与我们习惯的方向略有不同。例如，要给出一个 45°的旋转角，拉出的线不是指向右上，而是指向右下。

对鼠标移动响应函数做如下添加：

```
m_wndStatusBar.SetPaneText(3,p1,TRUE); //在第 3 个区域显示 y 坐标
if((MenuID==11 || MenuID==12 || MenuID==21 || MenuID==22 ||
(MenuID > 31 && MenuID < 35) || (MenuID > 40 && MenuID < 45)) &&
PressNum > 0){
    if(mPointOld!=point){
        pDC.MoveTo(mPointOrign); pDC.LineTo(mPointOld); //擦旧线
            pDC.MoveTo(mPointOrign); pDC.LineTo(point); //画新线
            mPointOld=point;
    }
}
```

3. 编制文档类函数

首先在文档类中添加两个 3×3 矩阵相乘函数。在文档类中添加如下函数：

```
//矩阵 D1 左乘矩阵 D2，结果存入矩阵 D
void CMyGraphicsDoc::MxM(double D[3][3], double D1[3][3], double D2[3][3])
{
    //TODO：在此处添加实现代码
    for(int i=0; i < 3; i++){
        for(int j=0; j < 3; j++){
            D[i][j]=0.0;
            for(int k=0; k < 3; k++)
                D[i][j] +=D1[i][k]*D2[k][j];
        }
    }
    return;
}
```

M×M( )函数实现的是两个矩阵相乘，而旋转变换的复合矩阵是三个矩阵相乘。只要把这个函数运用两次就可以求出旋转变换复合矩阵。文档类的旋转变换函数首先给出三个简单变换矩阵数值，然后合并成复合矩阵，再用复合矩阵逐一变换图形点坐标，最后画出变换后的图形。在文档类中添加旋转变换实现函数如下：

```
void CMyGraphicsDoc::RotateTranslate(CClientDC * pDC, double a)
{
    //TODO：在此处添加实现代码
    int x0 = 150, y0 = 150;            //指定旋转中心
    double D[3][3];
    double D1[3][3] = { {1, 0, 0}, {0, 1, 0}, {-x0, -y0, 1} };
    double D2[3][3] = { { cos(a), sin(a), 0}, {-sin(a), cos(a), 0},
{0, 0, 1} };
    double D3[3][3] = { {1, 0, 0}, {0, 1, 0}, {x0, y0, 1} };
    //计算复合矩阵 D = D1xD2xD3
    //首先计算 D = D1xD2
    MxM(D, D1, D2);
    //将矩阵 D 中值转移到矩阵 D1
    for (int i = 0; i < 3; i++)
        for (int j = 0; j < 3; j++)
            D1[i][j] = D[i][j];
    //再计算 D = D1xD3
    MxM(D, D1, D3);
    //复合矩阵为 D
    //用式(5-3)和复合矩阵对 MapData 数组中图形数据的每一个图形点坐标进行
变换计算
    for (int i = 0; i < 4; i++) {
        double x = D[0][0] * MapData[i].x+D[1][0] * MapData[i].y
+D[2][0];
        double y = D[0][1] * MapData[i].x+D[1][1] * MapData[i].y
+D[2][1];
        MapData[i].x = int(x+0.5);
        MapData[i].y = int(y+0.5);
    }
    //画出变换后的图形
    CPen pen;
    pen.CreatePen(PS_SOLID, 2, RGB(0, 0, 255));
    CPen * pOldPen = pDC->SelectObject(&pen);
    pDC->SetROP2(R2_COPYPEN);
    pDC->MoveTo(MapData[0]);
    pDC->LineTo(MapData[1]);
    pDC->LineTo(MapData[2]);
    pDC->LineTo(MapData[3]);
```

```
    pDC->LineTo(MapData[0]);
    pDC->SelectObject(pOldPen);
}
```

原始矩形为红色，旋转后的矩形为蓝色。还可以在旋转后图形的基础上继续进行旋转。运行程序，查看效果。

5.3　缩放

5.3.1　算法分析

在前面两个例子中，变换参数都是用鼠标操作得到，缩放变换的两个缩放系数当然也可以用鼠标操作确定，但较为麻烦。简单的方法是用对话框输入的方式确定两个缩放系数。有了两个缩放系数，就可以按照算法公式进行变换计算。

缩放变换算法公式是基于坐标系原点进行图形缩放的，这种基于原点的缩放，实用意义不大。常用的缩放变换是以指定的参考点作为缩放中心进行图形缩放。本例中，以指定被变化图形矩形的左下角为基点进行缩放变换，如图 5-2 所示。

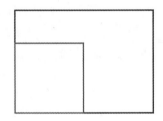

图 5-2　设置矩形左下角为缩放中心

这是一个复合变换：首先平移坐标系，将坐标原点平移至缩放中心；然后按照水平、垂直两个方向上的缩放参数进行缩放；最后平移坐标系回到原来位置。假设缩放中心是 $(x_0，y_0)$，则变换公式如下：

$$[x'\ \ y'\ \ 1] = [x\ \ y\ \ 1]\begin{bmatrix} 1 & 0 & 0 \\ 0 & 1 & 0 \\ -x_0 & -y_0 & 1 \end{bmatrix}\begin{bmatrix} sx & 0 & 0 \\ 0 & sy & 0 \\ 0 & 0 & 1 \end{bmatrix}\begin{bmatrix} 1 & 0 & 0 \\ 0 & 1 & 0 \\ x_0 & y_0 & 1 \end{bmatrix} \tag{5-4}$$

第一个矩阵是将坐标系原点平移至 $(x_0，y_0)$ 的平移矩阵，第二个矩阵是参数为 sx、sy 的缩放矩阵，第三个矩阵是将坐标系原点平移 $(-x_0，-y_0)$（也就是将坐标系原点移回）的平移矩阵。为了减少计算量，先将三个矩阵相乘合并成一个复合矩阵，然后用复合矩阵对图形进行变换。其计算方法与旋转相同，见式(5-3)。

我们这里缩放变换的操作设计是：点击"图形缩放"变换菜单，系统弹出对话框，在对话框中用键盘输入 X、Y 方向上的缩放系数，点击"确定"按键，然后系统按照指定的系数对指定的图形进行缩放，图形缩放结果以另一种颜色显示出来。

5.3.2　编程实现

1. 菜单响应函数建立

在"图形变换"菜单项下建立子菜单项"缩放",其菜单项 ID 确定为 ID_TRANS_SCALE。在类向导窗口中在视图类为 ID_TRANS_SCALE 建立菜单响应函数,并填写如下内容:

```
void CMyGraphicsView:: OnTransScale()
{
    //TODO:在此添加命令处理程序代码
    CMyGraphicsDoc *pDoc=GetDocument(); //获得文档类指针
    CClientDC pDC(this);                    //定义当前绘图设备
    //MenuID=23; PressNum=0; //这两个参数是为鼠标操作设置的,这里不需要
    //给出原始变换矩形的坐标
    pDoc->MapData[0].x=100; pDoc->MapData[0].y=100;
    pDoc->MapData[1].x=100; pDoc->MapData[1].y=200;
    pDoc->MapData[2].x=200; pDoc->MapData[2].y=200;
    pDoc->MapData[3].x=200; pDoc->MapData[3].y=100;
    //用红色画出被变换矩形
    pDoc->DrawOriginalMap(&pDC);
}
```

这段程序只完成了变换图形的绘制,还没有完成对话框的弹出,在后面的叙述中将进行说明和相关语句的添加。

2. 建立对话框

MFC 设置了专用的控件,可以提供很多专用对话框,如打开文件对话框、颜色选择对话框、信息输出对话框等。我们这里所需的是自定义的一般对话框,MFC 没有提供,只能手工实现。先手工建立对话框。

如图 5-3 所示,打开"资源视图",右击"Dialog",在弹出的菜单中点击"添加资源",在打开的"添加资源"窗口中,"Dialog"已被选定,点击"新建",一个带有"确定"和"取消"按键的对话框被建立,如图 5-4 所示。同时,系统为该对话框建立了一个名为"IDD_DIALOG1"的 ID,可以在资源窗口 Dialog 文件夹中看到它。

现在需要在空对话框中添加我们需要的控件。在 Visual Studio 软件界面左框上部有一个"工具箱"标签。如果你的软件界面看不到这个标签,是因为还没有打开它,可以点击"视图"菜单→"工具箱"子菜单来打开。点击"工具箱"标签,一系列控件显示出来,如图 5-5 所示。

从工具箱中拖动两个"Static Text"、两个"Edit Control"控件进入对话框;选定对话框,在对话框属性窗口将对话框标题改为"请输入缩放系数",如图 5-6 所示;分别选择两个 Static Text 控件,将它们属性窗口中"描述文字"属性分别改为"*X* 方向缩放系数:"(图 5-7)、"*Y* 方向缩放系数:";对所有控件进行位置调整,调整好的对话框如图 5-8 所示。

图 5-3　添加对话框操作

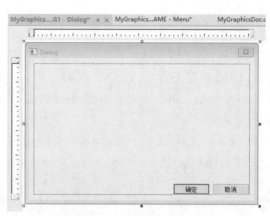

图 5-4　系统添加的空对话框

图 5-5　打开的工具箱

图 5-6　修改对话框标题

图 5-7　设置描述信息

图 5-8　建立完毕的对话框

3. 编制对话框类

在基于 MFC 的 C++编程项目中，每个对话框都有自己的类，我们需要为刚刚建立的对话框编制类实现程序。

用鼠标选定我们创建的对话框，点击菜单"项目"→"添加类"，系统弹出"添加 MFC 类"

窗口。因为当前选定了一个对话框，因此添加的是与该对话框相关的类，如图 5-9 所示。

图 5-9 添加类窗口

输入类名 Scale，点击"确定"，系统自动生成 Scale.h 类定义文件和 Scale.cpp 类实现文件。然后为类添加成员变量。打开类向导，选定我们创建的 Scale 类，点击"成员变量"标签，可以看到对话框中我们添加的两个控件 IDC_EDIT1、IDC_EDIT2 和对话框中自带的"确定""取消"两个控件(如图 5-10 所示的 IDOK 和 IDCANCLE)，而两个"Static Text"控件只是为显示信息，且信息来自控件的属性，没有自己的变量，因此没有显示出来。

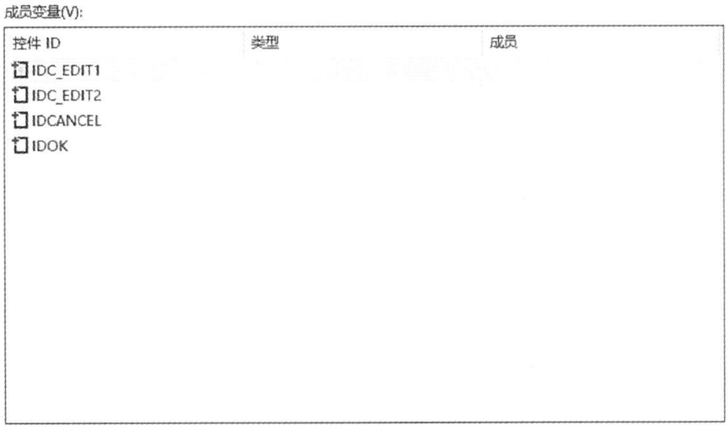

图 5-10 能够添加成员变量的控件

我们先为 X 方向缩放系数添加变量。点击"添加变量"，系统弹出"添加控制变量"窗口，如图 5-11 所示。

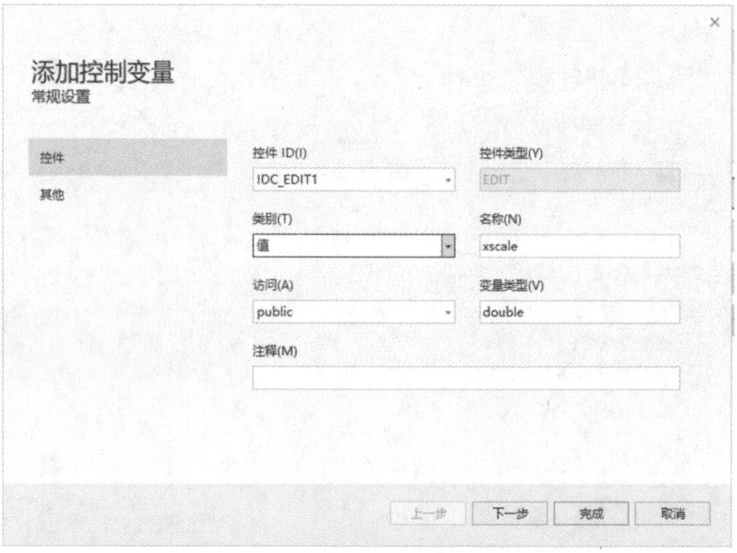

图 5-11　添加控件变量窗口 1

"控件 ID"选"IDC_EDIT1"，为变量确定一个名称 xscale，"类别"选"值"，"变量类型"用键盘输入"double"，然后点击"下一步"，出现下一个窗口，如图 5-12 所示。

图 5-12　添加控件变量窗口 2

在这个窗口中，将变量 xscale 的数值范围限制在 0.1~5 之间，以防止缩放后的图形过大或过小。

点击"完成"，则完成一个类变量的添加。用同样的方法添加变量 yscale。IDOK 和 IDCANCLE 不需要添加变量。

4. 对话框的应用

对话框的基本作用是接收两个缩放系数。具体的过程是：点击"缩放"子菜单后，菜单响应函数还需要进行对话框操作，包括打开对话框、接收系数，最后将系数传输给文档类缩放处理变换函数。因此，对于菜单响应函数，还需要继续添加内容。

视图类菜单响应函数要获取对话框类的数据，就要首先建立对话框类对象，然后可以用该对象调用对话框中的任何数据。首先，在视图类实现函数 MyGraphicView. cpp 文件中引用对话框类定义头文件 Scale. h。

```
#include "MyGraphicsDoc.h"
#include "MyGraphicsView.h"
#include "Scale.h"
```

然后在菜单响应函数最后部分加入以下语句：

```
pDoc->MapData[3].x=200; pDoc->MapData[3].y=100;
//用红色画出被变换矩形
pDoc->DrawOriginalMap(&pDC);
Scale * pDlg=new Scale(); //定义对话框类对象
pDlg->xscale=1.0; //为类变量设置初始值
pDlg->yscale=1.0;
pDlg->DoModal(); //显示对话框
if (! UpdateData(true))//如果对话框中数据没有变化，就直接退出
    return;
double xs =pDlg->xscale; //取出对话框数据
double ys =pDlg->yscale;
delete pDlg; //如果选择的是"取消"，则关闭对话框
pDoc->ScaleTranslate(&pDC, xs, ys); //在调用文档类缩放变换实现函数时
传递参数
```

使用类向导在文档类中添加缩放算法实现函数如下：

```
void CMyGraphicsDoc:: ScaleTranslate(CClientDC * pDC, double xs,
double ys)
{
    //TODO: 在此处添加实现代码
    int x0 =100, y0 =100;
    double D[3][3];
    double D1[3][3]={ {1, 0, 0}, {0, 1, 0}, {-x0, -y0, 1} }; //缩放变
换的三个矩阵
    double D2[3][3]={ { xs, 0, 0}, {0, ys, 0}, {0, 0, 1} };
    double D3[3][3]={ {1, 0, 0}, {0, 1, 0}, {x0, y0, 1} };
```

```
    //计算复合矩阵 D=D1xD2xD3
    //首先计算 D=D1xD2
MxM(D, D1, D2);
    //将矩阵 D 中值转移到矩阵 D1
for (int i=0; i < 3; i++)
    for (int j=0; j < 3; j++)
        D1[i][j]=D[i][j];
    //再计算 D=D1xD3
MxM(D, D1, D3);
    //复合矩阵为 D
    //用式(5-3)和复合矩阵对 MapData 数组中每一个图形点坐标进行变换计算
for (int i=0; i < 4; i++) {
    double x=D[0][0] * MapData[i].x+D[1][0] * MapData[i].y
+D[2][0];
    double y=D[0][1] * MapData[i].x+D[1][1] * MapData[i].y
+D[2][1];
    MapData[i].x=int(x+0.5);
    MapData[i].y=int(y+0.5);
}
    //画出变换后的图形
CPen pen;
pen.CreatePen(PS_SOLID, 2, RGB(0, 0, 255));
CPen *pOldPen=pDC->SelectObject(&pen);
pDC->SetROP2(R2_COPYPEN);
pDC->MoveTo(MapData[0]);
pDC->LineTo(MapData[1]);
pDC->LineTo(MapData[2]);
pDC->LineTo(MapData[3]);
pDC->LineTo(MapData[0]);
pDC->SelectObject(pOldPen);
}
```

运行程序，查看效果。

5.4 对称变换

5.4.1 算法分析

对称变换操作设计如下。系统显示原图形，用鼠标确定两个点(x_1, y_1)和(x_2, y_2)，根据两个点确定对称变换基线，系统计算出变换后的图形，并显示。如图 5-13 所示。

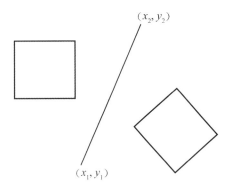

图 5-13　对称变换操作示意图

这是一个复合变换：平移坐标系，将坐标原点平移至鼠标确定的第一个点 (x_1, y_1)；将坐标系逆时针旋转 α 角，使坐标系的 X 轴与基线重合；以 X 轴为基准进行对称变换；将坐标系逆时针旋转 $-\alpha$ 角；将坐标原点平移，平移量 $(-x_1, -y_1)$。变换公式如下：

$$[x' \quad y' \quad 1] = [x \quad y \quad 1]\begin{bmatrix} 1 & 0 & 0 \\ 0 & 1 & 0 \\ -X_1 & -Y_1 & 1 \end{bmatrix}\begin{bmatrix} \cos\alpha & -\sin\alpha & 0 \\ \sin\alpha & \cos\alpha & 0 \\ 0 & 0 & 1 \end{bmatrix}\begin{bmatrix} 1 & 0 & 0 \\ 0 & -1 & 0 \\ 0 & 0 & 1 \end{bmatrix}$$

$$\begin{bmatrix} \cos\alpha & \sin\alpha & 0 \\ -\sin\alpha & \cos\alpha & 0 \\ 0 & 0 & 1 \end{bmatrix}\begin{bmatrix} 1 & 0 & 0 \\ 0 & 1 & 0 \\ X_1 & Y_1 & 1 \end{bmatrix} \tag{5-5}$$

第一个矩阵是平移量为 $(-x_1, -y_1)$ 的平移矩阵，第二个矩阵是参数为 $-\alpha$ 的旋转矩阵，第三个矩阵是以 X 轴为对称轴的对称变换矩阵，第四个矩阵是参数为 α 的旋转矩阵，第五个矩阵是平移量为 (x_1, y_1) 的平移矩阵。为了减少计算量，将它们合并成一个复合矩阵，然后用复合矩阵对图形进行变换。旋转角 α 是向量 (x_1, y_1)-(x_2, y_2) 与坐标系 X 轴正向的夹角，如图 5-14 所示。

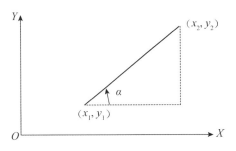

图 5-14　旋转角 α 确定方法

当 $x_2 \ne x_1$ 时，$\alpha = \arctan \dfrac{y_2 - y_1}{x_2 - x_1}$；当 $x_2 = x_1$ 且 $y_2 > y_1$ 时，$\alpha = \pi/2$；当 $x_2 = x_1$ 且 $y_2 <$
y_1 时，$\alpha = 3\pi/2$；当 $x_2 = x_1$ 且 $y_2 = y_1$ 时，不做变换，直接退出。

5.4.2 编程实现

1. 菜单响应函数建立

在菜单项"图形变换"下建立子菜单项"对称变换"，将其 ID 属性值设为 ID_TRANS_
SYMMETRY。应用类向导在视图类为 ID_TRANS_ SYMMETRY 建立菜单响应函数。在系统
建立的空的响应函数中加入如下语句：

```
void CMyGraphicsView:: OnTransSymmetry()
{
    //TODO：在此添加命令处理程序代码
    CMyGraphicsDoc * pDoc = GetDocument(); //获得文档类指针
    CClientDC pDC(this);                    //定义当前绘图设备
    MenuID = 23; PressNum = 0;
    //给出原始变换矩形的坐标
    pDoc->MapData[0].x = 100; pDoc->MapData[0].y = 100;
    pDoc->MapData[1].x = 100; pDoc->MapData[1].y = 200;
    pDoc->MapData[2].x = 200; pDoc->MapData[2].y = 200;
    pDoc->MapData[3].x = 200; pDoc->MapData[3].y = 100;
    //用红色画出被变换矩形
    pDoc->DrawOriginalMap(&pDC);
}
```

2. 建立鼠标操作函数

整个操作是用鼠标左键选了两个点，拉橡皮筋显示对称变换基线，并且在确定第二个
点以后，操作结束，用对称变换算法计算后显示旋转后的图形。整个操作只涉及鼠标左键
函数和鼠标移动函数。对鼠标左键响应函数做如下添加：

```
CClientDC pDC(this);              //定义当前绘图设备
if (MenuID = = 11 || MenuID = = 12 || (MenuID>20&&MenuID<24) ||
(MenuID > 30&&MenuID < 34)) {
    if (PressNum = = 0) {        //第一次按键将第一点保留在文档类数组中
        pDoc->group[PressNum] = point;
        mPointOrign = point; mPointOld = point; //记录第一点
        PressNum++; SetCapture();
    }
    else if (PressNum = = 1) {           //第二次按键保留第二点，用文档
类画线
        pDoc->group[PressNum] = point;
```

```
        PressNum=0;            //程序画图
        pDC.SetROP2(R2_NOT);          //设置异或方式
        pDC.MoveTo(mPointOrign); pDC.LineTo(mPointOld); //擦
旧线
        if(MenuID==11)pDoc->DDALine(&pDC);
        if(MenuID==12)pDoc->MidLine(&pDC);
        if(MenuID==31)pDoc->CohenSutherland(&pDC, XL, XR, YU,
YD);
        if(MenuID==32)pDoc->MidCut(&pDC, XL, XR, YU, YD);
        if(MenuID==33)pDoc->LiangCut(&pDC, XL, XR, YU, YD);
        if(MenuID==21){
            //平移第二点并进行确定,计算平移量,传递给文档函数
            int tx=point.x-mPointOrign.x;
            int ty=point.y-mPointOrign.y;
            pDoc->DrawOriginalMap(&pDC); //用红色画出被变换矩形
            pDoc->MoveTranslate(&pDC, tx, ty); //先变换,再用蓝色
画出变换后的矩形
        }
        if(MenuID==22 || MenuID==23){
            //旋转操作第二点并进行确定,计算旋转角度,传递给文档函数
            //基线选择操作第二点并进行确定,计算夹角α,传递给文档函数
            double a;
            //排除两点重合的异常情况
            if(point.x==mPointOrign.x && point.y==mPointOrign.y)
                return;
            //排除分母为零的异常情况
            if(point.x==mPointOrign.x && point.y>mPointOrign.y)
                a=3.1415926/2.0; //90度
            else if(point.x==mPointOrign.x && point.y<mPointOrign.y)
                a=3.1415926/2.0*3.0; //270度
            else
                //计算旋转弧度
                //计算夹角α弧度
                a=atan((double)(point.y-mPointOrign.y)/
(double)(point.x-mPointOrign.x));
            pDoc->DrawOriginalMap(&pDC); //用红色画出被变换矩形
```

```
        if(MenuID==22)    //参数传入文档类旋转计算函数
            pDoc->RotateTranslate(&pDC, a);
        if(MenuID==23)        //参数传入文档类对称变换计算函数
            pDoc->SymmetryTranslate(&pDC, a, mPointOrign.x,
            mPointOrign.y);
        }
        ReleaseCapture();
```

对鼠标移动响应函数做如下添加：

```
    m_wndStatusBar.SetPaneText(3, p1, TRUE); //在第3个区域显示 y 坐标
    if ((MenuID==11 || MenuID==12 || (MenuID>20&&MenuID<24) ||
(MenuID>31 && MenuID<35) || (MenuID>40 && MenuID<45)) &&
PressNum>0){
        if(mPointOld!=point){
            pDC.MoveTo(mPointOrign); pDC.LineTo(mPointOld); //擦
旧线
            pDC.MoveTo(mPointOrign); pDC.LineTo(point); //画新线
            mPointOld=point;
        }
    }
```

SymmetryTranslate( )是文档类对称变换实现函数，现在还没有，需要立刻编制

3. 编制文档类函数

文档类的对称变换函数首先给出五个简单变换矩阵数值，然后合并成复合矩阵，再用复合矩阵逐一变换图形点坐标，最后画出变换后的图形。用类向导在文档类中添加对称变换实现函数如下：

```
    void CMyGraphicsDoc:: SymmetryTranslate(CClientDC * pDC, double
a, int x0, int y0)
    {
        //TODO:在此处添加实现代码
        double D[3][3];
        double D1[3][3]={ {1, 0, 0}, {0, 1, 0}, {-x0, -y0, 1} };
        double D2[3][3]={ { cos(a), sin(a), 0}, {-sin(a), cos(a), 0},
{0, 0, 1} };
        double D3[3][3]={ {1, 0, 0}, {0, 1, 0}, {x0, y0, 1} };
        double D4[3][3]={ { cos(a), sin(a), 0}, {-sin(a), cos(a), 0},
{0, 0, 1} };
```

```
double D5[3][3]={ {1, 0, 0}, {0, 1, 0}, {x0, y0, 1} };
//计算复合矩阵 D=D1×D2×D3×D4×D5
//首先计算 D=D1×D2
MxM(D, D1, D2);
//将矩阵 D 中值转移到矩阵 D1
for (int i=0; i < 3; i++)
    for (int j=0; j < 3; j++)
        D1[i][j]=D[i][j];
//再计算 D=D1×D3
MxM(D, D1, D3);
//将矩阵 D 中值转移到矩阵 D1
for (int i=0; i < 3; i++)
    for (int j=0; j < 3; j++)
        D1[i][j]=D[i][j];
//再计算 D=D1×D4
MxM(D, D1, D4);
//将矩阵 D 中值转移到矩阵 D1
for (int i=0; i < 3; i++)
    for (int j=0; j < 3; j++)
        D1[i][j]=D[i][j];
//再计算 D=D1×D5
MxM(D, D1, D5);
//复合矩阵为 D
//用式(5-3)和复合矩阵对 MapData 数组中每一个图形点坐标进行变换计算
for (int i=0; i < 4; i++) {
    double x=D[0][0] * MapData[i].x+D[1][0] * MapData[i].y
+D[2][0];
    double y=D[0][1] * MapData[i].x+D[1][1] * MapData[i].y
+D[2][1];
    MapData[i].x=int(x+0.5);
    MapData[i].y=int(y+0.5);
}
//画出变换后的图形
CPen pen;
pen.CreatePen(PS_SOLID, 2, RGB(0, 0, 255));
CPen * pOldPen=pDC->SelectObject(&pen);
pDC->SetROP2(R2_COPYPEN);
pDC->MoveTo(MapData[0]);
```

```
        pDC->LineTo(MapData[1]);
        pDC->LineTo(MapData[2]);
        pDC->LineTo(MapData[3]);
        pDC->LineTo(MapData[0]);
        pDC->SelectObject(pOldPen);
    }
```

原始矩形为红色，对称变换后的矩形为蓝色。还可以在变换后图形的基础上继续进行对称变换。运行程序，查看效果。

5.5　错切变换

5.5.1　算法分析

错切变换又称为剪切变换，其实质是图形沿基轴(与依赖轴垂直)方向发生位移，图形上每个点的位移量跟图形与基轴的距离成正比，比例系数可以通过对话框确定。演示错切变换的过程是显示原图形；用鼠标确定两个点以决定基轴的位置和方向，基轴的方向为第一个鼠标点指向第二个鼠标点；弹出一个对话框用来输入错切变换比例系数；错切变换算法函数根据基轴位置以及给定的比例系数，计算出变换后的图形，并显示。如图 5-15 所示。

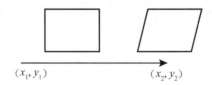

(x_1, y_1)　　　　　　(x_2, y_2)

图 5-15　错切变换示意图

这是一个复合变换：平移坐标系，将坐标原点平移至鼠标确定的第一个点(X_1, Y_1)；将坐标系逆时针旋转 α 角，使坐标系 X 轴与基轴重合；以 X 轴为基轴(Y 轴为依赖轴)进行错切变换；将坐标系逆时针旋转$-\alpha$ 角；将坐标原点平移，平移量为$(-X_1, -Y_1)$。变换公式如下：

$$
\begin{bmatrix} x' & y' & 1 \end{bmatrix} = \begin{bmatrix} x & y & 1 \end{bmatrix} \begin{bmatrix} 1 & 0 & 0 \\ 0 & 1 & 0 \\ -X_1 & -Y_1 & 1 \end{bmatrix} \begin{bmatrix} \cos\alpha & -\sin\alpha & 0 \\ \sin\alpha & \cos\alpha & 0 \\ 0 & 0 & 1 \end{bmatrix}
$$

$$
\begin{bmatrix} 1 & 0 & 0 \\ s & 1 & 0 \\ 0 & 0 & 1 \end{bmatrix} \begin{bmatrix} \cos\alpha & \sin\alpha & 0 \\ -\sin\alpha & \cos\alpha & 0 \\ 0 & 0 & 1 \end{bmatrix} \begin{bmatrix} 1 & 0 & 0 \\ 0 & 1 & 0 \\ X_1 & Y_1 & 1 \end{bmatrix} \tag{5-6}
$$

第一个矩阵是平移量为$(-X_1, -Y_1)$ 的平移矩阵，第二个矩阵是参数为$-\alpha$ 的旋转矩阵，第三个矩阵是以 Y 轴为依赖轴的错切变换矩阵，第四个矩阵是参数为 α 的旋转矩阵，第五个矩阵是平移量为(X_1，Y_1)的平移矩阵。为了减少计算量，将它们合并成一个复合矩阵，然后用复合矩阵对图形进行变换。

5.5.2　编程实现

根据操作设计，错切变换的实现需要视图类的左键鼠标响应函数、鼠标移动响应函数，需要使用一个对话框输入比例系数，需要文档类的错切变换计算函数。

1. 菜单响应函数建立

在菜单项"图形变换"下建立子菜单项"错切变换"，将其 ID 属性值设为 ID_TRANS_SHEAR。应用类向导在视图类为 ID_TRANS_ SHEAR 菜单建立响应函数。在系统建立的空的响应函数中加入如下语句：

```
void CMyGraphicsView:: OnTransShear()
{
    //TODO：在此添加命令处理程序代码
    CMyGraphicsDoc*pDoc=GetDocument(); //获得文档类指针
    CClientDC pDC(this);                //定义当前绘图设备
    MenuID=24; PressNum=0;
    //给出原始变换矩形的坐标
    pDoc->MapData[0].x=100; pDoc->MapData[0].y=100;
    pDoc->MapData[1].x=100; pDoc->MapData[1].y=200;
    pDoc->MapData[2].x=200; pDoc->MapData[2].y=200;
    pDoc->MapData[3].x=200; pDoc->MapData[3].y=100;
    //用红色画出被变换矩形
    pDoc->DrawOriginalMap(&pDC);
}
```

2. 建立鼠标操作函数

整个操作是用鼠标左键选了两个点，拉橡皮筋显示错切变换基轴，并且在确定第二个点以后，鼠标操作结束，对话框弹出用以输入错切比例系数，然后用错切变换算法计算并显示变换后的图形。鼠标操作只涉及鼠标左键函数和鼠标移动函数。对鼠标左键响应函数做如下添加，将错切变换操作加入：

```
CClientDC pDC(this);           //定义当前绘图设备
if (MenuID==11 || MenuID==12 || (MenuID>20&&MenuID<25) ||
(MenuID>30&&MenuID<34)){
    if(PressNum==0){           //第一次按键将第一点保留在文档类数组中
        pDoc->group[PressNum]=point;
        mPointOrign=point; mPointOld=point; //记录第一点
        PressNum++; SetCapture();
    }
    else if(PressNum==1){           //第二次按键保留第二点，用文档类画线
```

```
pDoc->group[PressNum]=point;
PressNum=0;                  //程序画图
pDC.SetROP2(R2_NOT);                //设置异或方式
pDC.MoveTo(mPointOrign); pDC.LineTo(mPointOld);  //擦旧线
if(MenuID==11)pDoc->DDALine(&pDC);
if(MenuID==12)pDoc->MidLine(&pDC);
if(MenuID==31)pDoc->CohenSutherland(&pDC, XL, XR, YU, YD);
if(MenuID==32)pDoc->MidCut(&pDC, XL, XR, YU, YD);
if(MenuID==33)pDoc->LiangCut(&pDC, XL, XR, YU, YD);
if(MenuID==21){
    //平移第二点并确定,计算平移量,传递给文档函数
    int tx=point.x-mPointOrign.x;
    int ty=point.y-mPointOrign.y;
    pDoc->DrawOriginalMap(&pDC); //用红色画出被变换矩形
    pDoc->MoveTranslate(&pDC, tx, ty); //先变换,再用蓝色画出
变换后的矩形
}
if(MenuID==22 || MenuID==23 || MenuID==24){
    //旋转操作第二点并确定,计算旋转角度,传递给文档函数
    //基线选择操作第二点并确定,计算夹角α,传递给文档函数 double a;
    //排除两点重合的异常情况
    if(point.x==mPointOrign.x && point.y==mPointOrign.y)
        return;
    //排除分母为零的异常情况
    if(point.x==mPointOrign.x && point.y > mPointOrign.y)
        a=3.1415926 /2.0; //90度
    else if(point.x==mPointOrign.x && point.y < mPointOrign.y)
        a=3.1415926 /2.0*3.0; //270度
    else
        //计算旋转弧度
        //计算夹角α弧度
        a=atan((double)( point.y-mPointOrign.y) /(double)
(point.x-mPointOrign.x));
    pDoc->DrawOriginalMap(&pDC); //用红色画出被变换矩形
    if(MenuID==22)   //参数传入文档类旋转计算函数
```

```
                pDoc->RotateTranslate(&pDC, a);
        if(MenuID==23)      //参数传入文档类对称变换计算函数
                pDoc->SymmetryTranslate(&pDC, a, mPointOrign.x, mPoint
Orign.y);

        if(MenuID==24){        //参数传入文档类错切变换计算函数
                //在这里启动对话框, 获取错切比例系数
                pDoc->ShearTranslate(&pDC,a,mPointOrign.x,mPointOrign.y,
s);

                }

        }

        ReleaseCapture();
```

ShearTranslate( )是文档类的错切变换实现函数, 现在还没有, 稍后进行编制。在该函数执行前, 需要启动对话框获取错切比例系数, 并作为一个参数传递给错切变换函数。对话框目前也没有, 稍后进行编制。

对鼠标移动响应函数做如下添加:

```
        m_wndStatusBar.SetPaneText(3, p1, TRUE); //在第 3 个区域显示 y 坐
标
        if ((MenuID==11 || MenuID==12 ||( MenuID > 20&&MenuID < 25)
||( MenuID > 31 && MenuID <35) || (MenuID > 40 && MenuID < 45)) &&
PressNum > 0){
            if(mPointOld！=point){
                pDC.MoveTo(mPointOrign); pDC.LineTo(mPointOld); //擦
旧线
                pDC.MoveTo(mPointOrign); pDC.LineTo(point); //画新线
                mPointOld=point;
            }
        }
```

3. 对话框编制

在"资源视图"窗口"Dialog"文件夹中添加一个对话框, 系统为该对话框赋予的 ID 为 IDD_DIALOG2。向对话框中添加所需控件, 最终完成的对话框如图 5-16 所示。

用"添加类"菜单为这个 ID 为 IDD_DIALOG2 的对话框建立一个对话框类, 类名为 Shear。在该类中, 为输入比例系数的控件 IDC_EDIT1 添加一个类型为 double 的双精度数值型变量, 变量名为 s, 还要为其设置变化范围。该变量就是错切变换比例系数。如果比例系数过大, 会导致变换后的图形变形严重, 难以体会错切变换对图形造成的影响。所以, 对变量 s, 设置其变化范围为 0.1~1.0。

图 5-16　完成的错切变换比例系数输入对话框

对话框的启动是在调用文档类错切变换函数以前。首先在 CMyGraphicsView. cpp 视图类实现文件中增添如下引用类定义文件：

```
#include "MyGraphicsDoc.h"
#include "MyGraphicsView.h"
#include "Scale.h"
#include "Shear.h"
```

在鼠标左键函数中添加如下语句：

```
if(MenuID==23)      //参数传入文档类对称变换计算函数
    pDoc->SymmetryTranslate(&pDC,a,mPointOrign.x,mPointOrign.y);

if(MenuID==24){      //参数传入文档类错切变换计算函数
    //在这里启动对话框，获取错切比例系数
    //对话框要用鼠标点击"确定"按键，所以事先要消除鼠标左键函数对鼠标所做的限制
    MenuID=0; ReleaseCapture();
    Shear * pDlg=new Shear(); //定义对话框类对象
    pDlg->s=0.1; //为类变量设置初始值
    pDlg->DoModal(); //显示对话框
    if (! UpdateData(true))//如果对话框中数据没有变化，就直接退出
        return;
    double s=pDlg->s; //取出对话框数据
    delete pDlg;
    pDoc->ShearTranslate(&pDC, a, mPointOrign.x, mPointOrign.y, s);
```

120

```
          }
     }
     ReleaseCapture();
```

对话框的使用也要用鼠标点击"确定"按键，但对于鼠标左键函数(也包括鼠标右键函数和鼠标移动函数)都使用 SetCapture( ) 函数对鼠标做了限制，直到最后才使用 ReleaseCapture( )函数解除这种限制。为了在对话框中能够正常使用鼠标，添加的语句首先解除对鼠标的限制。后续语句是启动、显示并应用对话框，这与前面的缩放变换对话框的应用是一样的。

4. 编制文档类函数

文档类的错切变换函数首先给出五个简单变换矩阵数值，然后将它们合并成复合矩阵，再用复合矩阵逐一变换图形点坐标，最后画出变换后的图形。用类向导在文档类中添加旋转变换实现函数如下：

```
void CMyGraphicsDoc:: ShearTranslate(CClientDC * pDC, double a,
int x0, int y0, double s)
{
     //TODO：在此处添加实现代码
     double D[3][3];
     double D1[3][3]={ {1, 0, 0}, {0, 1, 0}, {-x0, -y0, 1} };
     double D2[3][3]={ { cos(a), sin(a), 0}, {-sin(a), cos(a), 0},
{0, 0, 1} };
     double D3[3][3]={ {1, 0, 0}, {0, 1, 0}, {x0, y0, 1} };
     double D4[3][3]={ { cos(a), sin(a), 0}, {-sin(a), cos(a), 0},
{0, 0, 1} };
     double D5[3][3]={ {1, 0, 0}, {0, 1, 0}, {x0, y0, 1} };
     //计算复合矩阵 D=D1×D2×D3×D4×D5
     //首先计算 D=D1×D2
     MxM( D, D1, D2);
     //将矩阵 D 中值转移到矩阵 D1
     for ( int i=0; i < 3; i++)
          for ( int j=0; j < 3; j++)
               D1[i][j]=D[i][j];
     //再计算 D=D1×D3
     MxM( D, D1, D3);
     //将矩阵 D 中值转移到矩阵 D1
     for ( int i=0; i < 3; i++)
          for ( int j=0; j < 3; j++)
               D1[i][j]=D[i][j];
     //再计算 D=D1×D4
```

```
    MxM(D, D1, D4);
    //将矩阵 D 中值转移到矩阵 D1
    for (int i = 0; i < 3; i++)
        for (int j = 0; j < 3; j++)
            D1[i][j] = D[i][j];
    //再计算 D = D1×D5
    MxM(D, D1, D5);
    //复合矩阵为 D
    //用式(5-3)和复合矩阵对 MapData 数组中图形数据的每一个图形点坐标进行
变换计算
    for (int i = 0; i < 4; i++) {
        double x = D[0][0] * MapData[i].x + D[1][0] * MapData[i].y
+D[2][0];
        double y = D[0][1] * MapData[i].x + D[1][1] * MapData[i].y
+D[2][1];
        MapData[i].x = int(x+0.5);
        MapData[i].y = int(y+0.5);
    }
    //画出变换后的图形
    CPen pen;
    pen.CreatePen(PS_SOLID, 2, RGB(0, 0, 255));
    CPen * pOldPen = pDC→SelectObject(&pen);
    pDC→SetROP2(R2_COPYPEN);
    pDC→MoveTo(MapData[0]);
    pDC→LineTo(MapData[1]);
    pDC→LineTo(MapData[2]);
    pDC→LineTo(MapData[3]);
    pDC→LineTo(MapData[0]);
    pDC→SelectObject(pOldPen);
}
```

　　原始矩形为红色，对称变换后的矩形为蓝色。运行程序，查看效果。注意，原始坐标系是屏幕坐标系，即原点在左上角，X 轴水平向右，Y 轴垂直向下。鼠标操作得到的是第一点指向第二点的新坐标系 X 轴。原始坐标系通过平移与旋转，与新坐标系重合。想象一下新坐标系的位置、指向，以及与图形的相对位置。再想象一下变换后的图形形状及位置，看看计算机运行结果与自己的期望结果是否一致。

本章作业

1. 按照指导书说明，完成平移变换。
2. 按照指导书说明，完成旋转变换。
3. 按照指导书说明，完成缩放变换。
4. 按照指导书说明，完成对称变换。
5. 按照指导书说明，完成错切变换。

第6章 平 面 投 影

我们可以在平面上画出具有立体效果的图形。图 6-1 所示是一个立方体 $ABCDA'B'C'D'$ 和一个三维坐标系，立方体的顶点 A 位于坐标系原点，立方体的 3 个面分别位于坐标面 XOY（即 $ABCD$ 在 $z=0$ 平面）、YOZ（即 $A'B'BA$ 在 $x=0$ 平面）、ZOX（即 $A'ADD'$ 在 $y=0$ 平面）。因为所画的立体图形存在于平面（纸面）上，所以 A、B、C、D、A'、B'、C'、D' 八个点均存在于一个平面上。在计算机显示器上，在图纸上，在一切二维平面空间，都不能直接显示或画出三维模型，我们看到的所谓立体图形是投影的结果。三维图形的投影就是在二维投影平面坐标系中确定三维空间点的投影位置，再将空间点的连接线画出即可。

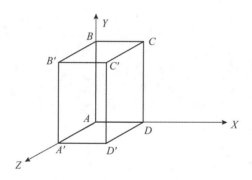

图 6-1 平面上呈现的立体图

根据投影面的不同，我们有平面投影、柱面投影和球面投影，这里只涉及平面投影。根据投影方式的不同，可以分为平行投影和透视投影。

6.1 平行投影

6.1.1 算法分析

影响平行投影结果的因素有投影方向、投影平面位置以及空间点位置。将投影平面固定为 $z=0$ 平面，设投影方向为 $(x_d,\ y_d,\ z_d)$，空间点坐标为 $(x,\ y,\ z)$，投影点坐标为 $(x_p,\ y_p)$，则可以写出以下关系式：

$$x_p = x - \frac{x_d}{z_d}z \qquad\qquad (6\text{-}1)$$

$$y_p = y - \frac{y_d}{z_d}z$$

124

据此公式就可以计算出三维物体中每一个空间点的投影点了。投影方向对投影结果有影响，必须在投影前确定。采用一个输入对话框，手工输入投影方向向量。这里设该向量的起点位于坐标系原点$(0, 0, 0)$，在窗口中只要输入另一个空间点(x_d, y_d, z_d)作为向量的终点。投影方向的选择需要有一个限制，以保证投影结果显示在系统窗口中，这可以通过对窗口数据输入控件的属性值进行限制来实现。在这个算法中，我们需要一个对话框。

为了显示投影效果，先建立一个 $100\times100\times100$ 的正方体作为三维数据模型，用 $ABCDA'B'C'D'$ 表示，并将该模型坐标数据存放于一个 ModeData[ ] 数组中。因为任何空间点都有 x，y，z 三个坐标，并且立方体只有八个空间点，数组 ModeData[ ] 定义为 ModeData[8][3]，依 x，y，z 顺序存放三个坐标数据，数据类型为 double。

再一次申明，实际的地理空间模型，在数据量上，在数据结构上，在空间拓扑关系上，都是极其复杂的，这里为了突出图形算法效果，做了最大程度的简化。首先确定变换参数，再将变换参数传递到文档类的变换实现函数中。依据平行投影算法使用变换参数对 ModeData[ ] 数组中的图形数据进行平行投影计算，得到投影后的图形数据，存放在另一个数组 ProjectPoint[ ] 中。ProjectPoint[ ] 存放八个空间点的投影点坐标，定义为 CPoint ProjectPoint[8]。最后用该数组中的图形数据进行绘制，得到平行投影后的图形。这个过程需要编制一个实现变换算法的文档类函数。

平行投影的操作方法设计如下：点击菜单项进行平行投影，系统弹出一个对话框要求用键盘输入投影方向，在确定输入的方向参数后调用算法进行平行投影计算，并将计算的投影影像显示在 $z=0$ 平面(也就是 XOY 平面)。

6.1.2　编程实现

1. 对话框编制

在"资源视图"窗口"Dialog"文件夹中添加一个对话框，系统为该对话框赋予的 ID 为 IDD_DIALOG3。向对话框中添加所需控件，最终完成的对话框如图6-2所示。

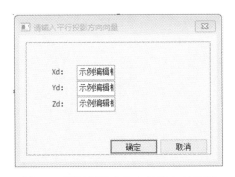

图6-2　平行投影方向向量输入对话框

为这个 ID 为 IDD_DIALOG3 的对话框建立一个对话框类，类名为 ParalleProject。在该类中，添加三个类型为 double 的双精度数值型变量 x_d、y_d、z_d，分别对应为投影向量 (X_d, Y_d, Z_d) 的三个分量，它们对应的控件依次是 IDC_EDIT1、IDC_EDIT2、IDC_

EDIT3。为了确保投影结果不至于发生较大形变,限制投影方向从上到下,并且倾斜角度不大。因此,x_d、y_d、z_d 三个变量输入值分别限制在 $[-0.5, 0.5]$、$[-0.5, 0.5]$、$[-1.0, -0.8]$ 区间范围内。

2. 菜单响应函数建立

在视图类实现文件 CMyGraphicsView. cpp 中增添如下引用类定义文件:

```
#include "MyGraphicsDoc.h"
#include "MyGraphicsView.h"
#include "Scale.h"
#include "Shear.h"
#include "ParalleProject.h"
```

在"投影"菜单项下建立子菜单项"平行投影",其菜单项 ID 确定为 ID_PROJECT_PARALLE。用类向导在视图类为 ID_PROJECT_PARALLE 建立菜单响应函数。该函数的功能有两个,一是启动对话框以便输入平行投影方向向量,二是将投影方向参数传入文档类平行投影实现函数中。在该菜单响应函数中填写如下内容:

```
void CMyGraphicsView:: OnProjectParalle()
{
    //TODO: 在此添加命令处理程序代码
    CMyGraphicsDoc * pDoc = GetDocument(); //获得文档类指针
    CClientDC pDC(this);                    //定义当前绘图设备
    CBrush brush(RGB(255, 255, 255)); //清除窗口内图形
    pDC.FillRect(CRect(0, 0, 800, 800), &brush);
    ParalleProject * pDlg = new ParalleProject(); //定义对话框类对象
    pDlg->xd = 0.2; //设置系数初始值
    pDlg->yd = 0.2;
    pDlg->zd = -1.0;
    pDlg->DoModal();    //打开对话框
    if (! UpdateData(true)) //如果没有输入新数据,直接退出
        return;
    double xd = pDlg->xd; //保留输入的数据
    double yd = pDlg->yd;
    double zd = pDlg->zd;
    delete pDlg; //关闭对话框,退出
    pDoc->ParalleProjectCalculate(&pDC, xd, yd, zd); //启动文档类平
行投影实现函数
}
```

3. 文档类平行投影函数实现

投影平面已经确定为 $z=0$ 平面,投影方向已经由对话框获得投影向量,因此,文档类平行投影函数只需要建立三维线框模型,然后使用式(6-1)逐点计算出三维线框模型上

的每一个点的投影点坐标值，最后根据拓扑连接关系将必要的投影点用直线连接起来。

三维线框模型是一个形如图 6-1 所示的最简单的立方体模型 *ABCDA'B'C'D'*，但模型远离原点。模型的八个点坐标用一个二维数组 ModeData[ ]存储。为了简化问题，以便把注意力集中在平行投影上，数组中只有单纯的点坐标，没有任何拓扑关系表达数据，各点之间的拓扑连接关系体现在程序语句中。

使用类向导在文档类中建立平行投影实现函数，并填入如下语句：

```
void CMyGraphicsDoc:: ParalleProjectCalculate ( CClientDC * pDC,
double xd, double yd, double zd)
    {
    //TODO: 在此处添加实现代码
    double ModeData[8][3]={     //建立立方体模型
        {100, 100, 100}, //A 点坐标
        {200, 100, 100}, //B 点坐标
        {200, 200, 100}, //C 点坐标
        {100, 200, 100}, //D 点坐标
        {100, 100, 200}, //A'点坐标
        {200, 100, 200}, //B'点坐标
        {200, 200, 200}, //C'点坐标
        {100, 200, 200} //D'点坐标
    };
    CPoint ProjectPoint[8]; //存放模型投影点
    //对模型逐点计算其投影坐标
    double x, y;
    x=xd / zd; y=yd / zd;
    for (int i=0; i < 8; i++) {
        ProjectPoint[i].x=ModeData[i][0]-x * ModeData[i][2]; //
计算 xp
        ProjectPoint[i].y=ModeData[i][1]-y * ModeData[i][2]; //
计算 yp
    }
    //绘制投影结果图
    pDC->SetROP2(R2_COPYPEN);
    //为了显示投影效果, 不同层次的线段用不同颜色
    //底层 ABCD 矩形用蓝色
    CPen pen;
    pen.CreatePen(PS_SOLID, 2, RGB(0, 0, 255));
    CPen *pOldPen=pDC->SelectObject(&pen);
     pDC-> MoveTo ( ProjectPoint [ 0]); pDC-> LineTo ( ProjectPoint
[1]); //直线 AB
```

```
            pDC-> MoveTo ( ProjectPoint [ 1 ]); pDC-> LineTo ( ProjectPoint
[ 2 ]); //直线 BC
            pDC-> MoveTo ( ProjectPoint [ 2 ]); pDC-> LineTo ( ProjectPoint
[ 3 ]); //直线 CD
            pDC-> MoveTo ( ProjectPoint [ 3 ]); pDC-> LineTo ( ProjectPoint
[ 0 ]); //直线 DA
        //上层 A'B'C'D'矩形用红色
        CPen pen1;
        pen1.CreatePen(PS_SOLID, 2, RGB(255, 0, 0));
        pDC->SelectObject(&pen1);
        pDC->MoveTo(ProjectPoint[4]); pDC->LineTo(ProjectPoint[5]);
//直线 A'B'
        pDC->MoveTo(ProjectPoint[5]); pDC->LineTo(ProjectPoint[6]);
//直线 B'C'
        pDC->MoveTo(ProjectPoint[6]); pDC->LineTo(ProjectPoint[7]);
//直线 C'D'
        pDC->MoveTo(ProjectPoint[7]); pDC->LineTo(ProjectPoint[4]);
//直线 D'A'
        //四条边棱用不同颜色
        CPen pen2;
        pen2.CreatePen(PS_SOLID, 2, RGB(255, 255, 0));
        pDC->SelectObject(&pen2);
        pDC->MoveTo(ProjectPoint[0]); pDC->LineTo(ProjectPoint[4]);
//直线 AA'
        CPen pen3;
        pen3.CreatePen(PS_SOLID, 2, RGB(255, 0, 255));
        pDC->SelectObject(&pen3);
        pDC->MoveTo(ProjectPoint[1]); pDC->LineTo(ProjectPoint[5]);
//直线 BB'
        CPen pen4;
        pen4.CreatePen(PS_SOLID, 2, RGB(0, 255, 255));
        pDC->SelectObject(&pen4);
        pDC->MoveTo(ProjectPoint[2]); pDC->LineTo(ProjectPoint[6]);
//直线 CC'
        CPen pen5;
        pen5.CreatePen(PS_SOLID, 2, RGB(0, 0, 0));
        pDC->SelectObject(&pen5);
```

```
    pDC->MoveTo(ProjectPoint[3]); pDC->LineTo(ProjectPoint[7]);
//直线 DD'
    pDC->SelectObject(pOldPen);
}
```

由于在对话框输入投影方向时已经对输入参数做了限制，这里的平行投影是自顶向下的平行投影。如果投影方向为(0，0，−1)，就是一个垂直投影，结果应该是一个正方形；如果投影方向的 x、y 分量不为0，则是一个斜平行投影，且 x、y 分量越大，倾斜程度越大。在输入投影方向时应该对投影结果有大致的预判。运行程序，可以看到不同参数的投影结果，如图6-3所示。

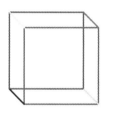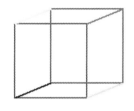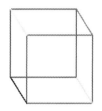

图 6-3　不同参数的平行投影结果

6.2　透视投影

6.2.1　算法分析

影响透视投影结果的因素有投影中心位置、投影平面位置以及模型位置。将投影平面固定为 $z=0$ 平面，设投影中心位置为 (x_c, y_c, z_c)，模型空间点坐标为 (x, y, z)，投影点坐标为 (x_p, y_p)，则可以写出以下关系式：

$$x_p = x_c + (x - x_c) \frac{z_c}{z_c - z}$$

$$y_p = y_c + (y - y_c) \frac{z_c}{z_c - z}$$

(6-2)

据此公式就可以计算出投影点了。透视投影结果受到投影中心位置 (x_c, y_c, z_c) 的影响。为了体现这种影响，用输入对话框由用户手工输入投影中心位置。该对话框与平行投影中使用的对话框十分类似，功能都是输入 (x_c, y_c, z_c) 三个分量，所不同的是平行投影中，这三个分量代表一个空间向量表示的投影方向，在透视投影中，这三个分量表示一个空间点。

为了显示投影效果，先建立一个 100×100×100 的正方体作为三维立体线框型数据模型，用 $ABCDA'B'C'D'$ 表示。将该模型坐标数据存放于一个模型数组中。用对话框输入投影中心，用式(6-2)将其投影到 $z=0$ 平面并显示。

6.2.2 编程实现

1. 对话框编制

在"资源视图"窗口"Dialog"文件夹中添加一个对话框,系统为该对话框赋予的 ID 为 IDD_DIALOG4。向对话框中添加所需控件,最终完成的对话框如图 6-4 所示。

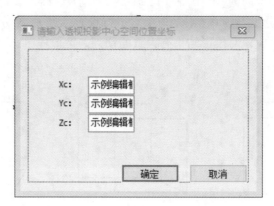

图 6-4　透视投影中心空间位置坐标输入对话框

为这个 ID 为 IDD_DIALOG4 的对话框建立一个对话框类,类名为 PerspectiveProject。在该类中,添加三个类型为 double 的双精度数值型变量 x_c、y_c、z_c,分别对应透视投影中心空间坐标$(x_c,\ y_c,\ z_c)$的三个分量,它们对应的控件依次是 IDC_EDIT1、IDC_EDIT2、IDC_EDIT3。为了确保投影结果不至于发生较大形变,限制投影中心在立方体的上方,并且倾斜角度不大。因此,x_c、y_c、z_c三个变量输入值分别限制在$[-300,\ 600]$、$[-300,\ 600]$、$[1000,\ 2000]$区间范围内。

2. 菜单响应函数建立

在视图类实现文件 CMyGraphicsView. cpp 中增添如下引用类定义文件:

```
#include "MyGraphicsDoc.h"
#include "MyGraphicsView.h"
#include "Scale.h"
#include "Shear.h"
#include "ParalleProject.h"
#include "PerspectiveProject.h"
```

在"投影"菜单项下建立子菜单项"透视投影",其菜单项 ID 确定为 ID_PROJECT_ PERSPECTIVE。用类向导在视图类为 ID_PROJECT_ PERSPECTIVE 建立菜单响应函数。与平行投影一样,该函数首先启动对话框,输入透视投影中心位置坐标,然后将该坐标三个分量作为参数传输到文档类透视投影算法实现函数中。填写的内容如下:

```
void CMyGraphicsView:: OnProjectPerspective()
{
    //TODO:在此添加命令处理程序代码
```

```
CMyGraphicsDoc * pDoc = GetDocument();  //获得文档类指针
CClientDC pDC(this);                    //定义当前绘图设备
CBrush brush(RGB(255, 255, 255));       //清除窗口内图形
pDC.FillRect(CRect(0, 0, 800, 800), &brush);
PerspectiveProject * pDlg = new PerspectiveProject();  //定义对
```
话框类对象
```
pDlg->xc = 200;  //设置系数初始值
pDlg->yc = 200;
pDlg->zc = 1500;
pDlg->DoModal();  //打开对话框
if (! UpdateData(true))//如果没有输入新数据，则直接退出
    return;
double xc = pDlg->xc;  //保留输入的数据
double yc = pDlg->yc;
double zc = pDlg->zc;
delete pDlg;  //关闭对话框，退出
pDoc->PerspectiveProjectCalculate(&pDC, xc, yc, zc);
}
```

3. 文档类透视投影函数实现

投影平面已经确定为 $z=0$ 平面，投影中心坐标已经由对话框获得，因此，文档类透视投影函数只需要建立三维线框模型，然后使用式(6-2)逐点计算出三维线框模型上的每一个点的投影点坐标值，最后根据拓扑连接关系，将必要的投影点用直线连接起来。

三维线框模型的八个点坐标用一个二维数组 ModeData 存储。为了简化问题，数组中只有单纯的点坐标，没有任何拓扑关系表达数据，各点之间的拓扑连接关系体现在程序语句中。

使用类向导在文档类中建立透视投影实现函数，并填入如下语句：
```
void CMyGraphicsDoc:: PerspectiveProjectCalculate(CClientDC *pDC,
double xc, double yc, double zc)
{
//TODO：在此处添加实现代码
double ModeData[8][3] = {  //建立立方体模型
    {100, 100, 100},  //A点坐标
    {200, 100, 100},  //B点坐标
    {200, 200, 100},  //C点坐标
    {100, 200, 100},  //D点坐标
    {100, 100, 200},  //A'点坐标
    {200, 100, 200},  //B'点坐标
```

```
        {200, 200, 200}, //C'点坐标
        {100, 200, 200} //D'点坐标
    };
    CPoint ProjectPoint[8]; //存放模型投影点
    //对模型逐点计算其投影坐标
    for (int i = 0; i < 8; i++) {
        ProjectPoint[i].x = xc + (ModeData[i][0] - xc) * zc/(zc
-ModeData[i][2]); //计算 xp
        ProjectPoint[i].y = yc + (ModeData[i][1] - yc) * zc/(zc
-ModeData[i][2]); //计算 yp
    }


    //绘制投影结果图
    pDC->SetROP2(R2_COPYPEN);
    //为了显示投影效果，不同层次的线段用不同颜色
    //底层 ABCD 矩形用蓝色
    CPen pen;
    pen.CreatePen(PS_SOLID, 2, RGB(0, 0, 255));
    CPen * pOldPen = pDC->SelectObject(&pen);
    pDC->MoveTo(ProjectPoint[0]); pDC->LineTo(ProjectPoint[1]);
//直线 AB
    pDC->MoveTo(ProjectPoint[1]); pDC->LineTo(ProjectPoint[2]);
//直线 BC
    pDC->MoveTo(ProjectPoint[2]); pDC->LineTo(ProjectPoint[3]);
//直线 CD
    pDC->MoveTo(ProjectPoint[3]); pDC->LineTo(ProjectPoint[0]);
//直线 DA
    //上层 A'B'C'D'矩形用红色
    CPen pen1;
    pen1.CreatePen(PS_SOLID, 2, RGB(255, 0, 0));
    pDC->SelectObject(&pen1);
    pDC->MoveTo(ProjectPoint[4]); pDC->LineTo(ProjectPoint[5]);
//直线 A'B'
    pDC->MoveTo(ProjectPoint[5]); pDC->LineTo(ProjectPoint[6]);
//直线 B'C'
    pDC->MoveTo(ProjectPoint[6]); pDC->LineTo(ProjectPoint[7]);
//直线 C'D'
```

```
    pDC->MoveTo(ProjectPoint[7]); pDC->LineTo(ProjectPoint[4]);
//直线 D'A'
    //四条边棱用不同颜色
    CPen pen2;
    pen2.CreatePen(PS_SOLID, 2, RGB(255, 255, 0));
    pDC->SelectObject(&pen2);
    pDC->MoveTo(ProjectPoint[0]); pDC->LineTo(ProjectPoint[4]);
//直线 AA'
    CPen pen3;
    pen3.CreatePen(PS_SOLID, 2, RGB(255, 0, 255));
    pDC->SelectObject(&pen3);
    pDC->MoveTo(ProjectPoint[1]); pDC->LineTo(ProjectPoint[5]);
//直线 BB'
    CPen pen4;
    pen4.CreatePen(PS_SOLID, 2, RGB(0, 255, 255));
    pDC->SelectObject(&pen4);
    pDC->MoveTo(ProjectPoint[2]); pDC->LineTo(ProjectPoint[6]);
//直线 CC'
    CPen pen5;
    pen5.CreatePen(PS_SOLID, 2, RGB(0, 0, 0));
    pDC->SelectObject(&pen5);
    pDC->MoveTo(ProjectPoint[3]); pDC->LineTo(ProjectPoint[7]);
//直线 DD'
    pDC->SelectObject(pOldPen);
}
```

运行程序，输入不同投影中心位置，可以看到不同的投影结果，如图 6-5 所示。

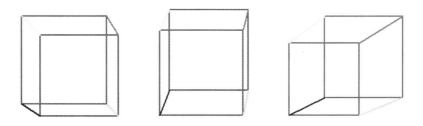

图 6-5　不同透视中心透视投影结果

133

6.3 简单投影

6.3.1 算法分析

在图 6-1 中，A 和 A' 两个投影点所对应的空间点具有 x、y 坐标相同、z 坐标不同的特点（分别是 $(0, 0, 0)$ 和 $(0, 0, h)$）。A 点位于投影面 $z=0$ 平面上。投影面上的点，将 z 坐标去掉，剩下的 (x, y) 就是它的投影结果。A' 点距离投影面 $z=0$ 平面有一个距离 h，它的投影点距离它在 $z=0$ 平面上的 (x, y) 点存在着 x、y 两个方向上的偏差，这两个偏差都与距离 h 成正比。事实上，任何两个空间点，它们的 (x, y) 坐标相同，但 z 坐标存在差异，它们在 $z=0$ 平面上的投影点在 x、y 两个方向上就存在偏差，距离投影面越远，偏差越大。只有垂直平行投影例外。同样的情况也存在于 B 和 B'、C 和 C'、D 和 D' 之间。这说明 z 坐标上的差异造成了具有同样 (x, y) 坐标的空间点在 $z=0$ 平面上的投影的不同。如果不考虑精确度，仅考虑 z 坐标的大小对 $z=0$ 平面投影造成的影响，能够快速画出具有立体效果的投影图，图 6-1 就是一例。姑且称这种方式为简单投影，它是一种将投影方向固化了的平行投影。简单投影可以简单快速显示三维空间物体，但只能用在仅仅观察立体效果、对真实性要求不高的场合。

观察图 6-1 可以发现，位于 $z=0$ 投影平面上的空间点，其投影位置仅由空间点的 x，y 坐标确定，即去掉 z 坐标就得到投影结果，如图 6-1 所示的 A、B、C、D 点；对于 z 坐标不等于 0 的空间点，其投影点位置相对于其二维点 (x, y) 有一个位置偏移，如图 6-1 所示的 A'、B'、C'、D' 点，且偏移量与 z 坐标数值成正比。由于简单投影只追求立体视觉效果，对准确性、真实性要求不高，这两个偏移比例可以按照实际情况估计着给出。因此，一个坐标为 (x, y, z) 的空间点在 XOY 平面上的简单投影坐标可以用如下公式计算：

$$x_p = x - K_x \cdot z \qquad y_p = y - K_y \cdot z \tag{6-3}$$

K_x 和 K_y 分别是两个预先设置的比例系数，可以相同，也可以不同。对比式(6-1)与式(6-3)，可以看到简单投影就是一种投影方向固化了的平行投影。

为了显示投影效果，设计一个实验。设计的步骤是：点击菜单进行简单投影，系统弹出一个对话框，输入两个方向的比例系数，将比例系数传入文档类处理函数，计算投影点，并画出投影图形。

6.3.2 编程实现

1. 对话框编制

在"资源视图"窗口"Dialog"文件夹中添加一个对话框，系统为该对话框赋予的 ID 为 IDD_DIALOG5。向对话框中添加所需控件，最终完成的对话框如图 6-6 所示。

为这个 ID 为 IDD_DIALOG5 的对话框建立一个对话框类，类名为 SimpleProject。在该类中，添加两个类型为 double 的双精度数值型变量 k_x、k_y，分别对应 X、Y 方向上的比例系数。它们对应的控件依次是 IDC_EDIT1、IDC_EDIT2。为了确保投影结果不至于发生较大形变，k_x、k_y 变量输入值分别限制在 $[-0.5, 0.5]$、$[-0.5, 0.5]$ 区间范围内。

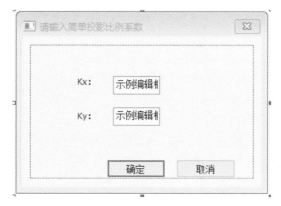

图 6-6　简单投影比例系数输入对话框

2. 菜单响应函数建立

在视图类实现文件 CMyGraphicsView. cpp 中增添如下引用类定义文件：

```
#include "MyGraphicsDoc.h"
#include "MyGraphicsView.h"
#include "Scale.h"
#include "Shear.h"
#include "ParalleProject.h"
#include "PerspectiveProject.h"
#include "SimpleProject.h"
```

在"投影"菜单项下建立子菜单项"简单投影"，其菜单项 ID 确定为 ID_PROJECT_ SIMPLE，用类向导在视图类为 ID_PROJECT_ SIMPLE 建立菜单响应函数。与平行投影一样，该函数首先启动对话框，输入比例系数，然后将两个比例系数作为参数传输到文档类简单投影算法实现函数中。填写的内容如下：

```
void CMyGraphicsView:: OnProjectPerspective( )
{
    //TODO：在此添加命令处理程序代码
    CMyGraphicsDoc * pDoc = GetDocument( ); //获得文档类指针
    CClientDC pDC( this );                       //定义当前绘图设备
    CBrush brush( RGB( 255, 255, 255 )); //清除窗口内图形
    pDC.FillRect( CRect( 0, 0, 800, 800 ), &brush );
    SimpleProject * pDlg = new SimpleProject( ); //定义对话框类对象
    pDlg->kx = 1; //设置系数初始值
    pDlg->ky = 1;
    pDlg->DoModal( ); //打开对话框
    if ( ! UpdateData( true )) //如果没有输入新数据，则直接退出
```

```
        return;
    double kx =pDlg->kx;  //保留输入的系数数据
    double ky =pDlg->ky;
    delete pDlg;  //关闭对话框, 退出
    pDoc->SimpleProjectCalculate(&pDC, kx, ky);
}
```

3. 文档类简单投影函数实现

投影平面依然为 $z=0$ 平面, 用于投影的三维线框模型已经建立, 然后运用式(6-3)逐点计算出三维线框模型上的每一个点的投影点坐标值(x_p, y_p), 最后根据拓扑连接关系, 将必要的投影点用直线连接起来。

使用类向导在文档类中建立简单投影实现函数, 并填入如下语句:

```
void CMyGraphicsDoc:: SimpleProjectCalculate ( CClientDC * pDC,
double kx, double ky)
    {
    //TODO: 在此处添加实现代码
    double ModeData[8][3]={ //建立立方体模型
        {100,100,100}, //A 点坐标
        {200,100,100}, //B 点坐标
        {200,200,100}, //C 点坐标
        {100,200,100}, //D 点坐标
        {100,100,200}, //A'点坐标
        {200,100,200}, //B'点坐标
        {200,200,200}, //C'点坐标
        {100,200,200} //D'点坐标
    };
    CPoint ProjectPoint[8]; //存放模型投影点
    //对模型逐点计算其投影坐标
    for (int i =0; i < 8; i++) {
        ProjectPoint[i].x =ModeData[i][0]-kx * ModeData[i][2]; //
计算 xp
        ProjectPoint[i].y =ModeData[i][1]-ky * ModeData[i][2]; //
计算 yp
    }
    //绘制投影结果图
    pDC->SetROP2(R2_COPYPEN);
    //为了显示投影效果, 不同层次的线段用不同颜色
    //底层 ABCD 矩形用蓝色
    CPen pen;
```

```
    pen.CreatePen(PS_SOLID, 2, RGB(0, 0, 255));
    CPen * pOldPen =pDC->SelectObject(&pen);
    pDC->MoveTo(ProjectPoint[0]); pDC->LineTo(ProjectPoint[1]);
// 直线 AB
    pDC->MoveTo(ProjectPoint[1]); pDC->LineTo(ProjectPoint[2]);
// 直线 BC
    pDC->MoveTo(ProjectPoint[2]); pDC->LineTo(ProjectPoint[3]);
// 直线 CD
    pDC->MoveTo(ProjectPoint[3]); pDC->LineTo(ProjectPoint[0]);
// 直线 DA
    //上层 A'B'C'D'矩形用红色
    CPen pen1;
    pen1.CreatePen(PS_SOLID, 2, RGB(255, 0, 0));
    pDC->SelectObject(&pen1);
    pDC->MoveTo(ProjectPoint[4]); pDC->LineTo(ProjectPoint[5]);
// 直线 A'B'
    pDC->MoveTo(ProjectPoint[5]); pDC->LineTo(ProjectPoint[6]);
// 直线 B'C'
    pDC->MoveTo(ProjectPoint[6]); pDC->LineTo(ProjectPoint[7]);
// 直线 C'D'
    pDC->MoveTo(ProjectPoint[7]); pDC->LineTo(ProjectPoint[4]);
// 直线 D'A'
    //四条边棱用不同颜色
    CPen pen2;
    pen2.CreatePen(PS_SOLID, 2, RGB(255, 255, 0));
    pDC->SelectObject(&pen2);
    pDC->MoveTo(ProjectPoint[0]); pDC->LineTo(ProjectPoint[4]);
// 直线 AA'
    CPen pen3;
    pen3.CreatePen(PS_SOLID, 2, RGB(255, 0, 255));
    pDC->SelectObject(&pen3);
    pDC->MoveTo(ProjectPoint[1]); pDC->LineTo(ProjectPoint[5]);
// 直线 BB'
    CPen pen4;
    pen4.CreatePen(PS_SOLID, 2, RGB(0, 255, 255));
    pDC->SelectObject(&pen4);
    pDC->MoveTo(ProjectPoint[2]); pDC->LineTo(ProjectPoint[6]);
// 直线 CC'
```

```
    CPen pen5;
    pen5.CreatePen(PS_SOLID, 2, RGB(0, 0, 0));
    pDC->SelectObject(&pen5);
    pDC->MoveTo(ProjectPoint[3]); pDC->LineTo(ProjectPoint[7]);
//直线 DD'
    pDC->SelectObject(pOldPen);
}
```

运行程序，输入不同参数，可以看到如图 6-7 所示的不同投影结果。

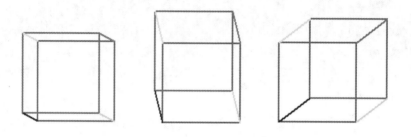

图 6-7　几种不同比例系数的简单投影结果

6.4　任意平面的投影

前述几种投影方式都是假设投影平面为 $z = 0$ 平面，但在实际应用中更多的投影平面是在世界坐标系中任意一个平面。为了解决实际问题，应该考虑针对任意平面的投影方法。

6.4.1　任意平面的投影

1. 任意平面投影的一般处理方法

在三维坐标系 $O\text{-}XYZ$ 中，首先确定一个平面作为投影面。在确定的投影平面上建立一个投影坐标系 $O'\text{-}X'Y'Z'$，并使 $O'\text{-}X'Y$ 平面与这个投影平面重合，则在世界坐标系中任意平面的投影就转化成在投影坐标系中对 $z' = 0$ 平面的投影，如图 6-8 所示。

在 $z' = 0$ 平面投影，其相应的投影计算方法在前面 3 节都已经介绍过，以前几种投影方式的公式和方法都可以继续使用。但要首先将世界坐标系中的模型变换到投影坐标系中，这就要首先建立世界坐标系到投影坐标系的变换矩阵。

投影平面是世界坐标系中的一个确定平面，投影平面的确定方法有很多，我们这里的确定方法是由一个给定的空间点 (x_0, y_0, z_0) 和给定的投影平面法线向量 (x_z, y_z, z_z)。据此建立投影坐标系，投影坐标系原点选为 (x_0, y_0, z_0)，投影坐标系 z' 轴方向选为 (x_z, y_z, z_z)，这样就保证了投影坐标系中的 $z' = 0$ 平面为投影平面。但这样的坐标系有无数个，仅确定 Z' 轴是不够的，还要确定 X'（或 Y'）轴，投影坐标系才能唯一地得到确定。我们以

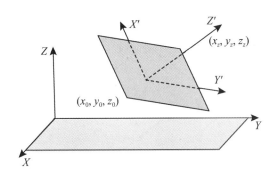

图 6-8　投影坐标系的确定

世界坐标系中 X(或 Y)轴在任意平面上的投影方向为投影坐标系的 X'(或 Y')轴,这样 X'(或 Y')轴就确定了。投影坐标系是右手规则坐标系,当 Z'轴与 X'(或 Y')轴确定以后,根据向量叉乘方法可以确定 Y'(或 X')轴,投影坐标系就唯一地确定了。

　　在投影坐标系建立以后,需要建立世界坐标系到投影坐标系的变换矩阵,以便把世界坐标系中的物理模型变换到投影坐标系中。我们已经知道,如果坐标系 $O'\text{-}X'Y'Z'$ 的原点在 $O\text{-}XYZ$ 坐标系的坐标为 $(x_0,\ y_0,\ z_0)$,X'轴、Y' 轴、Z' 轴在 $O\text{-}XYZ$ 坐标系中的单位向量分别为 $(a11,\ a12,\ a13)$、$(a21,\ a22,\ a23)$、$(a31,\ a32,\ a33)$,则 $O\text{-}XYZ$ 坐标系中的一个任意空间点 $(x,\ y,\ z)$ 在 $O'\text{-}X'Y'Z'$ 坐标系中的对应坐标 $(x',\ y',\ z')$ 可以通过式(6-4)计算。

$$[x'\ y'\ z'\ 1] = [x\ y\ z\ 1]\begin{bmatrix} 1 & 0 & 0 & 0 \\ 0 & 1 & 0 & 0 \\ 0 & 0 & 1 & 0 \\ -x_0 & -y_0 & -z_0 & 1 \end{bmatrix}\begin{bmatrix} a11 & a21 & a31 & 0 \\ a12 & a22 & a32 & 0 \\ a13 & a23 & a33 & 0 \\ 0 & 0 & 0 & 1 \end{bmatrix} \tag{6-4}$$

　　式(6-4)中后面两个矩阵之积就是世界坐标系到投影坐标系的变换矩阵,运用式(6-4)就可以将世界坐标系中的模型 $[x\ y\ z\ 1]$ 变换成投影坐标系中的模型 $[x'\ y'\ z'\ 1]$。再对模型 $[x'\ y'\ z'\ 1]$ 运用式(6-1)和式(6-2)进行平行和透视投影计算并绘图,就可以分别得到世界坐标系模型 $[x\ y\ z\ 1]$ 在任意平面上的平行投影和透视投影结果。

2. 变换矩阵的确定方法

　　要实现上述任意平面投影处理方法,首先要确立投影坐标系在世界坐标系中的方位:原点在哪里,各坐标轴的单位向量是什么,也就是要确定式(6-4)中的 $(x_0,\ y_0,\ z_0)$、$(a11,\ a12,\ a13)$、$(a21,\ a22,\ a23)$、$(a31,\ a32,\ a33)$ 这些参数。

　　将 Z'轴的矢量方向 $(X_z,\ Y_z,\ Z_z)$ 进行归一化,就得到 Z'轴的单位向量 $(a31,\ a32,\ a33)$,即

$$(a31,\ a32,\ a33) = \frac{(x_z,\ y_z,\ z_z)}{\sqrt{x_z^{\ 2} + y_z^{\ 2} + z_z^{\ 2}}} \tag{6-5}$$

再来计算 X'轴的单位向量。X'轴在投影平面中,X 轴在投影平面中的投影作为 X'轴。如图 6-9 所示,将 X 轴单位向量 $O'A$ 起点平移到投影坐标系原点 O',从 X 轴单位向

量的终点 A 向投影平面做垂线，与投影平面相交于 B 点。存在如下向量关系：

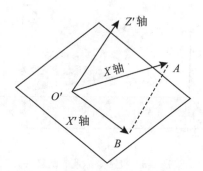

图 6-9 X 轴在投影平面中的投影

$$\vec{O'B} = \vec{O'A} - \vec{BA} \tag{6-6}$$

$\vec{O'B}$ 向量就是 X 轴在平面中的投影，也是表示 X' 轴方向的矢量。向量 $\vec{BA}$ 垂直于投影平面，与 Z' 轴平行，是 X 轴向量在 Z' 轴上的投影。我们首先计算出向量 $\vec{BA}$。根据向量计算原理，一个向量 $\vec{X}$ 在另一个向量 $\vec{Y}$ 上的投影结果仍然是一个向量，该向量的模等于向量 $\vec{X}$ 与向量 $\vec{Y}$ 的点积除以 $\vec{Y}$ 的模，该向量的方向为向量 $\vec{Y}$ 的方向。X 轴在世界坐标系中用单位向量 $(1, 0, 0)$ 表示，Z' 轴在世界坐标系中用单位向量 $(a31, a32, a33)$ 表示，所以向量 $\vec{BA}$ 模 的计算方法如下：

$$|\vec{BA}| = \frac{(1, 0, 0) \cdot (a31, a32, a33)}{\sqrt{a31^2 + a32^2 + a33^2}} = \frac{a31}{\sqrt{a31^2 + a32^2 + a33^2}} \tag{6-7}$$

因为向量 $\vec{BA}$ 方向与 Z' 轴相同，并且 $(a31, a32, a33)$ 是 Z' 轴单位向量，所以向量 $\vec{BA}$ 表示为

$$
\begin{aligned}
\vec{BA} &= \frac{a31}{\sqrt{a31^2 + a32^2 + a33^2}}(a31, a32, a33) \\
&= \left(\frac{a31^2}{\sqrt{a31^2 + a32^2 + a33^2}}, \frac{a31 \times a32}{\sqrt{a31^2 + a32^2 + a33^2}}, \frac{a31 \times a33}{\sqrt{a31^2 + a32^2 + a33^2}} \right)
\end{aligned} \tag{6-8}
$$

将 $\vec{O'A}$、$\vec{BA}$ 值代入式 (6-6)，有

$$
\begin{aligned}
\vec{O'B} &= \left(\frac{1 - a31^2}{\sqrt{a31^2 + a32^2 + a33^2}}, \frac{-a31 \times a32}{\sqrt{a31^2 + a32^2 + a33^2}}, \frac{-a31 \times a33}{\sqrt{a31^2 + a32^2 + a33^2}} \right) \\
&= (b1, b2, b3)
\end{aligned} \tag{6-9}
$$

将式 (6-9) 中三个分量进行归一化，就得到 X' 轴的单位向量 $(a11, a12, a13)$。

$$(a11, a12, a13) = \frac{(b1, b2, b3)}{\sqrt{b1^2 + b2^2 + b3^2}} \tag{6-10}$$

有一个例外，因为投影平面是任意的，各种可能都会出现。当 X 轴与投影平面垂直

时，OB 向量模为 0，以上计算方法不成立，X' 轴需要人为确定。此时，Z' 轴与 X 轴平行，其单位向量为 $(a31, 0, 0)$，$a31 = \pm1$。当 $a31 = -1$ 时，规定 $(a11, a12, a13) = (0, 1, 0)$，如图 6-10 所示；当 $a31 = 1$ 时，规定 $(a11, a12, a13) = (0, -1, 0)$。

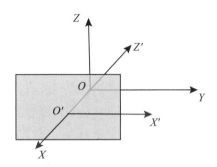

图 6-10 特殊情况下 X' 轴的确定

由 X' 轴和 Z' 轴的单位向量可以得到 Y' 轴的单位向量。因为是右手坐标系，Y' 轴的单位向量由 Z' 轴的单位向量叉乘 X' 轴的单位向量得到。

$$(a21, a22, a23) = (a31, a32, a33) \times (a11, a12, a13)$$

其对应计算式是

$$a21i + a22j + a23k = \begin{vmatrix} i & j & k \\ a31 & a32 & a33 \\ a11 & a12 & a13 \end{vmatrix} \tag{6-11}$$

即

$$\begin{aligned} a21 &= a13 \times a32 - a12 \times a33 \\ a22 &= a11 \times a33 - a13 \times a31 \\ a23 &= a12 \times a31 - a11 \times a32 \end{aligned} \tag{6-12}$$

到此，式 (6-4) 中所有 12 个参数都得到。

在很多实际应用中，投影平面也是显示或绘图设备的平面，而显示、绘图设备有自己的设备坐标系，投影结果应该与显示设备坐标系匹配。实际上，这些应用中，任意投影平面就是根据设备位置、姿态来定的，投影平面就是设备的显示平面，空间点 (x_0, y_0, z_0) 就是显示设备在世界坐标系中的位置，前面所计算的投影坐标系只要再围绕 Z' 轴旋转一个角度就与设备坐标系完全重合，因此，式 (6-4) 再加上一个绕 Z' 轴旋转 α 角度，物体就直接投影到设备坐标系显示平面。为此，对式 (6-4) 做如下修改：

$$[x'\ y'\ z'\ 1] = [x\ y\ z\ 1] \begin{bmatrix} 1 & 0 & 0 & 0 \\ 0 & 1 & 0 & 0 \\ 0 & 0 & 1 & 0 \\ -x_0 & -y_0 & -z_0 & 1 \end{bmatrix}$$

$$\begin{bmatrix} a11 & a21 & a31 & 0 \\ a12 & a22 & a32 & 0 \\ a13 & a23 & a33 & 0 \\ 0 & 0 & 0 & 1 \end{bmatrix} \begin{bmatrix} \cos\alpha & \sin\alpha & 0 & 0 \\ -\sin\alpha & \cos\alpha & 0 & 0 \\ 0 & 0 & 1 & 0 \\ 0 & 0 & 0 & 1 \end{bmatrix} \tag{6-13}$$

为了减少计算量，将 3 个矩阵合并，得到

$$[x'\ y'\ z'\ 1] = [x\ y\ z\ 1] \begin{bmatrix} b11 & b21 & b31 & b41 \\ b12 & b22 & b32 & b42 \\ b13 & b23 & b33 & b43 \\ b14 & b24 & b34 & b44 \end{bmatrix} \tag{6-14}$$

在各参数已经计算出来时，运用式(6-14)，就可以将世界坐标系物体变换到投影坐标系。这里涉及世界坐标系和投影坐标系两个坐标系，为了区分，世界坐标系的模型用 $[x\ y\ z\ 1]$ 表示，投影坐标系的模型用 $[x'\ y'\ z'\ 1]$ 表示。简单地说，就是带撇的是投影坐标系数据，不带撇的是世界坐标系数据，式(6-13)、式(6-14)已经运用了这种规定。

6.4.2 任意平面透视投影

1. 算法分析

在任意平面参数 (x_0, y_0, z_0) 和 (x_z, y_z, z_z) 以及 α 角已知的情况下，可以用上述公式求出式(6-13)中的变换矩阵；利用该变换矩阵将物体模型从世界坐标系变换到投影坐标系；利用式(6-2)计算物体模型各点的投影点，按照拓扑关系将必要的投影点连接起来，就得到了物体模型的透视投影结果。

式(6-2)其实是投影坐标系中透视投影计算公式，其中的物体模型上的物点、透视投影中心都是投影坐标系中的坐标，因此所有的变量都应该加上撇号，式(6-2)改写成式(6-15)。

$$x'_p = x'_c + (x' - x'_c) \frac{z'_c}{z'_c - z'}$$
$$y'_p = y'_c + (y' - y'_c) \frac{z'_c}{z'_c - z'} \tag{6-15}$$

式(6-15)不是线性的，无法用矩阵来表示，原因是分母中有变量 z'，需要首先去掉分母。等式两边同时乘以分母，式(6-15)变换成线性关系：

$$x'_q = (z'_c - z') x'_p = x'_c(z'_c - z') + (x' - x'_c)z'_c$$
$$y'_q = (z'_c - z') y'_p = y'_c(z'_c - z') + (y' - y'_c)z'_c$$

令 $q = z'_c - z'$，则可以用矩阵表示：

$$[x'_q\ \ y'_q\ \ q] = [x'\ \ y'\ \ z'\ \ 1] \begin{bmatrix} z'_c & 0 & 0 \\ 0 & z'_c & 0 \\ -x'_c & -y'_c & -1 \\ 0 & 0 & z'_c \end{bmatrix} \tag{6-16}$$

(x'_q, y'_q) 不是投影点，作如下计算得到投影点：

$$x'_p = x'_q \div q \qquad y'_p = y'_q \div q \tag{6-17}$$

将式(6-14)代入式(6-16)，得到

$$
[x'_q \quad y'_q \quad q] = [x \quad y \quad z \quad 1]
\begin{bmatrix}
b11 & b21 & b31 & b41 \\
b12 & b22 & b32 & b42 \\
b13 & b23 & b33 & b43 \\
b14 & b24 & b34 & b44
\end{bmatrix}
\begin{bmatrix}
z'_c & 0 & 0 \\
0 & z'_c & 0 \\
-x'_c & -y'_c & -1 \\
0 & 0 & z'_c
\end{bmatrix}
\tag{6-18}
$$

该式中的(x'_c, y'_c, z'_c)是透视投影中心点在投影坐标系中的坐标，而给出的已知条件是透视投影中心在世界坐标系中的坐标(x_c, y_c, z_c)，因此要利用式(6-14)首先求出(x'_c, y'_c, z'_c)。

$$
[x'_c \quad y'_c \quad z'_c \quad 1] = [x_c \quad y_c \quad z_c \quad 1]
\begin{bmatrix}
b11 & b21 & b31 & b41 \\
b12 & b22 & b32 & b42 \\
b13 & b23 & b33 & b43 \\
b14 & b24 & b34 & b44
\end{bmatrix}
\tag{6-19}
$$

将式(6-19)计算出的结果代入式(6-18)，然后合并相乘矩阵，得到世界坐标系物体模型坐标到(x'_q, y'_q)的直接变换矩阵：

$$
[x'_q \quad y'_q \quad q] = [x \quad y \quad z \quad 1]
\begin{bmatrix}
c11 & c21 & c31 \\
c12 & c22 & c32 \\
c13 & c23 & c33 \\
c14 & c24 & c34
\end{bmatrix}
\tag{6-20}
$$

任意平面透视投影方法总结如下：

(1)根据平面法线方向(x_z, y_z, z_z)由式(6-5)计算出Z'轴单位向量$(a31, a32, a33)$；根据$(a31, a32, a33)$由式(6-9)、式(6-10)计算出X'轴单位向量$(a11, a12, a13)$；根据$(a31, a32, a33)$、$(a11, a12, a13)$由式(6-12)计算出Y'轴单位向量$(a21, a22, a23)$；

(2)根据给定的α角、平面上一点(x_0, y_0, z_0)和平面法线方向(x_z, y_z, z_z)，由式(6-13)计算世界坐标系到投影坐标系的变换矩阵：

$$
\begin{bmatrix}
b11 & b21 & b31 & b41 \\
b12 & b22 & b32 & b42 \\
b13 & b23 & b33 & b43 \\
b14 & b24 & b34 & b44
\end{bmatrix}
$$

(3)由式(6-19)计算透视投影中心在投影坐标系中的坐标(x'_c, y'_c, z'_c)；

(4)坐标(x'_c, y'_c, z'_c)计算结果代入式(6-18)，合并矩阵，计算将世界坐标系中物点投影到投影平面像点的直接变换矩阵：

$$
\begin{bmatrix}
c11 & c21 & c31 \\
c12 & c22 & c32 \\
c13 & c23 & c33 \\
c14 & c24 & c34
\end{bmatrix}
$$

(5)由式(6-20)、式(6-17)计算每个模型空间点(x, y, z)的投影点(x'_p, y'_p)；

（6）按照物体模型的拓扑关系将需要连接的投影点用直线连接起来。

2. 编程实现

1）对话框编制

在"资源视图"窗口"Dialog"文件夹中添加一个对话框，系统为该对话框赋予的 ID 为 IDD_DIALOG6。向对话框中添加所需控件，最终完成的对话框如图 6-11 所示。

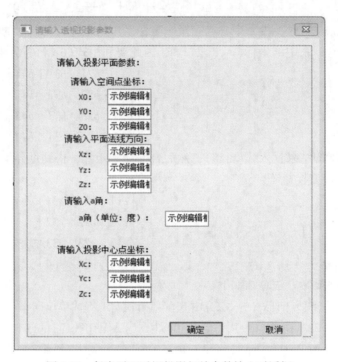

图 6-11　任意平面透视投影相关参数输入对话框

为这个 ID 为 IDD_DIALOG6 的对话框建立一个对话框类，类名为 ProjectPerspective2。在该类中，添加类型为 double 的双精度数值型 10 个变量。其中，(x_0, y_0, z_0) 为投影平面上的一个空间点在世界坐标系中的坐标，(x_z, y_z, z_z) 为投影平面的法向量在世界坐标系中的向量值。投影坐标系是以 (x_0, y_0, z_0) 为原点、以 (x_z, y_z, z_z) 为 Z' 轴建立的，投影平面为 $z'=0$。α 角是坐标系 $O'\_X'Y'Z'$ 绕 Z' 轴的旋转角，(x_c, y_c, z_c) 为投影中心在世界坐标系中的坐标值。由于参数很多，参数值的设置很难保证投影结果落入计算机显示屏幕范围内，因此，不再设置变量的限制范围。为了能够看到投影结果，在显示前，对投影结果进行缩放、平移变换，将投影结果固定在显示平面(100, 100)到(500, 500)范围内。

2）菜单响应函数建立

在视图类实现文件 CMyGraphicsView. cpp 中增添如下引用类定义文件：

```
#include "MyGraphicsDoc.h"
#include "MyGraphicsView.h"
#include "Scale.h"
```

```
#include "Symmetry.h"
#include "ParalleProject.h"
#include "PerspectiveProject.h"
#include "SimpleProject.h"
#include "ProjectPerspective2.h"
```

在"投影"菜单项下建立子菜单"任意平面投影"，在该子菜单下建立"透视投影"子菜单项，其菜单项 ID 设置为 ID_PROJECT_PERSPECTIVE2。用类向导在视图类为 ID_PROJECT_PERSPECTIVE2 建立菜单响应函数。该函数首先启动对话框，输入各种参数，然后将参数传输到文档类任意平面透视投影算法实现函数中。填写的内容如下：

```
void CMyGraphicsView:: OnProjectPerspective2()
{
    //TODO：在此添加命令处理程序代码
    CMyGraphicsDoc * pDoc =GetDocument(); //获得文档类指针
    CClientDC pDC(this);                  //定义当前绘图设备
    CBrush brush(RGB(255, 255, 255)); //清除窗口内图形
    pDC.FillRect(CRect(0, 0, 800, 800), &brush);
    ProjectPerspective2 * pDlg =new ProjectPerspective2(); //定义
对话框类对象
    pDlg->x0 =200； //设置系数初始值
    pDlg->y0 =200;
    pDlg->z0 =200;
    pDlg->xz =1;
    pDlg->yz =1;
    pDlg->zz =1;
    pDlg->xc =500;
    pDlg->yc =500;
    pDlg->zc =800;
    pDlg->a =0;
    pDlg->DoModal(); //打开对话框
    if (! UpdateData(true))//如果没有输入新数据，则直接退出
        return;
    double x0 =pDlg->x0; //保留输入的数据
    double y0 =pDlg->y0;
    double z0 =pDlg->z0;
    double xz =pDlg->xz;
    double yz =pDlg->yz;
    double zz =pDlg->zz;
    double xc =pDlg->xc;
```

```
    double yc =pDlg->yc;
    double zc =pDlg->zc;
    double a =pDlg->a;
    delete pDlg; //关闭对话框，退出
    pDoc->ProjectPerspective2Calculate(&pDC, x0, y0, z0, xz, yz,
zz, a, xc, yc, zc);
}
```

3) 文档类任意平面透视投影函数实现

函数首先利用传入参数 x_z、y_z、z_z 计算 Z' 轴单位向量（$a31$，$a32$，$a33$），再利用这三个参数计算 X' 轴单位向量（$a11$，$a12$，$a13$），进而计算出 Y' 轴单位向量（$a21$，$a22$，$a23$）。然后，用三个坐标轴的单位向量参数和传入的（x_0，y_0，z_0）以及 a 参数计算出世界坐标系到投影坐标系的变换矩阵。利用这个变换矩阵，将世界坐标系中的投影中心变换到投影坐标系中，就可以利用式(6-19)和式(6-16)完成从世界坐标系物体框架物点到投影平面上投影点的计算。

在完成这种计算之前，首先要进行一些矩阵合并计算。这里的矩阵合并有两个 4×4 矩阵相乘合并和一个 4×4 矩阵与一个 4×3 矩阵相乘两种合并计算。我们已经有了两个 3×3 矩阵相乘合并计算函数，可以照此编制这两个矩阵相乘计算函数。

在文档类中分别添加 M4×M4 和 M4×M3 两个函数，并添加如下语句：

//4×4 矩阵 D1 左乘 4×4 矩阵 D2，结果存入 4×4 矩阵 D

```
void CMyGraphicsDoc:: M4xM4 (double D[4][4], double D1[4][4],
double D2[4][4])
{
    //TODO：在此处添加实现代码
    for (int i =0; i < 4; i++) {
        for (int j =0; j < 4; j++) {
            D[i][j] =0.0;
            for (int k =0; k < 4; k++)
                D[i][j] +=D1[i][k] * D2[k][j];
        }
    }
    return;
}
```

//4×4 矩阵 D1 左乘 4×3 矩阵 D2，结果存入 4×3 矩阵 D

```
void CMyGraphicsDoc:: M4xM3 (double D[4][3], double D1[4][4],
double D2[4][3])
{
```

```
//TODO: 在此处添加实现代码
for (int i=0; i < 4; i++) {
    for (int j=0; j < 3; j++) {
        D[i][j]=0.0;
        for (int k=0; k < 4; k++)
            D[i][j] +=D1[i][k] * D2[k][j];
    }
}
return;
```
}

注意，系统自动生成的函数可能与本处函数形式不同，需要手工修改，将程序中的函数形式修改成本处所示形式，还要对 CMyGraphicsDoc.h 头文件中两个函数的定义做相应修改。

```
public:
    CPoint FindNearestPoint(int x1, int y1, int x2, int y2, int xl,
int xr, int yu, int yd);
    void LiangCut(CClientDC * pDoc, int xl, int xr, int yu, int yd);
    void WindowCut(CClientDC * pDoc, int xl, int xr, int yu, int yd);
    void EdgeClippingByXL(int XL);
    void EdgeClippingByXR(int XR);
    void EdgeClippingByYU(int YU);
    void EdgeClippingByYD(int YD);
    void RotateTranslate(CClientDC * pDC, double a);
    void MxM(double D[3][3], double D1[3][3], double D2[3][3]);
    void DrawOriginalMap(CClientDC * pDC);
    void MoveTranslate(CClientDC * pDC, int tx, int ty);
    void ScaleTranslate(CClientDC * pDC, double x, double y);
    void SymmetryTranslate(CClientDC * pDC, double a, int x0, int
y0);
     void ShearTranslate(CClientDC * pDC, double a, int x, int y,
double s);
    void ParalleProjectCalculate(CClientDC * pDC, double xd, double
yd, double zd);
     void PerspectiveProjectCalculate(CClientDC * pDC, double xc,
double yc, double zc);
    void SimpleProjectCalculate(CClientDC * pDC, double kx, double
ky);
    void ProjectPerspective2Calculate(CClientDC * pDC, double x0,
```

147

double y0, double z0, double xz, double yz, double zz, double a, double xc, double yc, double zc);

```
    void M4xM4(double D[4][4], double D1[4][4], double D2[4][4]);
    void M4xM3(double D[4][3], double D1[4][4], double D2[4][3]);
```

在完成了将世界坐标系中物点投影到投影平面像点的直接变换矩阵的计算后,就可以对世界坐标系中的模型直接进行投影计算了。模型还是那个存放在 ModeGroup[] 数组中的线框正方体。对该模型每个点进行投影计算,投影结果存放在一个数组中。

因为参数多的因素,投影数值很可能超出了显示器显示区域范围,导致投影结果看不到。为了避免这种情况,在显示前对投影结果数据进行处理。找出投影结果数值中最大、最小的 x、y 值,通过缩放、平移,将投影结果放在(100,100)~(500,500)方框范围内,然后按照立方体物体线框拓扑关系,将对应的投影点用直线连接起来。

用类向导在文档类中增加任意平面透视投影计算函数,然后在其中添加如下语句:

void CMyGraphicsDoc:: ProjectPerspective2Calculate (CClientDC *pDC, double x0, double y0, double z0, double xz, double yz, double zz, double a, double xc, double yc, double zc)

```
    {
    //TODO: 在此处添加实现代码
    double a11, a12, a13, a21, a22, a23, a31, a32, a33;

    a=a /180.0 * 3.1415926; //角度化为弧度

    //计算 z'轴单位向量
    double d=sqrt(xz * xz+yz * yz+zz * zz);
    a31=xz /d; a32=yz /d; a33=zz /d;
    //计算 x'轴单位向量
    if (a32==0 && a33==0) {
        if (a31 > 0) {
            a11=0; a12=-1; a13=0;
        }
        else {
            a11=0; a12=1; a13=0;
        }
    }
    else {
        double b1=1.0-a31 * a31;
        double b2=-a31 * a32;
        double b3=-a31 * a33;
        d=sqrt(b1 * b1+b2 * b2+b3 * b3);
```

```
        a11 = b1 / d;
        a12 = b2 / d;
        a13 = b3 / d;
    }
    //计算 Y'轴单位向量
    a21 = a32 * a13 - a33 * a12;
    a22 = a33 * a11 - a31 * a13;
    a23 = a31 * a12 - a32 * a11;

    //计算从世界坐标系到投影坐标系的变换矩阵
    double D[4][4];
    double D1[4][4] = { { 1, 0, 0, 0}, {0, 1, 0, 0}, {0, 0, 1, 0},
{-x0, -y0, -z0, 1} };
    double D2[4][4] = { {a11, a21, a31, 0}, {a12, a22, a32, 0},
{a13, a23, a33, 0}, {0, 0, 0, 1} };
    double D3[4][4] = { {cos(a), sin(a), 0, 0}, {-sin(a), cos(a),
0, 0}, {0, 0, 1, 0}, {0, 0, 0, 1} };
    //计算复合矩阵 D = D1xD2xD3
    //首先计算 D = D1xD2
    M4xM4(D, D1, D2);
    //将矩阵 D 中值转移到矩阵 D1
    for (int i = 0; i < 4; i++)
        for (int j = 0; j < 4; j++)
            D1[i][j] = D[i][j];
    //再计算 D = D1xD3
    M4xM4(D, D1, D3);  //坐标系变换矩阵为 D

    //将投影中心点从世界坐标系转换到投影坐标系
    double xc1 = xc * D[0][0] + yc * D[1][0] + zc * D[2][0] + D[3][0];
    double yc1 = xc * D[0][1] + yc * D[1][1] + zc * D[2][1] + D[3][1];
    double zc1 = xc * D[0][2] + yc * D[1][2] + zc * D[2][2] + D[3][2];

    //计算将世界坐标系中物点投影到投影平面像点的直接变换矩阵
    double E[4][3];
    double E2[4][3] = { { zc1, 0, 0}, {0, zc1, 0}, {-xc1, -yc1, -1},
{0, 0, zc1} };
    M4xM3(E, D, E2);  //直接变换矩阵为 E
```

```
//对模型逐点计算其投影坐标
double ModeData[8][3]={ //建立立方体模型
    {100, 100, 100}, //A 点坐标
    {200, 100, 100}, //B 点坐标
    {200, 200, 100}, //C 点坐标
    {100, 200, 100}, //D 点坐标
    {100, 100, 200}, //A' 点坐标
    {200, 100, 200}, //B' 点坐标
    {200, 200, 200}, //C' 点坐标
    {100, 200, 200} //D' 点坐标
};
CPoint ProjectPoint[8]; //存放模型投影点
for (int i=0; i < 8; i++) {
    double xq=ModeData[i][0] * E[0][0]+ModeData[i][1] * E[1][0]
+ModeData[i][2] * E[2][0]+E[3][0];
    double yq=ModeData[i][0] * E[0][1]+ModeData[i][1] * E[1][1]
+ModeData[i][2] * E[2][1]+E[3][1];
    double q=ModeData[i][0] * E[0][2]+ModeData[i][1] * E[1][2]
+ModeData[i][2] * E[2][2]+E[3][2];
    ProjectPoint[i].x=xq/q; //计算 xp
    ProjectPoint[i].y=yq/q; //计算 yp
}
//将投影结果变换到显示区范围
double xmin, ymin, xmax, ymax;
xmin=100000; ymin=100000;
xmax=-100000; ymax=-100000;
for (int i=0; i < 8; i++) {
    if (ProjectPoint[i].x < xmin)xmin=ProjectPoint[i].x;
    if (ProjectPoint[i].x > xmax)xmax=ProjectPoint[i].x;
    if (ProjectPoint[i].y < ymin)ymin=ProjectPoint[i].y;
    if (ProjectPoint[i].y > ymax)ymax=ProjectPoint[i].y;
}
double kx=400.0 /(xmax-xmin);
double ky=400.0 /(ymax-ymin);
double k;
if (kx > ky)k=ky;
if (kx < ky)k=kx;
for (int i=0; i < 8; i++) {
```

```
    ProjectPoint[i].x=100+(ProjectPoint[i].x-xmin)*k;
    ProjectPoint[i].y=100+(ProjectPoint[i].y-ymin)*k;
}


//绘制投影结果图
pDC->SetROP2(R2_COPYPEN);
//为了显示投影效果，不同线段用不同颜色
//底层 ABCD 矩形用蓝色
CPen pen;
pen.CreatePen(PS_SOLID,2,RGB(0,0,255));
CPen *pOldPen=pDC->SelectObject(&pen);
pDC->MoveTo(ProjectPoint[0]); pDC->LineTo(ProjectPoint[1]);
//直线 AB
    pDC->MoveTo(ProjectPoint[1]); pDC->LineTo(ProjectPoint[2]);
//直线 BC
    pDC->MoveTo(ProjectPoint[2]); pDC->LineTo(ProjectPoint[3]);
//直线 CD
    pDC->MoveTo(ProjectPoint[3]); pDC->LineTo(ProjectPoint[0]);
//直线 DA
    //上层 A'B'C'D'矩形用红色
    CPen pen1;
    pen1.CreatePen(PS_SOLID,2,RGB(255,0,0));
    pDC->SelectObject(&pen1);
    pDC->MoveTo(ProjectPoint[4]); pDC->LineTo(ProjectPoint[5]);
//直线 A'B'
    pDC->MoveTo(ProjectPoint[5]); pDC->LineTo(ProjectPoint[6]);
//直线 B'C'
    pDC->MoveTo(ProjectPoint[6]); pDC->LineTo(ProjectPoint[7]);
//直线 C'D'
    pDC->MoveTo(ProjectPoint[7]); pDC->LineTo(ProjectPoint[4]);
//直线 D'A'
    //四条边棱用不同颜色
    CPen pen2;
    pen2.CreatePen(PS_SOLID,2,RGB(255,255,0));
    pDC->SelectObject(&pen2);
    pDC->MoveTo(ProjectPoint[0]); pDC->LineTo(ProjectPoint[4]);
//直线 AA'
    CPen pen3;
```

```
        pen3.CreatePen(PS_SOLID, 2, RGB(255, 0, 255));
        pDC->SelectObject(&pen3);
        pDC->MoveTo(ProjectPoint[1]); pDC->LineTo(ProjectPoint[5]);
// 直线 BB'
        CPen pen4;
        pen4.CreatePen(PS_SOLID, 2, RGB(0, 255, 255));
        pDC->SelectObject(&pen4);
        pDC->MoveTo(ProjectPoint[2]); pDC->LineTo(ProjectPoint[6]);
// 直线 CC'
        CPen pen5;
        pen5.CreatePen(PS_SOLID, 2, RGB(0, 0, 0));
        pDC->SelectObject(&pen5);
        pDC->MoveTo(ProjectPoint[3]); pDC->LineTo(ProjectPoint[7]);
// 直线 DD'
        pDC->SelectObject(pOldPen);
}
```

运行程序，输入不同参数，查看效果，如图 6-12 所示。输入参数时，可以想象一下投影结果，然后与程序计算结果做对比。

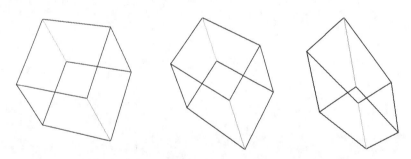

图 6-12　几种不同参数的任意平面透视投影结果

6.4.3　任意平面平行投影

1. 算法分析

平行投影与透视投影一样，也需要建立基于任意平面的投影坐标系，建立条件和方法与透视投影所用方法完全一样，从世界坐标系到投影坐标系的变换矩阵也完全一样。所不同的是，平行投影给出的是投影方向(x_d, y_d, z_d)而不是投影中心(x_c, y_c, z_c)，两者的投影公式也不同。投影方向(x_d, y_d, z_d)是在世界坐标系中的向量方向，在运用平行投影公式前，同样需要变换到投影坐标系中，用(x_d', y_d', z_d')进行投影计算。

与透视投影一样，投影坐标系中的坐标变量都加撇号，式(6-1)改写成了式(6-21)，式(6-21)就是我们所建立的投影坐标系$O'\_X'Y'Z'$中的平行投影公式。

$$x'_p = x' - \frac{x'_d}{z'_d} z'$$

$$y'_p = y' - \frac{y'_d}{z'_d} z'$$

(6-21)

式(6-21)用矩阵表示如下:

$$[x'_p \quad y'_p \quad 1] = [x' \quad y' \quad z' \quad 1]\begin{bmatrix} 1 & 0 & 0 \\ & & \\ -\dfrac{x_d}{z'_d}' & -\dfrac{y'_d}{z'_d} & 0 \\ & & \\ 0 & 0 & 1 \end{bmatrix}$$

(6-22)

将式(6-14)代入式(6-22):

$$[x'_p \quad y'_p \quad 1] = [x\ y\ z\ 1]\begin{bmatrix} b11 & b21 & b31 & b41 \\ b12 & b22 & b32 & b42 \\ b13 & b23 & b33 & b43 \\ b14 & b24 & b34 & b44 \end{bmatrix}\begin{bmatrix} 1 & 0 & 0 \\ 0 & 1 & 0 \\ -\dfrac{x'_d}{z'_d} & -\dfrac{y'_d}{z'_d} & 0 \\ 0 & 0 & 1 \end{bmatrix}$$

(6-23)

该式中的投影方向$(x'_d,\ y'_d,\ z'_d)$是投影坐标系中的参数,而给出的已知条件是投影方向在世界坐标系中的坐标$(x_d,\ y_d,\ z_d)$,因此要利用式(6-14)首先求出$(x'_d,\ y'_d,\ z'_d)$。

$$[x'_d \quad y'_d \quad z'_d \quad 1] = [x_d \quad y_d \quad z_d \quad 1]\begin{bmatrix} b11 & b21 & b31 & b41 \\ b12 & b22 & b32 & b42 \\ b13 & b23 & b33 & b43 \\ b14 & b24 & b34 & b44 \end{bmatrix}$$

(6-24)

将式(6-24)计算结果代入式(6-23),合并相乘矩阵,得到世界坐标系物体模型坐标$(x,\ y,\ z)$到平行投影坐标$(x'_p,\ y'_p)$的直接变换矩阵:

$$[x'_p \quad y'_p \quad 1] = [x\ y\ z\ 1]\begin{bmatrix} c11 & c21 & c31 \\ c12 & c22 & c32 \\ c13 & c23 & c33 \\ c14 & c24 & c34 \end{bmatrix}$$

(6-25)

任意平面平行投影方法总结如下:

(1)根据投影平面法线方向$(x_z,\ y_z,\ z_z)$由式(6-5)计算出Z'轴单位向量$(a31,\ a32,\ a33)$;根据$(a31,\ a32,\ a33)$由式(6-9)、式(6-10)计算出X'轴单位向量$(a11,\ a12,\ a13)$;根据$(a31,\ a32,\ a33)$、$(a11,\ a12,\ a13)$由式(6-12)计算出Y'轴单位向量$(a21,\ a22,\ a23)$;

(2)根据给定的α角、平面上一点$(x_0,\ y_0,\ z_0)$和x'轴、y'轴、z'轴单位向量,由式(6-13)计算世界坐标系到投影坐标系的变换矩阵:

$$\begin{bmatrix} b11 & b21 & b31 & b41 \\ b12 & b22 & b32 & b42 \\ b13 & b23 & b33 & b43 \\ b14 & b24 & b34 & b44 \end{bmatrix}$$

（3）由式(6-24)计算平行投影方向参数(x_d, y_d, z_d)在投影坐标系中的参数(x_d', y_d', z_d')；

（4）将计算的参数(x_d', y_d', z_d')代入式(6-23)，计算将世界坐标系中物点投影到投影平面像点的直接变换矩阵；

$$\begin{bmatrix} c11 & c21 & c31 \\ c12 & c22 & c32 \\ c13 & c23 & c33 \\ c14 & c24 & c34 \end{bmatrix}$$

（5）由式(6-25)计算每个模型空间点(x, y, z)的投影点(x_p', y_p')；

（6）按照物体模型的拓扑关系将需要连接的投影点用直线连接起来。

2. 编程实现

1）对话框编制

在"资源视图"窗口"Dialog"文件夹中添加一个对话框，系统为该对话框赋予的 ID 为 IDD_DIALOG7。向对话框中添加所需控件，最终完成的对话框如图 6-13 所示。

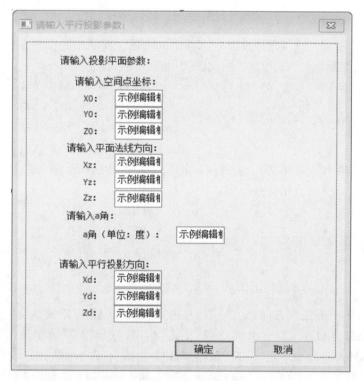

图 6-13　任意平面平行投影相关参数输入对话框

为这个 ID 为 IDD_DIALOG7 的对话框建立一个对话框类，类名为 ProjectParalle2。在该类中，添加类型为 double 的双精度数值型 10 个变量。除了投影中心参数(x_c, y_c, z_c)换成了平行投影方向(x_d, y_d, z_d)，其他七个参数与前面的透视投影完全一样。这 10 个参数的作用是建立投影坐标系以及世界坐标系向投影坐标系的变换，其处理方法与前面的透视投影也完全一样。同样，为了将投影结果固定在显示平面(100，100)到(500，500)范围内，对投影计算结果进行了缩放、平移处理，其方法也与前面的透视投影一样。

2)菜单响应函数建立

在视图类实现文件CMyGraphicsView. cpp中增添如下引用类定义文件：

```
#include "MyGraphicsDoc.h"
#include "MyGraphicsView.h"
#include "Scale.h"
#include "Symmetry.h"
#include "ParalleProject.h"
#include "PerspectiveProject.h"
#include "SimpleProject.h"
#include "ProjectPerspective2.h"
#include "ProjectParalle2.h"
```

在"投影"菜单项下的子菜单"任意平面投影"下建立"平行投影"子菜单项，其菜单项ID设置为ID_PROJECT_PARALLE2。用类向导在视图类为ID_PROJECT _ PARALLE2建立菜单响应函数。该函数首先启动对话框，输入各种参数，然后将参数传输到文档类任意平面平行投影算法实现函数中。填写的内容如下：

```
void CMyGraphicsView:: OnProjectParalle2()
{
    //TODO：在此添加命令处理程序代码
    CMyGraphicsDoc * pDoc =GetDocument(); //获得文档类指针
    CClientDC pDC(this);                  //定义当前绘图设备
    CBrush brush(RGB(255,255,255)); //清除窗口内图形
    pDC.FillRect(CRect(0,0,800,800), &brush);
    ProjectParalle2 * pDlg = new ProjectParalle2(); //定义对话框类
对象
    pDlg->x0 =200; //设置系数初始值
    pDlg->y0 =200;
    pDlg->z0 =200;
    pDlg->xz =1;
    pDlg->yz =1;
    pDlg->zz =1;
    pDlg->xd =1;
    pDlg->yd =1;
    pDlg->zd =0.8;
    pDlg->a =0;
    pDlg->DoModal(); //打开对话框
    if (! UpdateData(true))//如果没有输入新数据，则直接退出
```

```
        return;
    double x0 = pDlg->x0;  //保留输入的数据
    double y0 = pDlg->y0;
    double z0 = pDlg->z0;
    double xz = pDlg->xz;
    double yz = pDlg->yz;
    double zz = pDlg->zz;
    double xd = pDlg->xd;
    double yd = pDlg->yd;
    double zd = pDlg->zd;
    double a = pDlg->a;
    delete pDlg;  //关闭对话框，退出
    pDoc->ProjectParalle2Calculate(&pDC, x0, y0, z0, xz, yz, zz, a,
xd, yd, zd);
}
```

3) 文档类任意平面平行投影函数实现

除了投影计算所用的公式不同，文档函数 ProjectParalle2Calculate 的处理过程与前面的透视投影函数一致。首先利用传入参数计算出世界坐标系到投影坐标系的变换矩阵。利用这个变换矩阵，将世界坐标系中的投影方向变换成投影坐标系中的投影方向，然后利用式(6-25)完成从世界坐标系物体框架物点到投影平面上平行投影点的计算。

在完成了将世界坐标系中物点投影到投影平面像点的直接变换矩阵的计算后，投影计算结果存放在一个数组中。通过缩放、平移，将投影结果放在(100, 100) ~ (500, 500)方框范围内，然后按照立方体物体线框拓扑关系，将对应的投影点用直线连接起来。

在文档类中增加任意平面平行投影计算函数，然后在其中添加如下语句：

```
void CMyGraphicsDoc:: ProjectParalle2Calculate (CClientDC * pDC,
double x0, double y0, double z0, double xp, double yp, double zp, double
a, double xd, double yd, double zd)
{
    //TODO：在此处添加实现代码
    double a11, a12, a13, a21, a22, a23, a31, a32, a33;

    a = a /180.0 * 3.1415926;  //角度化为弧度

    //计算 z'轴单位向量
    double d = sqrt(xp * xp + yp * yp + zp * zp);
    a31 = xp /d; a32 = yp /d; a33 = zp /d;
    //计算 x'轴单位向量
    if (a32 == 0 && a33 == 0) {
```

```
        if ( a31 > 0) {
            a11 = 0; a12 = -1; a13 = 0;
        }
        else {
            a11 = 0; a12 = 1; a13 = 0;
        }
    }
    else {
        double b1 = 1.0 - a31 * a31;
        double b2 = -a31 * a32;
        double b3 = -a31 * a33;
        d = sqrt( b1 * b1 + b2 * b2 + b3 * b3);
        a11 = b1 / d;
        a12 = b2 / d;
        a13 = b3 / d;
    }
    //计算 Y'轴单位向量
    a21 = a32 * a13 - a33 * a12;
    a22 = a33 * a11 - a31 * a13;
    a23 = a31 * a12 - a32 * a11;


    //计算从世界坐标系到投影坐标系的变换矩阵
    double D[4][4];
    double D1[4][4] = { { 1, 0, 0, 0}, {0, 1, 0, 0}, {0, 0, 1, 0},
{-x0, -y0, -z0, 1} };
    double D2[4][4] = { {a11, a21, a31, 0}, {a12, a22, a32, 0},
{a13, a23, a33, 0}, {0, 0, 0, 1} };
    double D3[4][4] = { {cos(a), sin(a), 0, 0}, {-sin(a), cos(a),
0, 0}, {0, 0, 1, 0}, {0, 0, 0, 1} };
    //计算复合矩阵 D = D1xD2xD3
    //首先计算 D = D1xD2
    M4xM4(D, D1, D2);
    //将矩阵 D 中值转移到矩阵 D1
    for ( int i = 0; i < 4; i++)
        for ( int j = 0; j < 4; j++)
            D1[i][j] = D[i][j];
    //再计算 D = D1xD3
    M4xM4(D, D1, D3); //坐标系变换矩阵为 D
```

```
//将投影中心点从世界坐标系转换到投影坐标系
double xd1 = xd * D[0][0]+yd * D[1][0]+zd * D[2][0]+D[3][0];
double yd1 = xd * D[0][1]+yd * D[1][1]+zd * D[2][1]+D[3][1];
double zd1 = xd * D[0][2]+yd * D[1][2]+zd * D[2][2]+D[3][2];

//计算将世界坐标系中物点投影到投影平面像点的直接变换矩阵
double E[4][3];
double E2[4][3] = { {1, 0, 0}, {0, 1, 0}, {-xd1/zd1, -yd1/zd1,
-1}, {0, 0, 1} };
M4xM3(E, D, E2); //直接变换矩阵为 E

//对模型逐点计算其投影坐标
double ModeData[8][3] = { //建立立方体模型
    {100,100,100}, //A 点坐标
    {200,100,100}, //B 点坐标
    {200,200,100}, //C 点坐标
    {100,200,100}, //D 点坐标
    {100,100,200}, //A'点坐标
    {200,100,200}, //B'点坐标
    {200,200,200}, //C'点坐标
    {100,200,200} //D'点坐标
};
CPoint ProjectPoint[8]; //存放模型投影点
for (int i = 0; i < 8; i++) {
    double xp = ModeData[i][0] * E[0][0]+ModeData[i][1] * E[1][0]
+ModeData[i][2] * E[2][0]+E[3][0]; //计算 xp
    double yp = ModeData[i][0] * E[0][1]+ModeData[i][1] * E[1][1]
+ModeData[i][2] * E[2][1]+E[3][1]; //计算 yp
    ProjectPoint[i].x = xp;
    ProjectPoint[i].y = yp;
}
//将投影结果变换到显示区范围
double xmin, ymin, xmax, ymax;
xmin = 100000; ymin = 100000;
xmax = -100000; ymax = -100000;
```

```
for (int i=0; i < 8; i++) {
    if (ProjectPoint[i].x < xmin)xmin=ProjectPoint[i].x;
    if (ProjectPoint[i].x > xmax)xmax=ProjectPoint[i].x;
    if (ProjectPoint[i].y < ymin)ymin=ProjectPoint[i].y;
    if (ProjectPoint[i].y > ymax)ymax=ProjectPoint[i].y;
}
double kx=400.0 /(xmax-xmin);
double ky=400.0 /(ymax-ymin);
double k;
if (kx > ky)k=ky;
if (kx < ky)k=kx;
for (int i=0; i < 8; i++) {
    ProjectPoint[i].x=100+(ProjectPoint[i].x-xmin)*k;
    ProjectPoint[i].y=100+(ProjectPoint[i].y-ymin)*k;
}


//绘制投影结果图
pDC->SetROP2(R2_COPYPEN);
//为了显示投影效果，不同线段用不同颜色
//底层 ABCD 矩形用蓝色
CPen pen;
pen.CreatePen(PS_SOLID, 2, RGB(0, 0, 255));
CPen *pOldPen=pDC->SelectObject(&pen);
pDC->MoveTo(ProjectPoint[0]); pDC->LineTo(ProjectPoint[1]);
//直线 AB
pDC->MoveTo(ProjectPoint[1]); pDC->LineTo(ProjectPoint[2]);
//直线 BC
pDC->MoveTo(ProjectPoint[2]); pDC->LineTo(ProjectPoint[3]);
//直线 CD
pDC->MoveTo(ProjectPoint[3]); pDC->LineTo(ProjectPoint[0]);
//直线 DA
    //上层 A'B'C'D'矩形用红色
CPen pen1;
pen1.CreatePen(PS_SOLID, 2, RGB(255, 0, 0));
pDC->SelectObject(&pen1);
pDC->MoveTo(ProjectPoint[4]); pDC->LineTo(ProjectPoint[5]);
//直线 A'B'
pDC->MoveTo(ProjectPoint[5]); pDC->LineTo(ProjectPoint[6]);
//直线 B'C'
```

```
    pDC->MoveTo(ProjectPoint[6]); pDC->LineTo(ProjectPoint[7]);
//直线 C'D'
    pDC->MoveTo(ProjectPoint[7]); pDC->LineTo(ProjectPoint[4]);
//直线 D'A'
    //四条边棱用不同颜色
    CPen pen2;
    pen2.CreatePen(PS_SOLID, 2, RGB(255, 255, 0));
    pDC->SelectObject(&pen2);
    pDC->MoveTo(ProjectPoint[0]); pDC->LineTo(ProjectPoint[4]);
//直线 AA'
    CPen pen3;
    pen3.CreatePen(PS_SOLID, 2, RGB(255, 0, 255));
    pDC->SelectObject(&pen3);
    pDC->MoveTo(ProjectPoint[1]); pDC->LineTo(ProjectPoint[5]);
//直线 BB'
    CPen pen4;
    pen4.CreatePen(PS_SOLID, 2, RGB(0, 255, 255));
    pDC->SelectObject(&pen4);
    pDC->MoveTo(ProjectPoint[2]); pDC->LineTo(ProjectPoint[6]);
//直线 CC'
    CPen pen5;
    pen5.CreatePen(PS_SOLID, 2, RGB(0, 0, 0));
    pDC->SelectObject(&pen5);
    pDC->MoveTo(ProjectPoint[3]); pDC->LineTo(ProjectPoint[7]);
//直线 DD'
    pDC->SelectObject(pOldPen);
}
```

运行程序，输入不同参数，查看效果，如图 6-14 所示。输入参数时，可以想象一下投影结果，然后与程序计算结果做对比。

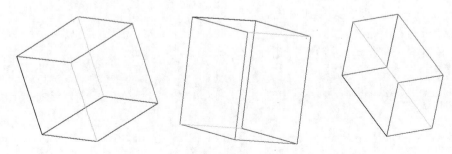

图 6-14　几种不同参数的任意平面平行投影结果

6.5 场景漫游

6.5.1 算法分析

计算机图形学中的场景漫游，就是模拟摄像师携摄像机在城市街道边走边摄像。摄像机成像面或者连接摄像机的直播电视上看到的实际上是以摄像机镜头焦点为投影中心、街道场景在摄像机成像面上的透视投影结果。两者的不同在于，三维城市场景真实存在，真实的场景物体通过光线投射到摄像机成像平面；而计算机图形学场景漫游面对的是模型数据，三维模型上的点必须一个个通过几何关系和透视计算公式计算。投影面的位置是随着摄像机的移动、摄像机的指向变化、摄像机左右摆放角度的变化而变动的，场景漫游实际上是任意平面透视投影的一个特例。

要建立几何关系，首先要确定投影坐标系(场景漫游中称为观察坐标系)。如图 6-15 所示，以摄像机的方位建立观察坐标系。观察坐标系坐标原点是镜头焦点(也就是投影中心)，Z 轴是摄像机镜头主光轴方向，Y 轴是摄像机向上的方向(观察正向)，X 轴是与 Y、Z 轴垂直的、摄影者右手方向，投影平面是摄像机成像平面，是一个垂直于 Z 轴、距离镜头焦点一个焦距的平面，数学模型表示为 $z = d$，d 等于摄像机焦距。注意，场景漫游中的观察坐标系是一个左手坐标系。

图 6-15　场景漫游观察坐标系

观察坐标系中投影的空间关系如图 6-16 所示。在观察坐标系中，投影平面 $z = d$，投影中心为 $C(0, 0, 0)$，模型点(物点)是 $Q(x, y, z)$，投影点(像点)则为 $P(x_p, y_p, d)$，其中，(x_p, y_p) 就是需要求解的投影坐标值。

根据几何关系，可以得到

$$x_p = d \times x/z$$
$$y_p = d \times y/z$$

$(6-26)$

但公式里的坐标都是观察坐标系中的值，按照前述的投影坐标系中所有变量都带撇号的规定，上式应该改写成

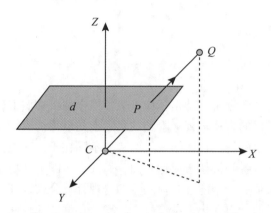

图 6-16　观察坐标系物点、像点、透视投影中心点之间的集合关系

$$x'_p = d \times x'/z'$$
$$y'_p = d \times y'/z'$$
(6-27)

我们得到的物点 Q 的坐标值都是世界坐标系中的坐标值，并不能直接代入公式，必须首先将模型在世界坐标系中的坐标值 (x, y, z) 变换到观察坐标系中的坐标值 (x', y', z')，再应用式(6-27)进行计算，就得到物点 $Q(x, y, z)$ 的投影坐标 (x'_p, y'_p)。

观察坐标系是在世界坐标系中的一个透视投影辅助坐标系，不同于一般的辅助坐标系，观察坐标系随着场景漫游移动、摄像机的指向与姿态的不同而发生变化。场景漫游结果是观察坐标系在等间隔的不同时刻，三维场景在观察坐标系投影面上的投影结果，是一个随时间变化依次播放的序列图像。当时间间隔足够小时，就能形成连续变化的视频效果。其中的关键首先是计算不同时刻的投影图像。下面来考虑某一时刻的投影。

1. 某个时刻的投影

观察坐标系与世界坐标系的关系如图 6-17 所示。摄像机的方位取决于摄像师的漫游地点和执机姿态。某一时刻，投影中心点位于 (x_0, y_0, z_0)，摄像机指向为 Z' 方向，摄像机右边(X'轴)水平倾角为 α。α 角反映了摄像机在左右水平方向上的倾斜程度，观察坐标系从 X' 轴水平位置开始绕 Z' 轴逆时针旋转 α 角以保证观察坐标系与摄像机设备坐标系(也就是成像平面坐标系)保持一致。

世界坐标系变换到观察坐标系中的坐标变换式可以用式(6-13)表示，其中 (x_0, y_0, z_0) 为某一时刻漫游点的坐标，也就是透视投影中心点在世界坐标系中的坐标。$(a11, a12, a13)$、$(a21, a22, a23)$、$(a31, a32, a33)$ 分别为 X' 轴、Y' 轴、Z' 轴在世界坐标系中的单位向量。α 是摄像机在左右方向的倾角。我们要首先根据摄像机的方位计算出这些参数。前面介绍了任意平面透视投影坐标轴的计算，虽然观察坐标系的投影平面不再是 $z' = 0$ 平面，但不影响坐标轴单位向量参数的求解，可以使用式(6-5)至式(6-10)的系列公式，根据 Z' 轴单位向量 $(a31, a32, a33)$ 求解 X' 轴单位向量 $(a11, a12, a13)$。观察坐标系是左手系，Y' 轴单位向量 $(a21, a22, a23)$ 由 X' 轴单位向量 $(a11, a12, a13)$ 叉乘 Z' 轴单位向量 $(a31, a32, a33)$ 得到：

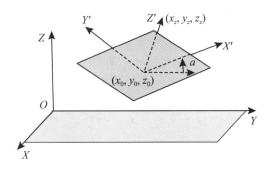

图 6-17　观察坐标系的确定

$$a_{21} = a_{12} \times a_{33} - a_{13} \times a_{32}$$
$$a_{22} = a_{13} \times a_{31} - a_{11} \times a_{33} \qquad (6\text{-}28)$$
$$a_{23} = a_{11} \times a_{32} - a_{12} \times a_{31}$$

这样，我们就得到了观察坐标系的 9 个参数，加上 $(x_0，y_0，z_0)$ 和 α 角，就可以利用式(6-13)将世界坐标系中的三维模型转换到观察坐标系中，在观察坐标系中利用式(6-27)进行投影计算。

现将场景漫游中一个时刻的投影计算做一个小结。

已知条件是，在某个时刻，视点位置为 $(x_0，y_0，z_0)$，摄像机的指向为 $(x_z，y_z，z_z)$，摄像机的水平偏转角为 α。

1)首先建立观察坐标系，并建立世界坐标系到观察坐标系的变换矩阵。

(1)根据式(6-5)，由 $(x_z，y_z，z_z)$ 计算 Z' 轴单位向量 $(a31，a32，a33)$；

(2)根据式(6-6)~式(6-10)系列公式，由 $(a31，a32，a33)$ 计算 X' 轴单位向量 $(a11，a12，a13)$；

(3)根据式(6-28)，由 $(a31，a32，a33)$、$(a11，a12，a13)$ 计算 Y' 轴单位向量 $(a21，a22，a23)$；

(4)合并矩阵，得到式(6-14)所示的将世界坐标系三维模型变换到观察坐标系下的变换矩阵；

2)运用变换矩阵，将世界坐标系三维模型坐标变换到观察坐标系。

3)根据式(6-27)，计算观察坐标系下三维模型坐标投影坐标。

4)根据拓扑关系画直线连接对应投影点。

这样，就得到了某个时刻的投影结果。

2. 路径处理方法

场景漫游沿路径在场景中运动。不同时刻，摄像机处在不同位置，摄像机指向、姿态也可以不相同，投影结果随之发生变化。场景漫游是一系列时间序列影像，需要随时间变化依次计算并显示投影结果。

场景漫游一般都事先设置一个路径，规定漫游速度、摄像机指向以及姿态的变化规律，还有投影时间间隔。依据给定的条件，计算出每个投影时刻摄像机的位置、指向、姿态，就可以计算并显示该时刻的投影结果。只要时间间隔足够小，就能够得到连续变化的视频效果。

3. 投影结果裁剪

场景一般都足够大，而摄像机显示框是一个面积有限的矩形范围，显示前必须进行裁剪。在图 6-16 所示的投影平面中，设置一个以摄像机光轴为中心的矩形，这就是裁剪窗口参数，用这个窗口参数对投影结果进行裁剪，然后显示裁剪结果。裁剪算法在前面已经完成，在显示前用任何一个裁剪算法函数对投影结果线段依次裁剪，就可以完成裁剪任务。

6.5.2　编程实现

1. 场景以及摄像机路径、指向、姿态设置

如图 6-18 所示，场景中有四个规则放置的长方体，分别代表四栋建筑物，四个长方体的坐标在程序中给定。漫游路径是一条穿行其中的直线，起点和终点根据建筑物坐标和投影效果进行设置。在图 6-18 中，摄像机指向始终是 $(-1, 0, 0)$，即指向漫游运动前方，摄像机水平倾角 α 始终为 0。这些参数可以根据需要重新设置。投影平面窗口用大小为 $(-200, -200)$-$(200, 200)$ 的矩形表示。

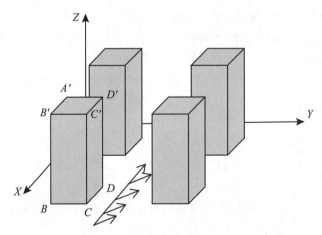

图 6-18　场景漫游路径与观测方向

在漫游路径直线上均匀取 n 个点，作为不同时刻的漫游位置。

2. 菜单响应函数建立

打开工程项目，选择菜单项"投影"，添加子菜单项目"场景漫游"下子菜单"路径 1"，将其属性项 ID 的属性值设置为"ID_WLAKMAN1"。应用"类向导"在视图类中建立该菜单响应函数，并在函数中添加如下语句：

```
void CMyGraphicsView:: OnWalkman1()
{
```

```
        //TODO: 在此添加命令处理程序代码
    CMyGraphicsDoc * pDoc = GetDocument();  //获得文档类指针
    CClientDC pDC(this);                    //定义当前绘图设备
    pDoc->Walkman1(&pDC);
}
```

Walkman1()函数是文档类实现场景漫游函数。它根据给定路径计算出每个投影点摄像机坐标(x_0, y_0, z_0)、摄像机指向(x_z, y_z, z_z)以及摄像机水平偏移倾角α，然后使用这些参数调用场景投影计算函数，完成一幅场景投影计算并显示。通过循环语句，完成下一幅场景投影的参数计算和显示。在前后两幅投影影像显示之间设置一定的时间间隔，以达到视频连续的效果。应用"类向导"在文档类中建立 Walkman1()函数，并在函数中添加如下语句：

```
void CMyGraphicsDoc:: Walkman1(CClientDC * pDC)
{
        //TODO: 在此处添加实现代码
    double x0,y0,z0,xz,yz,zz,a;
    double x1,y1,x2,y2,z1,z2;
    x1 = 700; x2 = 420;  //设置路径起点、终点
    y1 = 250; y2 = 250;
    z1 = 0; z2 = 0;
    int n = 200;  //路径上平均设置 n 个投影点
    for (int i = 0; i < n; i++) {//依次计算每个投影点位置
        x0 = x1+(x2-x1) /(double)n * (double)i;
        y0 = y1+(y2-y1) /(double)n * (double)i;
        z0 = z1+(z2-z1) /(double)n * (double)i;
        xz = -1.0;  //设置摄像机指向
        yz = 0.0;
        zz = 0.0;
        a = 0.0;
        Sleep(10);  //延迟一段时间显示下一幅投影影像
        CBrush brush(RGB(255, 255, 255));  //清除投影窗口内上一幅投影
影像
        pDC->FillRect(CRect(200, 200, 600, 600), &brush);
        ScenceProject(pDC, x0,y0,z0,xz,yz,zz,a);  //计算一幅投影
影像
    }
}
```

ScenceProject()函数根据当前位置(x_0, y_0, z_0)、摄像机指向(x_z, y_z, z_z)以及摄像机水平倾斜角α计算一幅场景投影影像。应用"类向导"在文档类中建立 ScenceProject()函

数，并在函数中添加如下语句：

```
void CMyGraphicsDoc:: ScenceProject (CClientDC * pDC, double x0,
double y0, double z0, double xz, double yz, double zz, double a)
{
    //TODO：在此处添加实现代码
    double a11, a12, a13, a21, a22, a23, a31, a32, a33;

    a=a /180.0 * 3.1415926; //角度化为弧度

    //计算 z′轴单位向量
    double d=sqrt(xz * xz+yz * yz+zz * zz);
    a31=xz /d; a32=yz /d; a33=zz /d;
    //计算 x′轴单位向量
    if (a32 == 0 && a33 == 0) {
        if (a31 > 0) {
            a11=0; a12=-1; a13=0;
        }
        else {
            a11=0; a12=1; a13=0;
        }
    }
    else {
        double b1=1.0-a31 * a31;
        double b2=-a31 * a32;
        double b3=-a31 * a33;
        d=sqrt(b1 * b1+b2 * b2+b3 * b3);
        a11=b1 /d;
        a12=b2 /d;
        a13=b3 /d;
    }
    //左手系观察坐标系中计算 Y′轴单位向量
    a21=a33 * a12-a32 * a13;
    a22=a31 * a13-a33 * a11;
    a23=a32 * a11-a31 * a12;

    //计算从世界坐标系到投影坐标系的变换矩阵
    double D[4][4];
```

```
double D1[4][4]={ {1, 0, 0, 0}, {0, 1, 0, 0}, {0, 0, 1, 0},
{-x0, -y0, -z0, 1} };
    double D2[4][4]={ {a11, a21, a31, 0}, {a12, a22, a32, 0},
{a13, a23, a33, 0}, {0, 0, 0, 1} };
    double D3[4][4]={ {cos(a), sin(a), 0, 0}, {-sin(a), cos(a),
0, 0}, {0, 0, 1, 0}, {0, 0, 0, 1} };
    //计算复合矩阵 D=D1xD2xD3
    //首先计算 D=D1xD2
M4xM4(D, D1, D2);
    //将矩阵 D 中值转移到矩阵 D1
for (int i=0; i < 4; i++)
    for (int j=0; j < 4; j++)
        D1[i][j]=D[i][j];
    //再计算 D=D1xD3
M4xM4(D, D1, D3); //坐标系变换矩阵为 D
    //对模型逐点计算其投影坐标
double ModeData[8][3]={    //建立立方体模型
    {100,100,0},   //A 点坐标
    {200,100,0},   //B 点坐标
    {200,200,0},   //C 点坐标
    {100,200,0},   //D 点坐标
    {100,100,200}, //A'点坐标
    {200,100,200}, //B'点坐标
    {200,200,200}, //C'点坐标
    {100,200,200}  //D'点坐标
};
double ModeData2[8][3]={ //建立立方体 2 模型
    {300,100,0},   //A 点坐标
    {400,100,0},   //B 点坐标
    {400,200,0},   //C 点坐标
    {300,200,0},   //D 点坐标
    {300,100,200}, //A'点坐标
    {400,100,200}, //B'点坐标
    {400,200,200}, //C'点坐标
    {300,200,200}  //D'点坐标
};
double ModeData3[8][3]={ //建立立方体 3 模型
```

```
    {300,300,0},  //A 点坐标
    {400,300,0},  //B 点坐标
    {400,400,0},  //C 点坐标
    {300,400,0},  //D 点坐标
    {300,300,200}, //A'点坐标
    {400,300,200}, //B'点坐标
    {400,400,200}, //C'点坐标
    {300,400,200}  //D'点坐标
};
double ModeData4[8][3]={  //建立立方体 4 模型
    {100,300,0},  //A 点坐标
    {200,300,0},  //B 点坐标
    {200,400,0},  //C 点坐标
    {100,400,0},  //D 点坐标
    {100,300,200}, //A'点坐标
    {200,300,200}, //B'点坐标
    {200,400,200}, //C'点坐标
    {100,400,200}  //D'点坐标
};
pDC->SetROP2(R2_COPYPEN);
CPen pen;
pen.CreatePen(PS_SOLID,2,RGB(0,0,0));
CPen *pOldPen=pDC->SelectObject(&pen);
pDC->MoveTo(200,200);  //绘制一个显示窗口
pDC->LineTo(200,600);
pDC->LineTo(600,600);
pDC->LineTo(600,200);
pDC->LineTo(200,200);
DrawBuilding(pDC,ModeData,D,1);  //绘制各个建筑
DrawBuilding(pDC,ModeData2,D,2);
DrawBuilding(pDC,ModeData3,D,3);
DrawBuilding(pDC,ModeData4,D,4);
pDC->SelectObject(pOldPen);
}
```

　　函数先根据已知条件计算观察坐标系三个轴的单位向量,进而计算出从世界坐标系到观察坐标系的变换矩阵。ModeData 等四个数组分别存放代表四个建筑物的立方体数据。DrawBuilding( )函数是根据变换矩阵将一个立方体变换到观察坐标系,进行透视投影,并绘制投影结果。为了体现差异,不同建筑物使用不同颜色,在函数中使用一个形参表示不

同颜色。

应用"类向导"在文档类中建立 DrawBuilding（ ）函数，并在函数中添加如下语句：

```
void CMyGraphicsDoc:: DrawBuilding ( CClientDC * pDC, double
ModeData[8][3], double D[4][4], int num)
{
    //TODO: 在此处添加实现代码
    double d=100.0; //摄像机焦距
    CPoint ProjectPoint[8]; //存放模型投影点
    for (int i=0; i < 8; i++) {
        //计算世界坐标系中的点(x, y, z)变换到观察坐标系下的坐标(x′, y′, z′)
        double xp=ModeData[i][0] * D[0][0]+ModeData[i][1] * D[1]
[0]+ModeData[i][2] * D[2][0]+D[3][0]; //计算 x′
        double yp=ModeData[i][0] * D[0][1]+ModeData[i][1] * D[1]
[1]+ModeData[i][2] * D[2][1]+D[3][1]; //计算 y′
        double zp=ModeData[i][0] * D[0][2]+ModeData[i][1] * D[1]
[2]+ModeData[i][2] * D[2][2]+D[3][2]; //计算 z′
        xp=d * xp / zp; //计算投影点 xp
        yp=d * yp / zp; //计算投影点 yp
        ProjectPoint[i]. x=xp; //保存投影点
        ProjectPoint[i]. y=yp;
    }

    //绘制投影结果图
    pDC->SetROP2(R2_COPYPEN);
    //为了显示投影效果, 不同建筑物用不同颜色
    CPen pen;
    if(num==1)pen.CreatePen(PS_SOLID, 2, RGB(0, 0, 255));
    else if(num==2)pen.CreatePen(PS_SOLID, 2, RGB(0, 255, 0));
    else if(num==3)pen.CreatePen(PS_SOLID, 2, RGB(255, 0, 0));
    else if(num==4)pen.CreatePen(PS_SOLID, 2, RGB(255, 255, 0));
    CPen * pOldPen=pDC->SelectObject(&pen);
    DrawBuildingLine(pDC, ProjectPoint[0], ProjectPoint[1]); //画
直线 AB
    DrawBuildingLine(pDC, ProjectPoint[1], ProjectPoint[2]); //画
直线 BC
    DrawBuildingLine(pDC, ProjectPoint[2], ProjectPoint[3]); //画
直线 CD
```

```
        DrawBuildingLine(pDC, ProjectPoint[3], ProjectPoint[0]);
//画直线 DA
        DrawBuildingLine(pDC, ProjectPoint[4], ProjectPoint[5]);
//画直线 A′B′
        DrawBuildingLine(pDC, ProjectPoint[5], ProjectPoint[6]);
//画直线 B′C′
        DrawBuildingLine(pDC, ProjectPoint[6], ProjectPoint[7]);
//画直线 C′D′
        DrawBuildingLine(pDC, ProjectPoint[7], ProjectPoint[4]);
//画直线 D′A′
        DrawBuildingLine(pDC, ProjectPoint[0], ProjectPoint[4]);
//画直线 AA′
        DrawBuildingLine(pDC, ProjectPoint[1], ProjectPoint[5]);
//画直线 BB′
        DrawBuildingLine(pDC, ProjectPoint[2], ProjectPoint[6]);
//画直线 CC′
        DrawBuildingLine(pDC, ProjectPoint[3], ProjectPoint[7]);
//画直线 DD′
    pDC->SelectObject(pOldPen);
    }
```

DrawBuildingLine( )函数是绘制建筑物线段的函数,它按照拓扑关系直接调用投影后的线段端点进行线段绘制。

应用"类向导"在文档类中建立 DrawBuildingLine( )函数,并在函数中添加如下语句:

```
    void CMyGraphicsDoc::DrawBuildingLine(CClientDC * pDC, CPoint p1,
CPoint p2)
    {
        //TODO:在此处添加实现代码
        //观察窗口参数
        int xl=-200;
        int xr=200;
        int yu=200;
        int yd=-200;
        group[0]=p1;  //取直线端点
        group[1]=p2;
        //直线裁剪结果仍然存放在 group[0]和 group[1]中
        if(MidCut1(xl,xr,yu,yd)){
            //将投影图像反转
        group[0].y=-group[0].y; group[1].y=-group[1].y;
```

```
//将投影结果从(-200，-200)-(200，200)移至(200，200)-(600，600)
    group[0].x +=400; group[0].y +=400;
    group[1].x +=400; group[1].y +=400;
    pDC->MoveTo(group[0]); pDC->LineTo(group[1]);
    }
}
```

在绘制建筑物线段前，必须用窗口对线段进行裁剪。裁剪函数已经有多种，这里使用中点裁剪算法。在第4章编制的中点裁剪算法直接将裁剪结果绘制出来，在这里有后续绘制语句，只需要裁剪结果数据，不需要绘制图形，因此中点裁剪算法函数需要重新编制。

投影图像是实际场景的倒影，为了照顾观影习惯，需要将投影图像反转，这只需要将每根投影线段反转即可。

应用"类向导"在文档类中建立 MidCut1( )函数，并在函数中添加如下语句：

```
bool CMyGraphicsDoc:: MidCut1(int xl, int xr, int yu, int yd)
{
    //TODO：在此处添加实现代码
    int x1,y1,x2,y2;
    CPoint p1;
    x1=group[0].x; y1=group[0].y; //取出待裁剪线段
    x2=group[1].x; y2=group[1].y;
    //如果现在就可以确定线段完全不可见，则退出，结束算法
    if (LineIsOutOfWindow(x1,y1,x2,y2,xl,xr,yu,yd))
        return false;
    //从起点(x1，x1)出发，寻找最近可见点
    P1=FindNearestPoint(x1,y1,x2,y2,xl,xr,yu,yd);
    //找到的"可见点"不可见，该线段肯定不可见，退出，结束
    if (PointIsOutOfWindow(p1.x,p1.y,xl,xr,yu,yd))
        return false;
    group[0]=p1;
    //再从终点出发，找另一个可见点
    group[1]=FindNearestPoint(x2,y2,x1,y1,xl,xr,yu,yd);
    return true;
}
```

窗口四个参数作为函数参数输入，被裁剪线段两个端点提前放入 group[0]、group[1]，裁剪结果也放在 group[0]、group[1]。如果裁剪结果可见或部分可见，就由 DrawBuilding( )函数绘制裁剪结果。

3. 漫游路径

漫游是随意的。可以改变路径，或改变投影时刻的摄像机姿态、水平倾角，只要按照变化规律计算出投影时刻摄像机的参数，就可以模拟任意漫游。

与"路径1"子菜单编程过程类似，建立一个"路径2"子菜单，建立其视图类菜单响应函数 OnWalkman2( )，在其中调用文档类路径漫游实现函数 Walkman2( )。该函数与Walkman1( ) 函数类似，不同的是路径参数有所变化。具体如下：

```
//依次计算每个投影点位置
    xz = -1.0;  //设置摄像机指向始终不变
    yz = 0.0;
    zz = 0.0;
    a = -30.0;
    for (int i = 0; i < n; i++) {
        x0 = x1 + (x2-x1) /n*(double)i;  //位置有变化
        y0 = y1 + (y2-y1) /n*(double)i;
        z0 = z1 + (z2-z1) /n*(double)i;
        a += 60.0 /n;  //水平倾角由-30度均匀变化到30度
        Sleep(10);  //延迟一段时间显示下一幅投影图像
        CBrush brush(RGB(255, 255, 255));  //清除投影窗口内上一幅投影
影像
        pDC->FillRect(CRect(200, 200, 600, 600), &brush);
        ScenceProject(pDC, x0, y0, z0, xz, yz, zz, a);  //计算一幅投影
影像
    }
```

运行两种路径漫游，结果如图 6-19 所示。黑框代表裁剪窗口，两种漫游路径都是位置、长短相同的直线段，所不同的是右图在漫游过程中，α 角匀速转动。

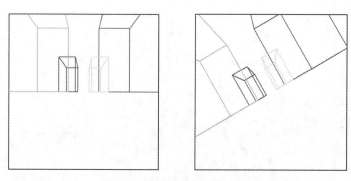

图 6-19 两种场景漫游结果

本章作业

1. 按照指导书说明，完成平行投影变换。

2. 按照指导书说明，完成透视投影变换。

3. 按照指导书说明，完成简单投影变换。

4. 按照指导书说明，完成场景漫游，并尝试改变漫游路径、姿态、左右方向水平倾角。

第7章 消　　隐

消隐是在投影图像中消除被遮挡的图形部分，使绘制的场景更贴近真实情况。

消隐分为面消隐和线消隐两类，两类消隐方法都有几种典型算法。

面消隐适合于表面模型，线消隐用于线框模型。表面模型是将场景中的物体分解成包围物体外形的一系列空间有限平面，这些面用空间多边形表示。面消隐算法要计算的是这些空间多边形哪些因为被其他面遮挡而不可见或仅部分可见，并将空间多边形可见或部分可见的部分显示出来。

线框模型是用位于实体模型表面上的、有限的几根线条来表达实体模型形状，这些线条能够有效体现实体模型的表面形状，如多面体的棱线或位于起伏变化较大区域上的曲线。与表面模型一样，线框模型同样将实体模型表面分解成包围物体外形的一系列空间多边形。所不同的是，线消隐算法要计算的是表达实体模型形状的线条被遮挡的情况，并将可见或部分可见的线条画出来。

本章结合实例介绍一些典型消隐算法的编程实现方法。

7.1　画家算法

在场景漫游中，使用了四个立方体线框模型。因为没有考虑消隐，场景漫游真实性不强，为了增强真实性，必须考虑消隐。

画家算法是一种面消隐算法。先将场景中实体模型的表面分解成一系列独立的空间多边形，按其距观察点的远近进行排序，排序结果保存在一张深度优先表中。距观察点远的空间多边形优先级低，放在表头；距观察点近者优先级高，放在表尾。按照从表头到表尾的顺序逐个进行投影并绘制空间面，远的面先画，近的面后画。其实际效果是相对于观察者，由远及近依次绘制各个面，近的后画的面覆盖了远的先画的面，产生正确的遮挡关系。

本节结合场景漫游中四个立方体的消隐方法说明画家算法。

7.1.1　算法分析

1. 空间多边形信息数据结构

面消隐以空间面为单位，场景中建筑物要分解成独立的空间多边形。为了算法实现方便，将一个空间多边形所有必要的信息用一个如下的结构变量表示：

```
struct BiaoMian//存放空间多边形
{
```

```
double P[4][3];        //空间多边形四个三维空间端点
double x, y, z;        //空间多边形平面外法线方向
COLORREF color;        //填充颜色三分量
bool CanBeSeen;        //是否可见
};
```

C++中的 CPoint 数据类型只能表示二维平面点,为了记录一组三维空间点坐标,建立一个二维数组。P[4][3]记录实验中空间矩形的四个端点坐标 $\{x_1, y_1, z_1, x_2, y_2, z_2, x_3, y_3, z_3, x_4, y_4, z_4\}$。

空间多边形平面外法线方向(也称为面的法矢)是判断一个空间面是否可见的重要依据。如图 7-1 所示,当空间面外法线与视线之间的空间夹角小于等于 90°时,空间面被物体自身遮挡,不可见;当空间面外法线与视线空间夹角大于 90°时,空间面可见(除非被其他空间面遮挡或部分遮挡)。

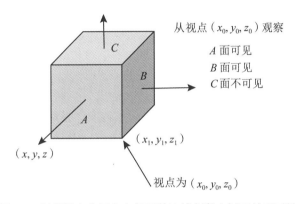

图 7-1　根据视点位置和空间面外法线判断空间面是否可见

在透视投影中,虽然一个空间面上不同点的视线方向略有差异,但不影响面的可见性判断,面上任何一点都能用来判断。如果视点位于三维空间中的 (x_0, y_0, z_0) 处,选空间多边形任何一个顶点(如图 7-1 中 (x_1, y_1, z_1)),则该点视线方向为 $(x_1-x_0, y_1-y_0, z_1-z_0)$,该视线方向可以用来判断 A 面、B 面的可见性。两个向量的空间夹角是否大于 90 可以用两个向量的内积是否为负值来判断,如果图 7-1 中 A 面的外法向用向量 (x, y, z) 表示,则 A 面可见必须满足下式:

$$x \times (x_1 - x_0) + y \times (y_1 - y_0) + z \times (z_1 - z_0) < 0 \tag{7-1}$$

在面结构中用 double x, y, z;记录面的外法向,同时用 bool CanBeSeen;记录面可见性判断结果。

在呈现真实场景时,空间面应该用该面的贴图填充。为了简化编程,突出消隐,不同面采用不同颜色填充。在面结构中用 COLORREF color;记录面的填充颜色。

依然使用上一章场景漫游中使用的四个立方体作为消隐实验的场景。它们需要分解为独立的面,相关数据在程序中给出。

2. 投影规范化

很多消隐算法基于两个条件：①投影面为 $z=0$ 平面；②投影方式是垂直于 $z=0$ 平面的平行投影且投影方向为 Z 轴反方向，如图 7-2 所示。但在实际应用中，绝大多数投影是透视投影或者是斜平行投影，达不到消隐算法所需要的规范化投影方式要求。为此，需要对三维场景中的模型进行投影规范化处理。

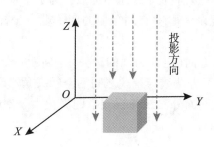

图 7-2　规范化投影方式

投影规范化的做法如图 7-3 所示：空间点 $(x，y，z)$ 代表三维场景模型上的一点（也称为物点），它的投影结果是 $z=0$ 投影平面上的点 $(x_p，y_p)$（也称为像点）；把空间点 $(x，y，z)$ 的 z 坐标赋给该点的投影点 $(x_p，y_p)$，构成一个新的空间点 $(x_p，y_p，z)$；当一个三维场景模型上所有的点都完成了这样的空间点转换，投影规范化完成，一个新的场景模型出现在场景中。新模型（图 7-3 中的不规则四边形）和原模型（图 7-3 中的正方形）在各自的投影方式下，得到的投影结果是一样的。

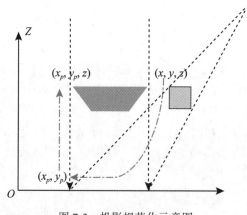

图 7-3　投影规范化示意图

经过投影规范化以后，对于得到的所有新三维场景，可以应用消隐算法进行消隐处理。

3. 用画家算法消隐

画家算法消隐的核心是建立优先级表。距离视点远的（在规范化投影方式中就是 z 坐标值较小的)空间面优先级低,放在优先级表前面;距离视点近的(z坐标值较大的)空间面优先级高,放在优先级表后面。进行消隐时,从表前到表后,依次取出空间多边形进行投影、绘制。这样,远的先画近的后画,后画的覆盖先画的,从而形成正确的遮挡关系。

优先表的建立需要排序。建立一个空间多边形结构数组存放所有的独立空间多边形(包括可见的和不可见的)。用每个空间多边形顶点坐标中最小的 z 坐标作为排序依据,按照从小到大进行排序,排序结果仍放在结构数组中。排序过程中对优先表采用多轮两两交换法,在所有的空间多边形队列中,从队列前到队列后,依次比较相邻的两个空间多边形各自的最小 z 坐标,如果前者大于后者,就交换两者的位置。经过这样的两两比较,只要轮次数足够多,就能最终形成一个从小到大的排列队列。按照新的排列队列,将结构数组中的空间多边形依次取出绘制投影结果,就形成了具有正确遮挡关系的消隐结果。

4. 消隐效果下的场景漫游

借助于上一章场景漫游的结果,很容易完成消隐条件下的场景漫游。和上一章场景漫游相比,只要在投影结果的基础上,增加投影规范化和画家算法两个环节,就能得到具有消隐效果的场景漫游。具体做法在实现的过程中进行说明。

7.1.2　编程实现

在"消隐"菜单项下建立子菜单项"画家算法",其菜单项 ID 确定为 ID_DISAPPEAR_PAINTER。使用"类向导",在视图类为 ID_ DISAPPEAR_ PAINTER 建立菜单响应函数如下:

```
void CMyGraphicsView:: OnDisappearPainter()
{
    //TODO:在此添加命令处理程序代码
    CMyGraphicsDoc * pDoc =GetDocument(); //获得文档类指针
    CClientDC pDC(this);                  //定义当前绘图设备
    pDoc->Walkman3(&pDC);
}
```

使用"类向导",在文档类建立漫游函数 Walkman3( )如下:

```
void CMyGraphicsDoc:: Walkman3(CClientDC * pDC)
{
    //TODO:在此处添加实现代码
    double x0,y0,z0,xz,yz,zz,a;
    double x1,y1,x2,y2,z1,z2;
    x1 =700; x2 =420; //设置路径起、终点
    y1 =250; y2 =250;
    z1 =0; z2 =0;
    int n =200; //路径上平均设置 n 个投影点
    //依次计算每个投影点位置
    xz =-1.0; //设置摄像机指向
    yz =0.0;
```

```
        zz = 0.0;
        a = 0.0;
        for (int i = 0; i < n; i++) {
            x0 = x1+(x2-x1) /n * (double)i;
            y0 = y1+(y2-y1) /n * (double)i;
            z0 = z1+(z2-z1) /n * (double)i;
            Sleep(10); //延迟一段时间显示下一幅投影图像
            CBrush brush(RGB(255, 255, 255)); //清除投影窗口内上一幅投
影像
            pDC->FillRect(CRect(200, 200, 600, 600), &brush);
            PainterCalculating(pDC, x0, y0, z0, xz, yz, zz, a); //计算一
幅消隐投影影像
        }
    }
```

该漫游函数与上一章"路径一"漫游路径参数设置一致，所不同的是这里调用的是消隐计算函数 PainterCalculating( )，该函数完成投影、消隐、消隐结果显示等后续工作。

在文档类定义头文件中，定义一个结构 BiaoMian 用于存放空间多边形信息，并定义一个结构数组 $s[4][5]$，存放所有的空间多边形。4 个立方体，每个立方体有 5 个空间多边形需要存储(立方体的底面被立方体自身遮挡，肯定不可见，因此不考虑)。

```
    struct EdgeInfo
    {
        int ymax, ymin; //Y 的上下端点
        float k, xmin; //斜率倒数和 X 的下端点
    };
    struct BiaoMian//存放空间多边形
    {
        double P[4][3]; //空间多边形四个三维空间端点
        double x, y, z; //空间多边形外法线方向
        COLORREF color; //填充颜色三分量
        bool CanBeSeen; //是否可见
    }s[4][5];
    EdgeInfo init(CPoint p1, CPoint p2) //非水平边的边结构初始化
    {
        EdgeInfo temp;
        CPoint p;
        if (p1.y > p2.y) { p = p1; p1 = p2; p2 = p; };
        temp.ymax = p2.y;
        temp.ymin = p1.y;
```

```
temp.xmin=(float)p1.x;
temp.k=(float)(p2.x-p1.x)/(float)(p2.y-p1.y);
return temp;
}
```

使用"类向导"，在文档类建立画家面消隐计算函数 PainterCalculating（ ）如下：

```
void CMyGraphicsDoc:: PainterCalculating(CClientDC * pDC, double
x0, double y0, double z0, double xz, double yz, double zz, double a)
{
    //TODO：在此处添加实现代码
    double a11, a12, a13, a21, a22, a23, a31, a32, a33;

    a=a /180.0*3.1415926；//角度化为弧度

    //计算 z'轴单位向量
    double d=sqrt(xz * xz+yz * yz+zz * zz);
    a31=xz /d; a32=yz /d; a33=zz /d;
    //计算 x'轴单位向量
    if (a32==0 && a33==0) {
        if (a31 > 0) {
            a11=0; a12=-1; a13=0;
        }
        else {
            a11=0; a12=1; a13=0;
        }
    }
    else {
        double b1=1.0-a31 * a31;
        double b2=-a31 * a32;
        double b3=-a31 * a33;
        d=sqrt(b1 * b1+b2 * b2+b3 * b3);
        a11=b1 /d;
        a12=b2 /d;
        a13=b3 /d;
    }
    //左手系观察坐标系中计算 Y'轴单位向量
    a21=a33 * a12-a32 * a13;
    a22=a31 * a13-a33 * a11;
    a23=a32 * a11-a31 * a12;
```

```
    //计算从世界坐标系到投影坐标系的变换矩阵
    double D[4][4];
    double D1[4][4] = { {1, 0, 0, 0}, {0, 1, 0, 0}, {0, 0, 1, 0},
{-x0, -y0, -z0, 1} };
    double D2[4][4] = { {a11, a21, a31, 0}, {a12, a22, a32, 0},
{a13, a23, a33, 0}, {0, 0, 0, 1} };
    double D3[4][4] = { {cos(a), sin(a), 0, 0}, {-sin(a), cos(a),
0, 0}, {0, 0, 1, 0}, {0, 0, 0, 1} };
    //计算复合矩阵 D=D1xD2xD3
    //首先计算 D=D1xD2
    M4xM4(D, D1, D2);
    //将矩阵 D 中值转移到矩阵 D1
    for (int i=0; i < 4; i++)
        for (int j=0; j < 4; j++)
            D1[i][j]=D[i][j];
    //再计算 D=D1xD3
    M4xM4(D, D1, D3); //坐标系变换矩阵为 D


    //二十个 Building 面模型数据
    s[0][0]={ //Building1 前面
        200, 100, 0, 200, 200, 0, 200, 200, 200, 200, 100, 200, //BCC'B'
        1, 0, 0, //面的外法向
        RGB(0, 0, 255), //深蓝
        true
    };
    s[0][1]={ //Building1 后面
        100, 100, 0, 100, 200, 0, 100, 200, 200, 100, 100, 200, //ADD'A'
        -1, 0, 0, //面的外法向
        RGB(0, 0, 191), //次深蓝
        true
    };
    s[0][2]={ //Building1 左面
        100, 100, 0, 200, 100, 0, 200, 100, 200, 100, 100, 200, //ABB'A'
        0, -1, 0, //面的外法向
```

```
    RGB(0, 0, 127), //浅蓝
    true
};
s[0][3]={ //Building1 右面
    100, 200, 0, 200, 200, 0, 200, 200, 200, 100, 200, 200, //DCC'D'
    0, 1, 0, //面的外法向
    RGB(0, 0, 64), //次浅蓝
    true
};
s[0][4]={ //Building1 顶面
    100, 100, 200, 200, 100, 200, 200, 200, 200, 100, 200, 200, //
A'B'C'D'
    0, 0, 1, //面的外法向
    RGB(0, 0, 32), //暗蓝
    true
};
s[1][0]={ //Building2 前面
    400, 100, 0, 400, 200, 0, 400, 200, 200, 400, 100, 200, //BCC'B'
    1, 0, 0, //面的外法向
    RGB(0, 255, 0), //深绿
    true
};
s[1][1]={ //Building2 后面
    300, 100, 0, 300, 200, 0, 300, 200, 200, 300, 100, 200, //ADD'A'
    -1, 0, 0, //面的外法向
    RGB(0, 191, 0), //次深绿
    true
};
s[1][2]={ //Building2 左面
    300, 100, 0, 400, 100, 0, 400, 100, 200, 300, 100, 200, //ABB'A'
    0, -1, 0, //面的外法向
    RGB(0, 127, 0), //浅绿
    true
};
```

```
s[1][3]={//Building2 右面
    300,200,0,400,200,0,400,200,200,300,200,200, //DCC'D'
    0,1,0, //面的外法向
    RGB(0,64,0), //次浅绿
    true
};
s[1][4]={//Building2 顶面
     300,100,200,400,100,200,400,200,200,300,200,200,
//A'B'C'D'
    0,0,1, //面的外法向
    RGB(0,32,0), //暗绿
    true
};
s[2][0]={//Building3 前面
    400,300,0,400,400,0,400,400,200,400,300,200, //BCC'B'
    1,0,0, //面的外法向
    RGB(255,0,0), //深红
    true
};
s[2][1]={//Building3 后面
    300,300,0,300,400,0,300,400,200,300,300,200, //ADD'A'
    -1,0,0, //面的外法向
    RGB(191,0,0), //次深红
    true
};
s[2][2]={//Building3 左面
    300,300,0,400,300,0,400,300,200,300,300,200, //ABB'A'
    0,-1,0, //面的外法向
    RGB(127,0,0), //浅红
    true
};
s[2][3]={//Building3 右面
    300,400,0,400,400,0,400,400,200,300,400,200, //DCC'D'
```

```
        0, 1, 0, //面的外法向

        RGB(64, 0, 0), //次浅红

        true

    };

    s[2][4]={//Building3 顶面

        300, 300, 200, 400, 300, 200, 400, 400, 200, 300, 400, 200, //
A'B'C'D'

        0, 0, 1, //面的外法向

        RGB(32, 0, 0), //暗红

        true

    };

    s[3][0]={//Building4 前面

        200, 300, 0, 200, 400, 0, 200, 400, 200, 200, 300, 200, //BCC'B'

        1, 0, 0, //面的外法向

        RGB(255, 255, 0), //深黄

        true

    };

    s[3][1]={//Building4 后面

        100, 300, 0, 100, 400, 0, 100, 400, 200, 100, 300, 200, //ADD'A'

        -1, 0, 0, //面的外法向

        RGB(191, 191, 0), //次深黄

        true

    };

    s[3][2]={//Building4 左面

        100, 300, 0, 200, 300, 0, 200, 300, 200, 100, 300, 200, //ABB'A'

        0, -1, 0, //面的外法向

        RGB(127, 127, 0), //浅黄

        true

    };

    s[3][3]={//Building4 右面

        100, 400, 0, 200, 400, 0, 200, 400, 200, 100, 400, 200, //DCC'D'

        0, 1, 0, //面的外法向

        RGB(64, 64, 0), //次浅黄

        true
```

```
    };
    s[3][4]={ //Building4 顶面
    100,300,200,200,300,200,200,400,200,100,400,200, //
A′B′C′D′
    0,0,1, //面的外法向
    RGB(32,32,0), //暗黄
    true
    };
    //对空间多边形逐个判断其可见性，并将可见空间多边形进行投影规范化
    for(int i=0; i<4; i++)
        for(int j=0; j<5; j++)
            TranslateToView(D, &s[i][j], x0, y0, z0);
    SortingBiaoMian(&s[0][0]); //所有空间多边形根据最小 z 坐标，按照
从大到小排序
    pDC->SetROP2(R2_COPYPEN);
    CPen pen;
    pen.CreatePen(PS_SOLID, 2, RGB(0, 0, 0));
    CPen *pOldPen=pDC->SelectObject(&pen);
    pDC->MoveTo(200, 200); //绘制裁剪窗口
    pDC->LineTo(200, 600);
    pDC->LineTo(600, 600);
    pDC->LineTo(600, 200);
    pDC->LineTo(200, 200);
    for(int i=0; i<4; i++)
        for(int j=0; j<5; j++)
            DrawView(pDC, &s[i][j]); //画家算法绘图
    pDC->SelectObject(pOldPen);
}
```

画家面消隐计算函数 PainterCalculating( )依次完成如下工作：

(1)建立世界坐标系到观察坐标系的变换矩阵；

(2)建立所有空间多边形(20 个)结构数据模型；

(3)使用 TranslateToView( )函数对每个空间多边形进行投影规范化；

(4)使用 SortingBiaoMian( )函数对所有投影规范化后的空间多边形依其距离视点的远近进行排序；

(5)使用 DrawView( )函数依次绘制投影多边形，由于所有的投影多边形已经完成排序，最终绘制结果自动完成消隐。

TranslateToView( )函数、SortingBiaoMian( )函数和 DrawView( )函数还没有，必须建

立起来。使用"类向导"，在文档类建立 TranslateToView( )函数如下：

```
void CMyGraphicsDoc:: TranslateToView(double D[4][4], struct
BiaoMian * s, double x0, double y0, double z0)
    {
        //TODO：在此处添加实现代码
        //先确认空间多边形是否可见，不可见则直接退出
        if ((s->P[0][0]-x0) * s->x+(s->P[0][1]-y0) * s->y+(s->P[0][2]
-z0) * s->z > 0) {
            s->CanBeSeen = false;
            return;
        }
        double d = 100.0; //摄像机焦距
        double x, y, z;
        for (int i = 0; i < 4; i++) {
            //将空间多边形四个端点逐点变换到观察坐标系
            x = s->P[i][0] * D[0][0]+s->P[i][1] * D[1][0]+s->P[i][2]
* D[2][0]+D[3][0];
            y = s->P[i][0] * D[0][1]+s->P[i][1] * D[1][1]+s->P[i][2]
* D[2][1]+D[3][1];
            z = s->P[i][0] * D[0][2]+s->P[i][1] * D[1][2]+s->P[i][2]
* D[2][2]+D[3][2];
            //观察坐标系下的透视投影，并保存在空间多边形结构变量中
            s->P[i][0] = d * x / z;
            s->P[i][1] = d * y / z;
            //投影规格化
            s->P[i][2] = z;
        }
    }
```

TranslateToView( )函数依次对每个空间多边形进行可见性判断，对于不可见的空间多边形，在其模型结构 s[ ][ ]对应变量上做不可见标记；对于可见的空间多边形，则不改变模型结构对应变量上初始的可见标记。对于可见的空间多边形，还要完成如下工作：

(1)使用传输进函数的变换矩阵 D[ ][ ]将空间多边形从世界坐标系变换到投影坐标系中；

(2)在投影坐标系中对空间多边形各顶点进行透视投影，完成投影规范化，并存储在模型结构 s[ ][ ]中。这样，每个空间多边形模型结构中，只要是可见的，存储的就是投影规范化以后的空间多边形模型了。

使用"类向导"，在文档类建立 SortingBiaoMian ( )函数如下：

```
void CMyGraphicsDoc:: SortingBiaoMian(struct BiaoMian * s)
    //TODO：在此处添加实现代码
    struct BiaoMian s1;
    double z1, z2;
    for (int i = 0; i < 20; i++) { //两两交换足够次，能够保证完成整个排序
        for (int j = 0; j < 20; j++) {
            z1 = GetMinZ(s[j]); z2 = GetMinZ(s[j+1]);
            if (z1 < z2) { //前 z 值小后 z 值大，就交换位置，变成前 z 值大后
z 值小
                s1 = s[j]; s[j] = s[j+1]; s[j+1] = s1;
            }
        }
    }
}
```

SortingBiaoMian（ ）函数对所有空间多边形模型(包括不可见的)进行排序，排序的依据是各空间多边形最小的 z 坐标值，排序的方法是交换法。GetMinZ( )函数的作用就是获取一个空间多边形最小的 z 坐标值，该函数还没有，使用"类向导"，在文档类建立GetMinZ（ ）函数如下：

```
double CMyGraphicsDoc:: GetMinZ(struct BiaoMian s)
{
    //TODO：在此处添加实现代码
    double z = 10000.0;
    for (int i = 0; i < 4; i++) {
        if (z > s.P[i][2])z = s.P[i][2];
    }
    return z;
}
```

理论上，画家算法还要处理空间面相互交叉的情况，如图 7-4 左图所示，因为过了交叉线以后，空间面的前后遮挡关系就颠倒了。画家算法的处理方法是用交叉线将一个空间面分割成两个空间面，每个分割的空间面独立参加排序。因此，SortingBiaoMian（ ）函数没有完整地实现画家算法排序功能，如有必要，可在该函数中继续添加功能。实际上，空间多边形都是取自实体三维模型，这些空间面不会出现交叉，最多出现若干个空间多边形相连的情况，如图 7-4 右图所示，按照 z 坐标排序已经足够了。

使用"类向导"，在文档类建立 DrawView（ ）函数如下：

```
void CMyGraphicsDoc:: DrawView(CClientDC * pDC, struct BiaoMian * s)
{
    //TODO：在此处添加实现代码
```

186

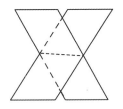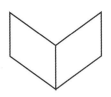

图 7-4　空间平面的相互位置关系

```
if (! s->CanBeSeen)return; //如果面不可见，则不画
CBrush brush(s->color); //设置多边形填充颜色(即画刷)
pDC->SelectObject(&brush);
pDC->SetROP2(R2_COPYPEN); //设置直接画方式
for (int i = 0; i < 4; i++) {
    group[i].x = s->P[i][0]; group[i].y = s->P[i][1];
    //将投影图像反转
    group[i].y = -group[i].y;
    //将投影结果从(-200, -200)-(200, 200)移至(200, 200)-(600,
600)
    group[i].x += 400; group[i].y += 400;
}
//窗口对多边形进行裁剪并显示
    group[4] = group[0];        //按照算法，第一个点复制到最后一个点
    PointNum = 4;
    EdgeClippingByXL(200);            //用窗口左边进行裁剪
    EdgeClippingByXR(600);            //用窗口右边进行裁剪
    EdgeClippingByYU(600);            //用窗口顶边进行裁剪
    EdgeClippingByYD(200);            //用窗口底边进行裁剪
    pDC->Polygon(group, PointNum); //调用 C++多边形填充函数
}
```

DrawView( )函数依次检查每个空间多边形的可见参数，如果可见就取出其投影后的多边形顶点存入 group[ ]数组，使用多边形对多边形裁剪方法，用窗口参数对 group[ ]数组中的多边形进行裁剪(四个窗口边对多边形的裁剪函数在第 4 章已经实现，无需修改，可以直接使用)，并用空间多边形颜色绘制裁剪后的封闭填充多边形。其中，由于是按照远近排序依次绘制的，正确的遮挡关系自动形成。

运行程序，可以看到进行了消隐的场景漫游，漫游的最后结果如图 7-5 所示。

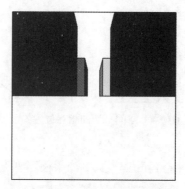

图 7-5　消隐效果下的场景漫游

7.2　基于面消隐的实例——地形显示 1

7.2.1　算法分析

地形起伏数据常用 DEM 形式给出，根据 DEM 数据可以绘制出反映地形起伏变化的图形，给人以直观的地形显示。

如图 7-6 所示，DEM 数据是一个规则排列的二维数组，它对应了一块地面范围，整个范围划分成大小相等的矩形(通常是正方形)区域。每个矩形区域的位置用(x, y)坐标标识，x、y 又是 DEM 二维数组中每个数据在数组中的下标，数据本身表示该区域的平均高程 z。区域对应的地面实际面积越小，DEM 分辨率越高，反映的地形起伏越准确。

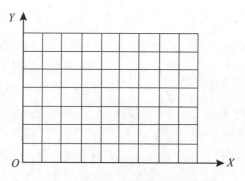

图 7-6　DEM 数据表达地形

地形表示的一种方法是将每个 DEM 数据用一个表示其高度 z 的柱状长方体表示，长方体的放置位置对应于 DEM 数据所在的矩形区域位置。当所有的数据都这样表示以后，从这些柱状体的顶面组合可以看出地面的起伏状况，如图 7-7 所示。为了表现出正确的遮挡关系以达到消隐的目的，应该采用先远后近的次序依次绘制这些柱状体。

绘制每一个 DEM 数据对应的柱状长方体是这种地形显示方法的关键。如图 7-8 所示，在世界坐标系 *O-XYZ* 中，投影平面选取 *YOZ* 平面，一个 DEM 数据(x, y, z)的柱状长方体落脚点位于 *XOY* 平面上(x, y)坐标标注的位置，长方体的高度为 z，就能体现 DEM 高程数据的意义。投影方式可以选择透视投影或斜平行投影，但为此需要额外的投影点信息或投影方向信息。在很多应用场合，地形显示不需要详细准确，只要大致反映地形起伏状态即可。因此，这里选择简单投影方式。

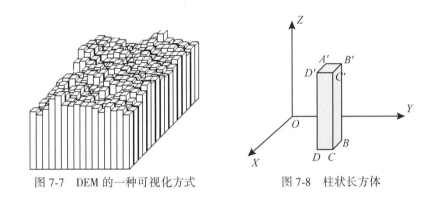

图 7-7 DEM 的一种可视化方式   图 7-8 柱状长方体

前面已经介绍过，简单投影是一种斜平行投影，它不考虑准确的投影方向。在投影平面为 *YOZ* 平面的前提下，一个空间点(x, y, z)，如果是正平行投影，则不论 x 值的大小，其投影点就是(y, z)；如果是斜平行投影，则投影点(y', z')偏离(y, z)，其偏离程度与投影方向有关，也与 x 值的大小有关。简单投影的简单之处就在于用 y、z 两个方向的比例系数表示这种偏离程度而避免了常规平行投影的计算。这种计算方法用式(7-2)表示。

$$Y' = Y - K_y \cdot X \qquad Z' = Z - K_z \cdot X \qquad (7-2)$$

一个 DEM 数据形式是 $z = z(x, y)$，对应的是一个坐标(x, y)处的地面点，也是三维世界坐标系中一个高于海平面的空间点，该地面点三维空间坐标是(x, y, z)。绘制该数据对应柱状长方体的方法是，在空间点(x, y, z)的投影点处绘制一个形如图 7-8 所示、高度为 z 的柱状长方体。所有的 DEM 数据对应柱状长方体绘制完毕，就形成图 7-7 所示的地形图。

C++图形库中没有直接绘制立柱的函数。图 7-8 所示的立柱图形实际上是由 3 个可见的面 $D'C'CD$、$C'B'BC$、$A'B'C'D'$ 组成。如果空间点 A' 坐标取为(x, y, z)，则柱状长方体 8 个空间点的坐标是：$A'(x, y, z)$，$B'(x, y+1, z)$，$C'(x+1, y+1, z)$，$D'(x+1, y, z)$，$A(x, y, 0)$，$B(x, y+1, 0)$，$C(x+1, y+1, 0)$，$D(x+1, y, 0)$。将 3 个可见面的顶点依次投影，得到投影面，将三个投影面依次绘出，就得到柱状长方体投影。

需要采用消隐方法获取真实感。首先，柱状长方体是不透明的；其次，按照由远到近的次序绘制好所有柱状体，使近的柱状长方体遮挡、覆盖远的柱状长方体，自动形成正确的遮挡关系。

操作过程设计为如下步骤：首先读入 DEM 数据，这需要准备一个二维数组存放数据。

按照由远到近的次序依次从数组中读出数据，计算投影点位置，在计算的位置上绘制柱状体。

7.2.2　编程实现

在菜单项"消隐"下，添加"地形显示 1"，其菜单项 ID 确定为 ID_DISAPPEAR_TERRAIN1。使用"类向导"，在视图类为 ID_ DISAPPEAR_ TERRAIN1 建立菜单响应函数如下：

```
void CMyGraphicsView:: OnDisappearTerrain1()
{

    //TODO: 在此添加命令处理程序代码
    CMyGraphicsDoc * pDoc = GetDocument(); //获得文档类指针
    CClientDC pDC(this); //定义当前绘图设备
    pDoc->Terrain1(&pDC);

}
```

使用"类向导"，在文档类建立函数 Terrain1( )，并添加如下语句：

```
void CMyGraphicsDoc:: Terrain1(CClientDC * pDC)
{

    //TODO: 在此处添加实现代码
    unsigned char * DEM;        //建立二维数组存放 DEM 数据
    DEM = new unsigned char[200 * 200];
    if (! ReadDEM(DEM) {        //读取 DEM 数据
        AfxMessageBox(_T("地形数据文件打开失败"), MB_OK, 0);
return;
    }

    CBrush brush(RGB(0, 255, 255));          //设置多边形填充颜色(即
画刷)
    CBrush * pOldBrush = pDC->SelectObject(&brush);
    pDC->SetROP2(R2_COPYPEN); //设置直接画方式
    for (int x = 0; x < 200; x++) //根据投影方式，以 X 为行，以 Y 为列
        for (int y = 0; y < 200; y++)
            DrawColumn(pDC, x, y, *(DEM+x * 200+y)); //画(x, y)
对应高程值柱状体
    pDC->SelectObject(pOldBrush);
    delete DEM;

}
```

DEM 数据为 8 比特无符号整数，数据为 0~255。DEM 文件为一个 200×200 的二进制码数据文件，文件名为 DEM. DAT，存放于 C 盘根目录下。函数 ReadDEM( ) 读出所有高

程数据存放于数组 DEM[ ][ ]中，然后 Terraini( )函数依次画出每个高程数据对应的柱状体，绘制顺序是从第 0 行到第 199 行、从第 0 列到第 199 列，逐行逐列处理每一个高程值。函数 DrawColumn(pDC，x，y，z)是绘制(x，y)处、高程值为 z 的柱状体投影图，方法是绘制柱状体投影中可见的三个多边形。

使用"类向导"，在文档类建立函数 ReadDEM( )，并添加如下语句：

```
bool CMyGraphicsDoc:: ReadDEM(unsigned char * D)
{
    //TODO：在此处添加实现代码
    CFile f;
    if (f.Open(_T("c: \ \ DEM.dat"), CFile:: modeRead | CFile::
typeBinary, NULL)= =0) {
        AfxMessageBox(_T("地形数据文件打开失败"), MB_OK, 0); return
false;
    }
    else {
        f.Read(D, 200 * 200); //读入高程数据
        f.Close();
    }
    return true;
}
```

使用"类向导"，在文档类建立函数 DrawColumn( )，并添加如下语句：

```
void CMyGraphicsDoc:: DrawColumn(CClientDC * pDC, int x, int y,
int z)
{
    //TODO：在此处添加实现代码
    int size=3;              //柱状体的底面正方形为 size * size
    double ky=0.4, kz=0.3;    //深度值对投影位置的影响比例系数
    CPoint P[4];
    P[0].x=y * size-ky * (x+1) * size; //计算 D'(X+1, Y, Z)点投影
    P[0].y=z-kz * (x+1) * size;
    P[1].x=(y+1) * size-ky * (x+1) * size; //计算 C'(X+1, Y+1, Z)
点投影
    P[1].y=z-kz * (x+1) * size;
    P[2].x=(y+1) * size-ky * (x+1) * size; //计算 C(X+1, Y+1, 0)
点投影
    P[2].y=-kz * (x+1) * size;
    P[3].x=y * size-ky * (x+1) * size;     //计算 D(X+1, Y, 0)点
投影
```

```
        P[3].y=-kz*(x+1)*size;
        for (int i=0; i < 4; i++) {
            P[i].x=P[i].x+400; //地形绘制从屏幕(400,400)开始
            P[i].y=400-P[i].y; //y坐标反向。Y方向需要反转
        }
        pDC->Polygon(P, 4);        //绘制空间面D'C'CD的投影多边形
        P[0].x=(y+1)*size-ky*(x+1)*size; //计算C'(X+1, Y+1, Z)
```
点投影
```
        P[0].y=z-kz*(x+1)*size;
        P[1].x=(y+1)*size-ky*x*size; //计算B'(X, Y+1, Z)点投影
        P[1].y=z-kz*x*size;
        P[2].x=(y+1)*size-ky*x*size; //计算B(X, Y+1, 0)点投影
        P[2].y=-kz*x*size;
        P[3].x=(y+1)*size-ky*(x+1)*size; //计算C(X+1, Y+1, 0)
```
点投影
```
        P[3].y=-kz*(x+1)*size;
        for (int i=0; i < 4; i++) {
            P[i].x=P[i].x+400; P[i].y=400-P[i].y;
        }
        pDC->Polygon(P, 4);        //绘制空间面C'B'BC的投影多边形
        P[0].x=y*size-ky*x*size; //计算A'(X, Y, Z)点投影
        P[0].y=z-kz*x*size;
        P[1].x=(y+1)*size-ky*x*size; //计算B'(X, Y+1, Z)点投影
        P[1].y=z-kz*x*size;
        P[2].x=(y+1)*size-ky*(x+1)*size; //计算C'(X+1, Y+1, Z)
```
点投影
```
        P[2].y=z-kz*(x+1)*size;
        P[3].x=y*size-ky*(x+1)*size; //计算D'(X+1, Y, Z)点投影
        P[3].y=z-kz*(x+1)*size;
        for (int i=0; i < 4; i++) {
            P[i].x=P[i].x+400; P[i].y=400-P[i].y;
        }
        pDC->Polygon(P, 4);        //绘制空间面C'B'BC的投影多边形
    }
```

运行程序，可以看到如图7-9所示的结果。还可以通过改变程序中的ky、kz参数，来看不同的立体效果。

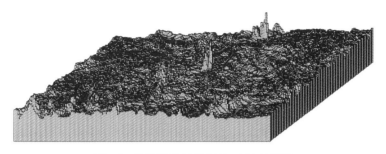

图 7-9 面消隐方法绘制的 DEM 地形图

7.3 基于线消隐的实例——地形显示 2

7.3.1 算法分析

根据 DEM 数据，还可以用由若干条空间曲线构成的一个空间曲面来表示一块地区地形起伏。将 DEM 数据中 x 行 y 列对应的高程 z 值看成是一个空间点 (x, y, z)，其中，(x, y) 是 DEM 高程值对应的地理位置，z 是 (x, y) 处的高程值。以行、列为单位，将每个行(列)的空间点用折线依次连接起来，构建一条空间曲线，如图 7-10 所示，整个地形曲面是由若干条行曲线和列曲线交织构成的。将这些行、列空间曲线投影到投影平面，并绘制出来，就形成了最终的地形显示结果。

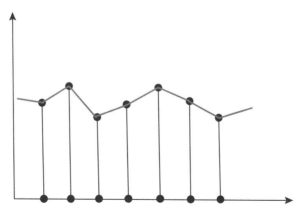

图 7-10 DEM 曲线地形模型原理

投影方式可以采用透视、平行投影中的任何一种方式，在这里仍然采用简单投影方法。投影平面仍选取如图 7-8 所示的 YOZ 平面，每个空间点 (x, y, z) 与投影点 (y', z') 的关系仍可由式(7-2)表示。

曲线消隐是要消除被遮挡的曲线，不同于画家算法面消隐由远及近绘制填充多边形来

193

自动形成遮挡关系，曲线消隐是采用由近及远绘制曲线，后绘制的曲线只有高于已绘制曲线的部分，才能不被遮挡，没有被遮挡的部分才能得到绘制。

为了消隐，多组行列曲线的投影绘制顺序也要进行规定。如图 7-11 所示，观察方向与 DEM 数组的关系也就是行(列)数大的行(列)排在前面。

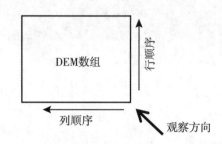

图 7-11　根据观察方向决定前后行列及绘制顺序

为了形成正确的遮挡关系，以视点所在位置为基准，采用从前行(列)到后行(列)的次序依次绘制空间曲线；后行(列)的空间曲线只有其投影结果的高度超过前行(列)已绘制曲线、因而没有被阻挡的部分才得到绘制。不管是行曲线还是列曲线，只要距离视点更近，就有可能遮挡那些距离视点更远的曲线。因此，在实际绘制过程中采用行列交替的方式进行，目的是保证当前绘制的空间曲线比所有还没有被绘制的空间曲线更接近视点。

为了提高真实度，采用"曲面隐藏线消隐"算法消除被遮挡的曲线(或部分曲线)。我们知道，排在队列后面的人只有高于前面的人，其高出的部分才不被遮挡。空间曲线也是这样。曲面隐藏线消隐算法设置一个一维数组，用来记录已绘制曲线投影点(y', z')的最大高度值。一根正被处理的空间曲线，只有超出该数组中记录的最大值，才得以绘制，同时将一维数组用该曲线的高度数据进行更新。所有的行、列空间曲线交替，边投影边绘制，当所有行、列对应的空间曲线处理完毕，地形就绘制完毕。

行、列对应的空间曲线是由一段段在行或列中相邻的空间投影点连接线段组成的，是一条多节点折线，整个曲线的遮挡情况取决于每个线段的遮挡情况，处理每个线段的消隐是基础。如图 7-12 所示，从线段起点 x 出发到线段终点 $x+1$，寻找没被遮挡的部分。方法是逐点计算线段对应的 y 值，并与一维数组 A 中在对应点记录的最大值进行比较，如果对应的 y 值大于数组 A 中记录的最大值，就是线段没被遮挡，否则就是被遮挡。这样，线段就被分成若干个不同段。绘制出所有没被遮挡的段，就完成了一个线段的消隐处理。

曲面隐藏线的消除算法是一种线框图消隐，而地形显示 1 中所用的算法是一种面消隐算法。

7.3.2　编程实现

在菜单项"消隐"下添加"地形显示 2"子菜单项，其菜单项 ID 确定为 ID_DISAPPEAR_
TERRAIN2。使用"类向导"，在视图类为 ID_ DISAPPEAR_ TERRAIN2 建立菜单响应函数

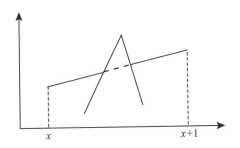

图 7-12　相邻空间点投影直线消隐处理方法

如下：

```
void CMyGraphicsView:: OnDisappearTerrain2()
{
    //TODO：在此添加命令处理程序代码
    CMyGraphicsDoc * pDoc = GetDocument(); //获得文档类指针
    CClientDC pDC(this);                   //定义当前绘图设备
    pDoc->Terrain2(&pDC);
}
```

使用"类向导"在文档类建立函数 Terrain2( )，并插入如下语句：

```
void CMyGraphicsDoc:: Terrain2(CClientDC * pDC)
{
    //TODO：在此处添加实现代码
    unsigned char * DEM;      //建立二维数组存放 DEM 数据
    DEM = new unsigned char[200 * 200];
    if (! ReadDEM(DEM) {      //读取 DEM 数据
        AfxMessageBox(_T("地形数据文件打开失败"), MB_OK, 0);
return;
    }
    int size = 3; //相邻两个 DEM 数据的距离
    double A[1280]; //存储最大值，假设显示器水平分辨率不超过1280
    for (int i = 0; i < 1280; i++)
        A[i] = 0.0; //用最小值初始化
    double ky = 0.4, kz = 0.3; //深度值对投影位置的影响比例系数
    int dy = 400, dz = 500; //调整图形显示位置

    CPen pen; //创建画笔
    pen.CreatePen(PS_SOLID, 2, RGB(70, 70, 70));
    CPen * pOldPen = pDC->SelectObject(&pen);
```

```
        pDC->SetROP2(R2_COPYPEN); //设置直接画方式
        for (int i=199; i>=0; i--) //取出一行，从前向后逐行绘制曲线
        {
            for (int j=0; j<199; j++) //在一行中从左到右绘制曲线
            {
                double y1=j*size-i*size*ky; //(i, j, DEM[i][j])
的投影点
                double z1=*(DEM+i*200+j)-i*size*kz;
                double y2=(j+1)*size-i*size*ky; //(i, j+1, DEM
[i][j+1])的投影点
                double z2=*(DEM+i*200+j+1)-i*size*kz;
                Dealwith(pDC, y1+dy, z1+dz, y2+dy, z2+dz, A);
            }
            for (int j=198; j>=0; j--) //行列交替处理，对第i列，从前
到后绘制曲线
            {
                double y1=i*size-j*size*ky; //(j, i, DEM[j, i])
的投影点
                double z1=*(DEM+j*200+i)-j*size*kz;
                double y2=i*size-(j+1)*size*ky; //(j+1, i, DEM
[j+1, i])的投影点
                double z2=*(DEM+(j+1)*200+i)-(j+1)*size*kz;
                Dealwith(pDC, y1+dy, z1+dz, y2+dy, z2+dz, A);
            }
        }
        for (int i=0; i<200; i++)              //绘制边框
        {
            double y1=i*size-199*size*ky+dy;           //行边框
            double z1=*(DEM+199*200+i)-199*size*kz+dz;
            double z2=-199*size*kz+dz;
            z1=900-z1; z2=900-z2; //设备坐标系Y方向反转
            pDC->MoveTo((int)y1, (int)z1);
            pDC->LineTo((int)y1, (int)z2);
            y1=199*size-i*size*ky+dy;           //列边框
            z1=*(DEM+i*200+199)-i*size*kz+dz;
            z2=-i*size*kz+dz;
            z1=900-z1; z2=900-z2;
            pDC->MoveTo((int)y1, (int)z1);
```

```
                pDC->LineTo((int)y1,(int)z2);
            }

        pDC->SelectObject(&pOldPen);
    }
```

该函数完成 DEM 地形绘制。首先使用 ReadDEM( ) 函数从磁盘文件中读取 DEM 数据，并准备好最大高度记录数组 A[ ]。接着对 DEM 数据逐行、逐列交替进行如下处理：在每行、每列中依次取出相邻两个 DEM 数据，计算其投影坐标，然后调用 Dealwith( ) 函数完成两个投影点线段的消隐绘制。为了美观，最后为绘制的地形曲面增加一个边框。

ReadDEM( ) 函数已经存在，现在使用"类向导"在文档类建立 Dealwith( ) 函数，并插入如下语句：

```
    void CMyGraphicsDoc:: Dealwith (CClientDC * pDC, double x1,
double y1, double x2, double y2, double A[1280])
    {
        //TODO: 在此处添加实现代码
        int flag = 0;                           //标识项，1：没被遮挡，0：遮挡
        int xsave1 = 0, xsave2, x;              //(xsave1,ysave1)记录没被遮
挡线段起点
        double ysave1 = 0, ysave2, y;           //(xsave2,ysave2)记录没被遮
挡线段终点
        if (x1 > x2) //交换 x1、x2,确保 x1<x2
        {
            double xx = x1; x1 = x2; x2 = xx;
            double yy = y1; y1 = y2; y2 = yy;
        }
        for (x = (int)(x1+0.5); x < x2; x++)
        {
            y = (y2-y1) / (x2-x1) * ((double)x-x1)+y1;
            if (y > A[x])
            {
                A[x] = y;
                if (flag == 0)                  //线段超出起始点
                {
                    xsave1 = x; ysave1 = y;
                    flag = 1;
                }
            }
            else
            {
```

```
            if (flag==1)              //线段超出部分结束点
            {
                xsave2=x-1;           //计算超出部分结束点
                ysave2=(y2-y1)/(x2-x1)*((double)(x-1)-x1)
+y1;

                flag=0;
                ysave1=900-ysave1;//设备坐标系 y 坐标反向
                ysave2=900-ysave2;//画出超出部分
                pDC->MoveTo(xsave1,(int)(ysave1+0.5));
                pDC->LineTo(xsave2,(int)(ysave2+0.5));
            }
        }
    }
    if (flag==1)             //直到本线段结束也未被遮挡的处理方法
    {
        y=(y2-y1)/(x2-x1)*(x-x1)+y1;
        ysave1=900-ysave1; y=900-y; //设备坐标系 y 坐标反向
        pDC->MoveTo(xsave1,(int)(ysave1+0.5));
        pDC->LineTo(x,(int)(y+0.5));
    }
}
```

该函数处理直线段(x_1, y_1)-(x_2, y_2)的消隐问题。从 x_1 到 x_2 逐像素计算其对应的 y 值，y 值就是高度，y 大于对应的数组 $A[\ ]$ 单元值，曲线在这里就高于以前绘制的曲线，就不会被遮挡。以此方法来搜索$[x_1, x_2]$区间不被遮挡的线段部分。

运行程序，可以看到如图 7-13 所示的绘制结果。

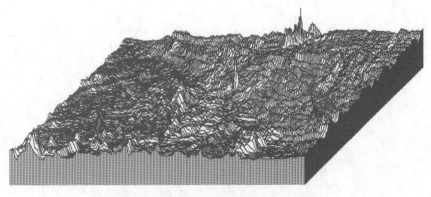

图 7-13　曲线消隐方法绘制的 DEM 地形图

7.4 Z 缓冲区算法

7.4.1 算法分析

Z 缓冲区算法是一种面消隐算法。与画家算法一样，把组成物体的面作为独立的空间多边形，每个面都是一个有限平面。面消隐结果是所有空间多边形的投影(在投影平面中仍然是个多边形，称为投影多边形)之间的消隐。

画家算法是把所有的空间多边形按照距离视点的远近距离排序，先画距离远的，后画距离近的，后画的覆盖先画的，近的遮挡远的，自然形成投影多边形的遮挡关系。画家算法需要对空间多边形排序，并妥善处理大小不一、方向各异的空间多边形排序所带来的其他问题。Z 缓冲区算法巧妙地避开了排序。

如图 7-14 所示，在投影规范化的前提下，显示设备上每个像素都对应各自的一根垂直于投影面的投影线，投影线与代表物体表面的各空间封闭多边形相交于 A、B、C 等若干交点。在投影平面为 $z=0$ 时，它们的投影点都是 P。显然，它们之间有遮挡关系，离视点最近(也就是 z 坐标值最大)的 A 点遮挡了 B、C 点，显示在 P 点处的是 A 点。

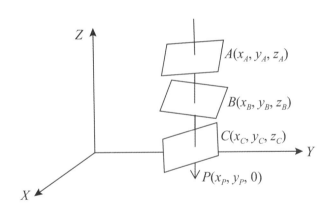

图 7-14 同一视线上，离视点最近的空间点遮挡其他空间点

Z 缓冲区算法的实质是在每个显示器像素对应的投影线上，找出所有诸如 A、B、C 这样的空间点，这些点是空间封闭多边形与投影线的交点，既在投影线上，又是各自空间封闭多边形的内点。在这些空间点中，具有最大 z 坐标值的空间点 A 遮挡了其他点，因而在对应的显示器像素上显示 A 点。当所有的显示器像素都如此处理完毕，整个消隐图完成。

A、B、C 这样的空间点是在整个处理过程中先后计算出来的，由于空间多边形并没有事先排序，它们出现的次序难以估计。对于一条投影线，难以将所有的相交空间点收集齐，再比较远近，确定像素显示哪个空间点。Z 缓冲区算法的做法是：为每个像素设置一个存储单元。像素与存储单元一一对应，像素绘制的空间点投影是当前扫描线与所有相交空间点中离视点最近的空间点，而对应存储单元存储当前点距离视点的距离。后来的点只有比当前点更接近视点，才能覆盖当前点绘制到该像素，并且要在对应存储单元中存储该点到视点的距离值。Z 缓冲区算法开辟的是一个 $M{\times}N$ 大小的缓冲区，对应显示器上 $M{\times}N$ 个像素，因此该消隐算法称为缓冲区算法。

应用 Z 缓冲区算法的前提是已经将空间多边形进行了投影规范化处理，也就是本算法的投影是垂直于投影平面的正平行投影，投影方向与 Z 轴方向相反，投影平面为 $z=0$。在这样的投影方式下，图 7-14 所示的同一视线中的 A、B、C、P 都具有相同的 x、y 坐标，不同的是各点的 z 坐标，其中 P 点作为空间点，其 z 坐标为 0。各点的 z 坐标反映了其与视点的远近关系，其中 z 坐标值最大的 A 点距离视点最近。所以，存储单元中存储的是空间点的 z 坐标值。这也是该算法称为 Z 缓冲区算法的原因。

图 7-14 中所示的空间多边形与视线的交点 A、B、C 等都是各自空间多边形平面上的点，这些交点的 z 坐标可以用所在的平面方程计算。

空间多边形的表达方式是顶点表示，依次记录的多边形顶点三维空间坐标。根据任意三个不在同一直线上的三个顶点，可以计算出多边形平面方程。设多边形平面方程为：

$$z=Ax+By+C \tag{7-3}$$

根据三点确定一个平面的原理，在一个空间多边形上，任取不在一条直线上的三个顶点 (x_1, y_1, z_1)、(x_2, y_2, z_2)、(x_3, y_3, z_3)，可以计算出平面方程系数如下：

$$A = \frac{(z_1 - z_3)(y_1 - y_2) - (z_1 - z_2)(y_1 - y_3)}{(y_1 - y_2)(x_1 - x_3) - (y_1 - y_3)(x_1 - x_2)}$$

$$B = \frac{(z_1 - z_2)(x_1 - x_3) - (z_1 - z_3)(x_1 - x_2)}{(y_1 - y_2)(x_1 - x_3) - (y_1 - y_3)(x_1 - x_2)} \tag{7-4}$$

$$C = z_1 - Ax_1 - By_1$$

当 (x_1, y_1, z_1)、(x_2, y_2, z_2)、(x_3, y_3, z_3) 不在一条直线上时，分母不为 0，这也是选择三个空间顶点必须满足不在一条直线上的原因。

图 7-14 中所示的空间多边形与视线的交点 A、B、C 等也是各自封闭空间多边形的内点。一个封闭空间多边形经过投影后，在投影平面内得到的投影多边形依然是封闭的。利用图形填充算法，可以计算出封闭多边形的所有内点，也就是计算出内点的坐标 (x, y)。以图 7-14 中的空间点 A 为例，其投影点为 P，P 的坐标可以在填充算法计算过程中得到，它也是空间点 A 的 x、y 坐标。将 x、y 代入式(7-3)，就可以计算出 A 的 z 坐标。A 的 z 坐标就是判断 A 点是否被遮挡的依据。

在填充算法中，利用边的连贯性，采用加法，从一个顶点坐标出发，就计算出所有边与扫描线的交点，极大地节省了计算量。与之类似，在计算空间点的 z 坐标中，也可以使用加法计算任意空间点的 z 坐标。如图 7-15 所示，一个空间平面内，y 坐标相同、x 坐标相差为 1 的两个空间点，其 z 坐标相差为式(7-4)中的 A；x 坐标相同、y 坐标相差为 1 的两个空间点，其 z 坐标相差为式(7-4)中的 B。根据这一规律，在一个空间多边形中，以一个空间多边形顶点 (x_0, y_0, z_0) 为基点，任何一个空间点 (x_1, y_1, z_1) 的 z 坐标可以用式(7-5)计算：

$$z_1 = z_0 + (x_1 - x_0) \cdot A + (y_1 - y_0) \cdot B \tag{7-5}$$

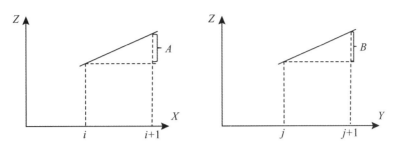

图 7-15　同一平面上相邻空间点 z 坐标变化规律

7.4.2　编程实现

在菜单项"消隐"下添加"Z 缓冲区算法"子项，其菜单项 ID 确定为"ID_ ZBuffer"。使用类向导在视图类建立菜单响应函数，并加入语句如下：

```
void CMyGraphicsView:: OnZbuffer()
{
    //TODO：在此添加命令处理程序代码
    CMyGraphicsDoc * pDoc=GetDocument(); //获得文档类指针
    CClientDC pDC(this);                 //定义当前绘图设备
    pDoc->ZBuffer(&pDC);
}
```

使用类向导在文档类添加 Z 缓冲区算法实现函数，并加入如下语句：

```
void CMyGraphicsDoc:: ZBuffer(CClientDC * pDC)
    {
    //TODO：在此处添加实现代码
    struct BM * s;          //建立结构数组存放六个空间多边形数据
    s =new struct BM[6];

    s[0].color=RGB(255,0,0); //第一个空间多边形颜色
    s[0].num=4; //第一个空间多边形顶点数量
    s[0].P[0][0]=150; s[0].P[0][1]=130; s[0].P[0][2]
=310; //顶点坐标值(x, y, z)
    s[0].P[1][0]=340; s[0].P[1][1]=150; s[0].P[1][2]
=540; //第二顶点
    s[0].P[2][0]=380; s[0].P[2][1]=410; s[0].P[2][2]
=1100; //第三顶点
    s[0].P[3][0]=160; s[0].P[3][1]=380; s[0].P[3][2]
=820; //第四顶点
```

```
//第二个空间多边形参数
s[1].color=RGB(0, 255, 0);
s[1].num=5;
s[1].P[0][0]=160; s[1].P[0][1]=120; s[1].P[0][2]=440;
s[1].P[1][0]=410; s[1].P[1][1]=110; s[1].P[1][2]=930;
s[1].P[2][0]=520; s[1].P[2][1]=550; s[1].P[2][2]=1570;
s[1].P[3][0]=350; s[1].P[3][1]=430; s[1].P[3][2]=1130;
s[1].P[4][0]=170; s[1].P[4][1]=220; s[1].P[4][2]=560;
//第三个空间多边形参数
s[2].color=RGB(0, 0, 255);
s[2].num=6;
s[2].P[0][0]=600; s[2].P[0][1]=600; s[2].P[0][2]=1300;
s[2].P[1][0]=770; s[2].P[1][1]=500; s[2].P[1][2]=1370;
s[2].P[2][0]=960; s[2].P[2][1]=420; s[2].P[2][2]=1480;
s[2].P[3][0]=830; s[2].P[3][1]=300; s[2].P[3][2]=1230;
s[2].P[4][0]=720; s[2].P[4][1]=230; s[2].P[4][2]=1050;
s[2].P[5][0]=650; s[2].P[5][1]=210; s[2].P[5][2]=960;
//第四个空间多边形参数
s[3].color=RGB(255, 255, 0);
s[3].num=6;
s[3].P[0][0]=220; s[3].P[0][1]=200; s[3].P[0][2]=710;
s[3].P[1][0]=350; s[3].P[1][1]=340; s[3].P[1][2]=1055;
s[3].P[2][0]=590; s[3].P[2][1]=660; s[3].P[2][2]=1815;
s[3].P[3][0]=300; s[3].P[3][1]=600; s[3].P[3][2]=1550;
s[3].P[4][0]=180; s[3].P[4][1]=320; s[3].P[4][2]=930;
s[3].P[5][0]=150; s[3].P[5][1]=220; s[3].P[5][2]=715;
//第五个空间多边形参数
s[4].color=RGB(0, 0, 127);
s[4].num=6;
s[4].P[0][0]=600; s[4].P[0][1]=680; s[4].P[0][2]=2260;
s[4].P[1][0]=300; s[4].P[1][1]=670; s[4].P[1][2]=1840;
s[4].P[2][0]=200; s[4].P[2][1]=520; s[4].P[2][2]=1440;
s[4].P[3][0]=190; s[4].P[3][1]=430; s[4].P[3][2]=1250;
s[4].P[4][0]=380; s[4].P[4][1]=220; s[4].P[4][2]=1020;
s[4].P[5][0]=540; s[4].P[5][1]=300; s[4].P[5][2]=1340;
//第六个空间多边形参数
s[5].color=RGB(255, 0, 127);
s[5].num=6;
```

```
        s[5].P[0][0]=400; s[5].P[0][1]=670; s[5].P[0][2]=1470;
        s[5].P[1][0]=680; s[5].P[1][1]=610; s[5].P[1][2]=1690;
        s[5].P[2][0]=690; s[5].P[2][1]=340; s[5].P[2][2]=1430;
        s[5].P[3][0]=500; s[5].P[3][1]=210; s[5].P[3][2]=1110;
        s[5].P[4][0]=200; s[5].P[4][1]=180; s[5].P[4][2]=780;
        s[5].P[5][0]=400; s[5].P[5][1]=320; s[5].P[5][2]=1120;

        int * Z;
        Z=new int[1000*800];        //设置二维数组 Z[1000][800]作为缓
冲区

        if (Z==NULL) {
            AfxMessageBox(_T("申请空间失败"), MB_OK, 0);
        }
        for (int i=0; i < 100; i++)        //初始化 Z 缓冲区
            for (int j=0; j < 800; j++)
                *(Z+i*800+j)=0;
        for (int i=0; i < 6; i++)
        {
            ZBufferPolygon(pDC, (s+i), Z); //Z 缓冲区消隐算法画一个投
影多边形
        }
        delete []Z;
        delete[]s;
        Sleep(10000); //程序暂停，看绘制结果
    }
```

为了记录空间多边形信息，在文档类添加一个空间多边形结构如下，该结构专为 Z 缓冲区算法设置。

```
    struct BiaoMian//存放空间多边形
    {
        double P[4][3];     //空间多边形四个三维空间端点
        double x, y, z;     //空间多边形外法线方向
        COLORREF color;         //填充颜色三分量
        bool CanBeSeen;         //是否可见
    }s[4][5];
    struct BM//存放 Z 缓冲区算法空间多边形
    {
        double P[20][3];    //空间平面多边形可以有最多 20 个三维顶点
        int num; //空间多边形顶点数量
```

·

```
        COLORREF color;         //多边形填充颜色
};
    EdgeInfo init(CPoint p1, CPoint p2)//非水平边的边结构初始化
    {
        EdgeInfo temp;
        CPoint p;
        if (p1.y > p2.y) { p =p1; p1 =p2; p2 =p; };
        temp.ymax=p2.y;            //上端点 y 坐标
        temp.ymin=p1.y;            //下端点 y 坐标
        temp.xmin=(float)p1.x;        //下端点 x 坐标
        temp.k=(float)(p2.x-p1.x) /(float)(p2.y-p1.y); //该线段
斜率倒数
        return temp;
    }
```

本算法用 6 个空间多边形之间的消隐演示，在程序中直接给出了 6 个空间多边形。
ZBuffer( )函数首先建立一个结构数组，然后为 6 个空间多边形填充数据，包括空间多边
形填充颜色，空间多边形顶点数量和每个顶点的 3 维空间坐标。接着，定义一个与显示器
像素对应的 Z 缓冲区，并初始化 Z 缓冲区。最后调用函数 ZBufferPolygon( )，在投影平面
依次绘制 6 个空间多边形的投影。

ZBufferPolygon( ) 函数是具体实现算法的程序，它在完成一个投影多边形填充绘制过
程中，使用 Z 缓冲区决定像素用哪个空间多边形的颜色绘制。使用类向导，在文档类中
增加该函数，并输入如下语句：

```
    //Z 缓冲区消隐算法中一个投影多边形的绘制
    void CMyGraphicsDoc:: ZBufferPolygon(CClientDC * pDC, struct
BM * s, int * z)
    {
        //TODO：在此处添加实现代码
        //计算该平面方程 z =Ax+By+C 中的 A、B 值
        double A, B;
        for (int i =0; i < s->num-2; i++) {
            double x1 =s->P[i][0]; //依次取出相邻的三个顶点坐标
            double y1 =s->P[i][1];
            double z1 =s->P[i][2];
            double x2 =s->P[i+1][0];
            double y2 =s->P[i+1][1];
            double z2 =s->P[i+1][2];
            double x3 =s->P[i+2][0];
            double y3 =s->P[i+2][1];
```

```
        double z3 = s->P[i+2][2];
        double d = (y1-y2)*(x1-x3)-(y1-y3)*(x1-x2);
        if (abs(d) > 0.00001) { //如果 d 不等于 0, 则相邻三个点不在
```
一条直线上
```
            A = ((z1-z3)*(y1-y2)-(z1-z2)*(y1-y3)) /d;
            B = ((z1-z2)*(x1-x3)-(z1-z3)*(x1-x2)) /d;
            break; //计算完毕, 打断循环
        }
    }
    double x0 = s->P[0][0]; //保留一个顶点信息, 作为计算其他点高程的
```
基准
```
    double y0 = s->P[0][1];
    double z0 = s->P[0][2];

    CPoint *g1;          //创建点数据数组, 用于存放投影后的二维多边形
```
顶点
```
    EdgeInfo *edgelist;          //创建边结构数据数组, 用于存放二维多
```
边形所有边
```
    g1 = new CPoint[s->num+1];
    edgelist = new EdgeInfo[s->num];
    for (int i=0; i < s->num; i++)
    {
        g1[i].x = (int)(s->P[i][0]+0.5);
        g1[i].y = (int)(s->P[i][1]+0.5);
    }
    g1[s->num] = g1[0]; //将第一点复制为数组最后一点
    int EdgeNum = 0;
    for (int i=0; i < s->num; i++)      //建立每一条边的边结构
    {
        if (g1[i].y != g1[i+1].y)      //只处理非水平边
        {                              //计算并保存边结构
            edgelist[EdgeNum++] = init(g1[i], g1[i+1]);
        }
    }
    int ymin = YMin(g1, s->num);    //多边形顶点最小最大 y 坐标
    int ymax = YMax(g1, s->num);    //扫描范围在这两个数之间
    int XNum;    //记录保存的交点数量
    float XSave[100];    //保存边与扫描线交点的 x 坐标
```

```
        for (int y=ymin; y <=ymax; y++)        //AEL=y 时的扫描线填充
        {
            XNum=0; //计算一条扫描线前，先清零
            //找出与当前扫描线相交的边
            for (int i=0; i < EdgeNum; i++)//逐边处理
            {
                if (y >=edgelist[i].ymin && y < edgelist[i].ymax)
//找到相交边
                {
                    XSave[XNum++]=CalculateCrossPoint(y, edgelist
[i]);
                }
            }
            float x;
            for (int i=0; i < XNum-1; i++)        //排序
            {                                      //相邻数据两两交换方法
                for (int j=0; j < XNum-1; j++)
                {
                    if (XSave[j] > XSave[j+1])
                    {
                        x=XSave[j];
                        XSave[j]=XSave[j+1];
                        XSave[j+1]=x;
                    }
                }
            }
            //在扫描线 Y=y 上，有若干段区域需要填充
            for (int i=0; i < XNum-1; i +=2)    //逐段取出，处理
            {
                int x1=(int)(XSave[i]+0.5); //一段的起点
                do {
                    //根据基准计算点(x1，y)对应的 z 坐标值
                    double z1=(x1-x0)*A+(y-y0)*B+z0;
                    if (z1 >*(z+y*800+x1)) {
                        pDC->SetPixel(x1, y, s->color);
                        *(z+y*800+x1)=z1;
                    }
                x1++;
```

```
        } while (x1 < XSave[i+1]);        //到达一段的终点
    }
}
    delete[]g1;
    delete[]edgelist;
}
```

结构变量 s 包含了一个空间多边形的全部数据，整型数组 z 包含了 Z 缓冲区数据。函数首先使用空间多边形数据计算出空间多边形平面方程关键参数 A、B，并保留一个基准点 3 维坐标，为后续内点 z 坐标的求解做好准备。然后，函数建立一个点数组 $g1[\ ]$ 用来存储空间多边形投影后的二维投影多边形顶点数据。

根据 $g1[\ ]$，应用前面学过的各种多边形填充算法就可以完成投影多边形的填充，在这里选用多边形扫描线填充算法。在前面的图形填充中，不存在消隐问题，确定了内点就可以立即绘制像素。这里有消隐问题，找到内点，要先与 Z 缓冲区中对应数据进行比较，然后根据比较结果确定是否绘制。因此，必须对前面的填充算法做必要的修改。

将扫描线填充算法实现语句拷贝到本函数，在找到内点后对其对应的空间点计算其 z 坐标，并与 Z 缓冲区中对应单元数据进行比较，确定是否绘制像素。完成以上修改，就完成了本函数。

运行程序，可以看到如图 7-16 所示的结果。可以改变程序中空间多边形数据，查看不同消隐效果。

图 7-16　Z 缓冲区算法消隐效果

本章作业

1. 按照指导书说明，完成地形显示 1 方法。
2. 按照指导书说明，完成地形显示 2 方法。
3. 按照指导书说明，完成缓冲区消隐方法。

第8章 曲 线

8.1 Bezier 曲线

8.1.1 算法分析

一条 Bezier 曲线的形状由一系列控制点决定。一条 Bezier 曲线由多段 Bezier 曲线首尾相连而成。常使用三次曲线表示一段 Bezier 曲线，一段三次 Bezier 曲线的控制点数量为 4。一条 Bezier 曲线的一系列控制点被划分成多组控制点，每一组包含 4 个控制点，每一组控制点决定了一段 3 次 Bezier 曲线的形状。整条 Bezier 曲线就是由多段 3 次 Bezier 曲线首尾相连而成的。

为了使相邻的两段 Bezier 曲线以一阶几何连续平滑地连接起来，必须满足如下两个条件：

(1) 前一组中最后一个控制点与后一组中第一个控制点相同(即共用一个点)；

(2) 前一组倒数第二个控制点、最后一个控制点(即后一组第一个控制点)、后一组第二个控制点等三个控制点在一条直线上。

如果各段首尾相连的 Bezier 曲线段都达到一阶几何连续平滑地连接，则控制点的布点工作将受到极大的限制。因为对于每一组控制点来说，为了和前一段 Bezier 曲线段平滑连接，该组的前两个控制点就要受到上述约束，为了和后一段 Bezier 曲线段平滑连接，该组的后两个控制点也要受到上述约束。一段 3 次 Bezier 曲线段总共只有 4 个控制点，它们全部受到约束而不能随意变动。

在人机交互操作过程中，这种要求难以满足，灵活性被极大地削弱。解决的办法是通过计算，在两个相邻曲线段控制点分组中插入一个连接点控制点。具体方法是这样的：用前一组的倒数第二点和后一组的第二点连线的中点作为相邻两段曲线控制点的终点和起点，如图 8-1 所示。这样，不论人工操作如何给出控制点，上述两个条件总能够满足，因此相邻的两个曲线段总能光滑地连接起来。

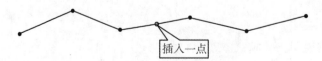

图 8-1　用计算的方法求出连接控制点

增加了这样的计算控制点，就要注意整个控制点的分组方法。如图 8-2 所示，人机交互过程中用鼠标确定的控制点用数字 1，2，3，…表示，计算出来的控制点用字母 a，b，c，…表示。控制点分组用以下方式进行：第一段曲线控制点为 1，2，3，a；第二段曲线控制点为 a，4，5，b；第三段曲线控制点为 b，6，7，c；依此类推。最后一组控制点如果不足 4 个，则舍弃这组控制点。

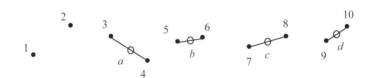

图 8-2　插入点计算控制点示意图

每一组 4 个控制点生成一段 3 次 Bezier 曲线，生成的方法有公式法和手工生成法。它们的共同特点是，计算出一系列曲线上的精确点，这些点具有一定间隔且密度足够。然后用直线依次将这些精确点连接起来，得到的折线就是这段 Bezier 曲线。其实曲线都是用折线画出来的，只要点的间隔足够小，曲线看起来就足够光滑。

公式法采用如下参数方程来计算曲线上的精确点：

$$P(t) = P_0(1-t)^3 + 3P_1 t(1-t)^2 + 3P_2 t^2(1-t) + P_3 t^3,\ 0 \leq t \leq 1 \qquad (8\text{-}1)$$

式中，四个控制点 P_0，…，P_3 的坐标依次是 (x_0, y_0, z_0)，…，(x_3, y_3, z_3)，与之对应，曲线上的点 $p(t)$ 用坐标表示为 $(x(t), y(t), z(t))$ 三个分量。三个坐标分量可以分别使用式(8-2)计算。

$$x(t) = X_0(1-t)^3 + 3X_1 t(1-t)^2 + 3X_2 t^2(1-t) + X_3 t^3$$
$$y(t) = Y_0(1-t)^3 + 3Y_1 t(1-t)^2 + 3Y_2 t^2(1-t) + Y_3 t^3, \qquad 0 \leq t \leq 1 \qquad (8\text{-}2)$$
$$z(t) = Z_0(1-t)^3 + 3Z_1 t(1-t)^2 + 3Z_2 t^2(1-t) + Z_3 t^3$$

等间隔地给定一系列 t 参数，如 $t = 0$，0.1，0.2，…，1，可以依据方程计算出一系列对应的空间点 $P(0)$，$P(0.1)$，$P(0.2)$，…，$P(1)$，它们的对应坐标依次是 $(x(0)$，$y(0)$，$z(0))$，$(x(0.1)$，$y(0.1)$，$z(0.1))$，$(x(0.2)$，$y(0.2)$，$z(0.2))$，…，$(x(1)$，$y(1)$，$z(1))$，依据坐标值画出每个点，并将这些点依次连起来就得到一段三维空间中的 Bezier 曲线。减小间隔 t 参数，如 $t = 0$，0.01，0.02，…，1，可以计算出更密集的系列点，得到更精确的曲线段。如果是生成二维平面上的曲线，只需要计算 x，y 坐标即可。

Bezier 曲线手工生成也是基于一组控制点生成一段曲线，是通过对控制点的坐标的组合计算得到曲线段上的一个精确点。

如图 8-3 所示，在一段由 t 参数表示的有向线段中，起点对应参数 $t = 0$，终点对应参数 $t = 1$，则线段上介于起点和终点之间的任意一点 $P(t)$ 可以根据式(8-3)由起点 $P(0)$ 和终点 $P(1)$ 计算出来：

$$P(t) = P(0)(1-t) + P(1)\ t,\ 0 \leq t \leq 1 \qquad (8\text{-}3)$$

如图 8-4 所示，一段 3 次 Bezier 曲线的四个控制点 P_1、P_2、P_3、P_4 依次连接成 3 段有

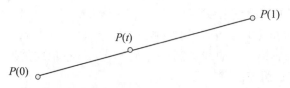

图 8-3　有向线段中任意一点与起、终点的关系

向线段 P_1P_2、P_2P_3、P_3P_4。在 3 段有向线段上可以根据相同的 t 参数，例如，$t=0.3$，分别确定三个点 P_1'、P_2'、P_3'，这三个点依次连接成 2 段有向线段 $P_1'P_2'$、$P_2'P_3'$。在这 2 段有向线段上，用同样的 t 参数 0.3 再确定两个点 P_1''、P_2''，这两个点依次连接成 1 段有向线段 $P_1''P_2''$。在这 1 段有向线段上，还是用同样的 t 参数 0.3 确定一个点 P_1'''。这一点就是 Bezier 曲线上参数为 $t=0.3$ 时的精确点 $P(0.3)$。

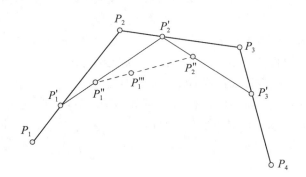

图 8-4　Bezier 曲线手工生成示意图

　　将参数 t 依次固定为 0.1，0.2，…，0.9，就可以得到一系列 Bezier 曲线上的精确点 $P(0.1)$，$P(0.2)$，…，$P(0.9)$。将它们依次用直线连接起来，就得到手工生成的一段 Bezier 曲线。如果认为 0.1 的间隔太大，曲线不够光滑，还可以取更小的间隔。

　　将一条 Bezier 曲线的四个控制点依次放入数据组 g，用手工生成法计算 Bezier 曲线上参数为 t 的精确点 $p(t)$ 的程序可以用以下方法实现：

```
for(n=4; n>0; n--)
    for(i=0; i<n; i++)
        g[i]=(1.0-t)*g[i]+t*g[i+1];
```

在循环开始前，$g[0]$、$g[1]$、$g[2]$、$g[3]$ 分别存放 P_1、P_2、P_3、P_4 四个控制点；经过一次循环后，$g[0]$、$g[1]$、$g[2]$ 分别存放 P_1'、P_2'、P_3'；再一次循环后，$g[0]$、$g[1]$ 分别存放 P_1''、P_2''；最后一次循环后，$g[0]$ 存放 P_1'''，此时，$g[0]$ 即为所求 $P(t)$。

　　Bezier 曲线的操作这样安排：用鼠标左键进行控制点选点，右键结束控制点选点，程序经过计算并显示一条黑色的 Bezier 曲线。再用左键点击选取一个控制点进行移动修改，右键结束一个控制点移动；当所有的修改完成以后，双击左键生成一条正式的红色 Bezier 曲线。

需要注意的是，首次布点和修改控制点位置，都用到了鼠标左右键，但在不同阶段，对鼠标的操作要求不同，必须想办法将两个阶段区分开。

8.1.2　编程实现

1. 建立菜单响应函数

打开工程项目，选择菜单项"基本图形生成"，找到"Bezier 曲线"子项，查看其属性项 ID 已经设置为"ID_BezierCurve"。用类向导在视图类创建其菜单响应函数，并加入语句如下：

```
void CMyGraphicsView:: OnBeziercurve()
{
    //TODO：在此添加命令处理程序代码
    CMyGraphicsDoc * pDoc = GetDocument(); //获得文档类指针
    MenuID = 17; PressNum = 0; pDoc->PointNum = 0;
}
```

至此，菜单响应函数建立完成。

2. 鼠标操作

Bezier 曲线适用于人机交互。一般在一个图形层显示底图，底图上有需要提取或绘制的目标曲线，在另一个图形层绘制一条与目标曲线相似的 Bezier 曲线。通过调整控制点位置改变 Bezier 曲线形状，使其足够接近目标曲线。当精度足够时，用 Bezier 曲线代替目标曲线。Bezier 曲线只需要记录一系列控制点就可以记录复杂的曲线。

调整控制点以改变曲线形状是 Bezier 曲线生成不可缺少的步骤。如果用鼠标操作生成 Bezier 曲线，则鼠标操作分为两大步骤：①用鼠标选取控制点；②用鼠标拖动方式调整控制点位置。

生成 Bezier 曲线的鼠标操作设计如下：①用鼠标左键选取曲线一系列控制点；②用鼠标右键结束曲线控制点的选取；③用鼠标左键选中一个控制点，并用鼠标移动将控制点移动到合适的位置；④用鼠标右键结束控制点位置调整；⑤双击鼠标左键，结束鼠标操作，程序生成最终的 Bezier 曲线。

下面按照设计步骤进行鼠标操作程序编制。

1）用鼠标左键选取曲线控制点

Bezier 曲线需要选取多个控制点，其操作与鼠标确定封闭多边形操作基本一样，因此，可以借助多边形鼠标操作程序部分。

在 OnLButtonDown（ ）鼠标左键响应函数中，加入如下语句：

```
//多边形填充选顶点，曲线控制点选点，都是选择多个点并记录
if ((MenuID > 40&&MenuID < 45) || MenuID = =34 || MenuID = =17) {
    pDoc->group[pDoc->PointNum++] = point;
    mPointOrign = point;
    mPointOld = point;
    PressNum++;
```

211

```
                    SetCapture();
            }
```

选取的点存入文档类变量数组 group[ ]，记录的点数存入文档类变量 PointNum。

选控制点过程中，橡皮筋同样需要。橡皮筋也可以借鉴已有的实现程序。在函数 OnMouseMove( )中插入如下语句：

```
        if ((MenuID = = 11 || MenuID = = 12 || MenuID = =17 || (MenuID >
20&&MenuID < 25) || ( MenuID > 31 && MenuID <35) || (MenuID > 40 &&
MenuID < 45)) && PressNum > 0) {
            if (mPointOld ! =point) {
                pDC.MoveTo(mPointOrign); pDC.LineTo(mPointOld); //擦
旧线
                pDC.MoveTo(mPointOrign); pDC.LineTo(point); //画新线
                mPointOld =point;
            }
        }
```

2)用鼠标右键结束曲线控制点的选取

与选取多边形一样，用鼠标右键结束曲线控制点选取。所不同的是，不需要像多边形顶点一样将第一点复制到最后一点，因此要跳过这一操作。此外，后续的操作还有用鼠标调整控制点位置，因此在这里将每个控制点用十字架显示出来，以便调整控制点位置时方便选择控制点；这里还要改变 MenuID 以启动控制点位置调整操作。在OnRButtonDown ( )函数中插入如下语句：

```
        CMyGraphicsDoc * pDoc =GetDocument(); //获得文档类指针
        CClientDC pDC( this);                    //定义当前绘图设备
        if (MenuID > 40 && MenuID < 45 || MenuID = =34 || MenuID = =17) { //
填充选点结束
            //擦除不封闭多边形
            pDC.SetROP2(R2_NOT);                  //设置异或方式
            pDC.MoveTo(pDoc->group[0]);
            for (int i = 0; i < pDoc->PointNum; i++)
                pDC.LineTo(pDoc->group[i]);
            pDC.LineTo(point);
            if (MenuID = =17) {
                if (pDoc->PointNum < 4)return; //控制点不足四个，操作无效，
退出
                MenuID + =100;                //改变 MenuID 以进入控制点调整操作
                PressNum =0;
                for (int i = 0; i <=pDoc->PointNum; i++) //控制点用十字架显
示
```

```
                    DrawCross(&pDC, pDoc->group[i]);
                pDoc->Bezier1(&pDC, 1);
                ReleaseCapture();
            }
        else//曲线控制点选取不需要将第一点复制成最后一点，跳过该操作
                pDoc->group[pDoc->PointNum]=pDoc->group[0];  //复制点
    //调用文档类填充函数
            if (MenuID==41) {
```

这里，DrawCross( )函数是在一个给定的位置显示十字架，Bezier1( )函数实现 Bezier 曲线算法，它们现在还没有，等我们完成操作框架以后再实现它们。

3）用鼠标左键选取需要调整位置的控制点

在用鼠标右键结束控制点选取时，就将 MenuID 值由 17 变成了 117，程序进入调整控制点阶段，所有的控制点也用十字架标识出来了。用鼠标左键选点，在左键点 5 个像素范围内的控制点被选上。在 OnLButtonDown（ ）鼠标左键响应函数中加入如下语句：

```
    if (MenuID==117 && PressNum==0) {            //曲线控制点位置调整
        XL=-1; //借助类变量 XL 传输记录的控制点。XL=-1，没有选中
        for (int i=0; i < pDoc->PointNum; i++)
            //用棋盘距离找出距离左键点击最近的控制点
            if (abs(point.x-pDoc->group[i].x) <5&& abs(point.y
-pDoc->group[i].y)<5) {
                XL=i; //借助类变量 XL 传输记录的控制点
            }
        if(XL! =-1)
            PressNum=1;
    }
    CView:: OnLButtonDown(nFlags,point);
}
```

4）用鼠标移动函数调整控制点位置

被选中的控制点随着鼠标移动而移动，同时随着控制点的位置发生变化，曲线形状也发生变化，需要用可擦除方式绘制不断变化的曲线。在 OnMouseMove( )函数中加入如下语句：

```
    if (MenuID==117&&PressNum==1) {//曲线控制点位置调整
        DrawCross(&pDC, pDoc->group[XL]); //擦除旧十字架
        pDoc->Bezier1(&pDC, 1); //擦除旧曲线
        pDoc->group[XL]=point;
        DrawCross(&pDC, pDoc->group[XL]); //画新十字架
        pDoc->Bezier1(&pDC, 1); //画新曲线
    }
```

```
        CView:: OnMouseMove(nFlags, point);
    }
```

5)用鼠标右键结束一个控制点的位置调整

在 OnRButtonDown( )函数中加入如下语句：

```
    if (MenuID==117 && PressNum==1) { //曲线控制点位置调整结束
        PressNum=0;
    }

        CView:: OnRButtonDown(nFlags, point);
    }
```

6)用鼠标左键双击结束控制点位置调整，画出最终的曲线

用鼠标右键结束一个控制点位置调整以后，还可以用鼠标左键选取其他控制点继续进行控制点位置调整操作，直到取得满意的曲线为止。用鼠标左键双击操作结束控制点位置调整，并画出最终的曲线。鼠标左键双击响应函数还没有，需要建立。根据表 1-1，鼠标左键双击事件的变量标识符是 WM_LBUTTONDBLCLK。按照图 1-20 所示方法建立鼠标左键双击响应函数，并插入如下语句：

```
        void CMyGraphicsView:: OnLButtonDblClk(UINT nFlags, CPoint
point)
    {
        //TODO:在此添加消息处理程序代码和/或调用默认值
        CMyGraphicsDoc * pDoc=GetDocument(); //获得文档类指针
        CClientDC pDC(this);
        pDC.SetROP2(R2_NOT);                      //设置异或方式
        for (int i=0; i<=pDoc->PointNum; i++)//擦除旧十字架
            DrawCross(&pDC, pDoc->group[i]);
        if (MenuID==117 && PressNum==0) { //最后绘制曲线
            pDoc->Bezier1(&pDC, 2);            //画新曲线
        }
        PressNum=0; pDoc->PointNum=0; //清零，为绘制下一条曲线做准备
        MenuID-=100; ReleaseCapture(); //恢复曲线控制点选点操作
        CView:: OnLButtonDblClk(nFlags, point);
    }
```

至此，整个 Bezier 曲线操作框架编制完成。

现在来完成 DrawCross( )函数和 BeZier1( )函数。DrawCross( )函数用十字架标识所有控制点，控制点都保存在文档类数组 group[ ]中，一个循环就可以将所有控制点显著地标识出来。用"类向导"在视图类创建 DrawCross( )函数，并插入如下语句：

```
        void CMyGraphicsView:: DrawCross(CClientDC * pDC, CPoint p)
    {
        //TODO:在此处添加实现代码
```

```
CMyGraphicsDoc * pDoc = GetDocument(); //获得文档类指针
pDC->MoveTo(p.x-5, p.y);
pDC->LineTo(p.x+5, p.y);
pDC->MoveTo(p.x, p.y-5);
pDC->LineTo(p.x, p.y+5);
}
```

Bezier1( )函数实现 Bezier 曲线算法，它根据 group[ ]数组中存储的控制点计算并绘制一条 Bezier 曲线。不管是在控制点输入阶段直接输入一组进入 group[ ]数组，还是在个别控制点位置调整阶段对 group[ ]数组中单个控制点的位置进行调整，Bezier1( )函数都会随着控制点位置的变化，实时绘制一条由当前 group[ ]数组中控制点所确定的 Bezier 曲线，为曲线形状调整提供方便。

用类向导在文档类中增加 Bezier1( )函数，并插入如下语句：

```
void CMyGraphicsDoc:: Bezier1(CClientDC * pDC, int mode)
{
    //TODO：在此处添加实现代码

    CPoint * p;
    p = new CPoint[300]; //足够大的数组，存储完整的 Bezier 曲线全部控制点

    int i, j;
    i = 0; j = 0;
    p[i++] = group[j++]; //先将第1，2号点存入数组
    p[i++] = group[j++];
    while (j <= PointNum-2) //存入奇、偶号点，生成并存入插入点
    {
        p[i++] = group[j++];
        p[i].x = (group[j].x+group[j-1].x) /2;
        p[i++].y = (group[j].y+group[j-1].y) /2;
        p[i++] = group[j++];
    };
    for (j=0; j < i-3; j +=3) //控制点分组，分别生成各段曲线
    {
        Bezier_4(pDC, mode, p[j], p[j+1], p[j+2], p[j+3]);
    }
    delete[]p;
}
```

Bezier1( )函数首先根据 group[ ]中鼠标操作选取的控制点，按照图 8-2 所示方法计算插入控制点，并将包括增添插入控制点在内的所有控制点都存放在 p[ ]数组中，最后

对 $p[\ ]$ 数组中控制点以四个为单位进行分组，并用每一组控制点生成一段 3 次 Bezier 曲线。函数 Bezier_4( ) 就是一段 3 次 Bezier 曲线生成实现算法。

用类向导在文档类中增加 Bezier_4( ) 函数，并插入如下语句：

```
    void CMyGraphicsDoc:: Bezier _4 ( CClientDC * pDC, int mode,
CPoint p1, CPoint p2, CPoint p3, CPoint p4)
    {
        //TODO：在此处添加实现代码
        int i, n;
        CPoint p, oldp;
        double t1, t2, t3, t4, dt;
        CPen pen; //创建画笔
        if (mode==2) //mode=2 时, 画红色曲线
        {
            pDC->SetROP2(R2_COPYPEN); //设置直接画方式
            pen.CreatePen(PS_SOLID, 2, RGB(255, 0, 0));
            pDC->SelectObject(&pen);
        }
        if (mode==1) //mode=1 时, 画黑色曲线
        {
            pen.CreatePen(PS_SOLID, 1, RGB(0, 0, 0));
            pDC->SelectObject(&pen);
        }
        n=100;
        oldp=p1;
        dt=1.0 /n; //参数 t 的间隔, 分 100 段, 即用 100 段线段表示一段曲
线
        for (i=1; i<=n; i++) //用 Bezier 参数方程计算曲线上等间隔的
100 个点
        {
            t1=(1.0-i*dt)*(1.0-i*dt)*(1.0-i*dt);    //计算
(1-t)^3
            t2=i*dt*(1.0-i*dt)*(1.0-i*dt);  //计算 t*(1-t)^2
            t3=i*dt*i*dt*(1.0-i*dt);      //计算 t^2*(1-t)
            t4=i*dt*i*dt*i*dt;      //计算 t^3
            p.x=(int)(t1*p1.x+3*t2*p2.x+3*t3*p3.x+t4
*p4.x);
            p.y=(int)(t1*p1.y+3*t2*p2.y+3*t3*p3.y+t4
*p4.y);
```

```
        pDC->MoveTo(oldp); pDC->LineTo(p);
        oldp=p;
    }
}
```

Bezier_4( )函数严格按照式(8-2)计算并绘制一段 Bezier 曲线。该函数还采用两种方式绘制曲线，参数 mode=1 时，用黑色可擦写方式绘制曲线，以便实现曲线形状的修改、调整；参数 mode=2 时，用红色、粗线条方式绘制最终的正式曲线。

运行程序，查看效果。

Bezier_4( )函数按照式(8-2)计算出曲线上的精确点。Bezier 曲线还可以根据控制点位置手工确定曲线上的精确点，下面编制一个手工绘制曲线的 Bezier_41( )函数，该函数根据四个控制点位置绘制一段三次 Bezier 曲线。

用类向导在文档类中增加 Bezier_41( )函数，并插入如下语句：

```
void CMyGraphicsDoc:: Bezier_41(CClientDC * pDC, int mode,
CPoint p1, CPoint p2, CPoint p3, CPoint p4)
{
    //TODO:在此处添加实现代码
    int i, n;
    double t, dt;
    CPoint p, oldp;
    CPoint *g1=new CPoint[4];
    CPen pen;  //创建画笔
    if (mode==2)  //mode=2 时，画红色曲线
    {
        pDC->SetROP2(R2_COPYPEN);  //设置直接画方式
        pen.CreatePen(PS_SOLID, 2, RGB(255, 0, 0));
        pDC->SelectObject(&pen);
    }
    if (mode==1)  //mode=1 时，画黑色曲线
    {
        pen.CreatePen(PS_SOLID, 1, RGB(0, 0, 0));
        pDC->SelectObject(&pen);
    }
    n=100;
    oldp=p1;
    dt=1.0 /n;  //参数 t 的间隔，分 100 段，即用 100 段线表示一段曲线
    for (int i=1; i <=n; i++) //用 Bezier 参数方程计算曲线上等间隔
的 n 个点
```

```
            {
                g1[0]=p1; g1[1]=p2; g1[2]=p3; g1[3]=p4;
                t=i*dt;
                for (int k=3; k > 0; k--)
                {
                    for (int j=0; j < k; j++)
                    {
                        g1[j].x=(int)((1.0-t)*(double)g1[j].x+t
*(double)g1[j+1].x+0.5);
                        g1[j].y=(int)((1.0-t)*(double)g1[j].y+t
*(double)g1[j+1].y+0.5);
                    }
                }
                p=g1[0];
                pDC->MoveTo(oldp); pDC->LineTo(p);
                oldp=p;
            }
        delete[]g1;
    }
```

在 Bezier1( )函数中调用的每一段曲线生成函数由 Bezier_4( )改为 Bezier_41( )，如下：

```
    for(j=0; j < i-3; j +=3) //控制点分组，分别生成各段曲线
    {
        //Bezier_4(pDC,mode,p[j],p[j+1],p[j+2],p[j+3]);
        Bezier_41(pDC,mode,p[j],p[j+1],p[j+2],p[j+3]);
    }
delete[]p;
```
运行程序，查看效果。

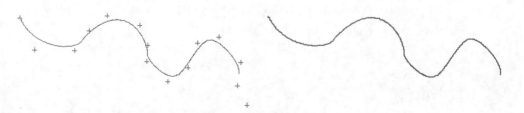

图 8-5 Bezier 曲线控制点位置、草图以及最终绘制结果

8.2 B 样条曲线

8.2.1 算法分析

一条 B 样条曲线形状由一群控制点的位置决定。一条完整的 B 样条曲线是由多段 B 样条曲线首尾相连而成。我们使用三次均匀 B 样条曲线，所以曲线为 4 阶的，每一段曲线控制点的点数为 4。相邻的曲线有 3 个重复的控制点，相邻曲线自动以 2 阶几何连续光滑地连接起来。第一步工作就是将一群控制点依次分组，每组 4 个控制点。

每一组 4 个控制点可以生成一段 3 次 B 样条曲线，生成的方法是公式法，公式如下：

$$P(t) = \frac{1}{6}\left[P_0(1-t)^3 + P_1(3t^3 - 6t^2 + 4) + P_2(-3t^3 + 3t^2 + 3t + 1) + P_3 t^3\right],$$

$$0 \leq t \leq 1 \tag{8-4}$$

式中，4 个控制点的坐标依次是 (x_0, y_0, z_0)，…，(x_3, y_3, z_3)，与之对应，曲线上的点 $P(t)$ 用坐标表示为 $(x(t), y(t), z(t))$ 三个分量。等间隔地给定一系列 t 参数，如 $t = 0$，$0.1, 0.2, …, 1$，可以依据方程计算出一系列对应的空间点坐标，将它们依次连起来就得到一段三维空间中的曲线。用更小的间隔，可以计算出更密集的系列点，得到更精确的曲线段。如果是生成二维平面上的曲线，只需要应用前两个方程计算 x，y 坐标即可。

8.2.2 编程实现

1. 建立菜单响应函数

打开工程项目，选择菜单项"基本图形生成"，找到"B 样条曲线"子项，查看其属性项 ID 已经设置为"ID_BSampleCurve"。用类向导在视图类创建其菜单响应函数，并加入如下语句：

```
void CMyGraphicsView:: OnBsamplecurve()
{
    //TODO：在此添加命令处理程序代码
    CMyGraphicsDoc * pDoc = GetDocument(); //获得文档类指针
    MenuID = 18; PressNum = 0; pDoc->PointNum = 0;
}
```

2. 鼠标操作

B 样条曲线控制点的输入以及控制点位置的改变操作方法与 Bezier 曲线完全一样，因此，可以借助已有的 Bezier 曲线操作程序部分。

1）用鼠标左键选取曲线控制点

在 OnLButtonDown（ ）鼠标左键响应函数中加入如下语句：

//多边形填充选顶点，曲线控制点选点，都是选择多个点并记录

```
    if ((MenuID > 40&&MenuID < 45) || MenuID == 34 || MenuID == 17
||MenuID == 18){
```

```
pDoc->group[pDoc->PointNum++]=point;
mPointOrigin=point;
mPointOld=point;
PressNum++;
SetCapture();
}
```

在函数 OnMouseMove( )中插入如下语句：

```
if ((MenuID==11 || MenuID==12 || MenuID==17 || MenuID==18 ||
(MenuID > 20&&MenuID < 25) ||( MenuID > 31 && MenuID <35) || (MenuID >
40 && MenuID < 45)) && PressNum > 0) {
    if (mPointOld! =point) {
        pDC.MoveTo(mPointOrigin); pDC.LineTo(mPointOld); //擦
旧线
        pDC.MoveTo(mPointOrigin); pDC.LineTo(point); //画新线
        mPointOld=point;
    }
}
```

2)用鼠标右键结束曲线控制点的选取

在 OnRButtonDown ( )函数中插入如下语句：

```
if (MenuID > 40 && MenuID < 45 || MenuID ==34 || MenuID == 17
||MenuID ==18) { //填充选点结束
    //擦除不封闭多边形
    pDC.SetROP2(R2_NOT); //设置异或方式
    pDC.MoveTo(pDoc->group[0]);
    for (int i =0; i < pDoc->PointNum; i++)
        pDC.LineTo(pDoc->group[i]);
    pDC.LineTo(point);
if (MenuID ==17 ||MenuID ==18) {
    if (pDoc->PointNum < 4)return; //控制点不足 4 个，操作无效，退
出
    MenuID +=100;                        //改变 MenuID 以进入控制点调
整操作
    PressNum=0;
    for (int i =0; i <=pDoc->PointNum; i++) //控制点用十字架显示
    DrawCross(&pDC, pDoc->group[i]);
if(MenuID ==17)
    pDoc->Bezier1(&pDC, 1);
if(MenuID ==18)
```

```
        pDoc->BSample(&pDC, 1);
    ReleaseCapture();
    }
```

BSample( )函数实现 B 样条曲线算法，现在还没有，完成操作框架后再补充。

3）用鼠标左键选取需要调整位置的控制点

在 OnLButtonDown ( )鼠标左键响应函数中加入如下语句：

```
    if((MenuID==117 || MenuID==118) && PressNum==0){//曲线控制
点位置调整
        XL=-1; //借助类变量 XL 传输记录的控制点。XL=-1，没有选中
        for(int i=0; i < pDoc->PointNum; i++)
            //用棋盘距离找出距离左键点击最近的控制点
            if(abs(point.x-pDoc->group[i].x)<5&& abs(point.y
-pDoc->group[i].y)<5){
                XL=i; //借助类变量 XL 传输记录的控制点
            }
        if(XL! =-1)
            PressNum=1;
    }
    CView:: OnLButtonDown(nFlags, point);
}
```

4）用鼠标移动函数调整控制点位置

在 OnMouseMove( )函数中加入如下语句：

```
if((MenuID==117 || MenuID==118) &&PressNum==1){//曲线控制点位
置调整
    DrawCross(&pDC, pDoc->group[XL]); //擦除旧十字架
    if(MenuID==117)
        pDoc->Bezier1(&pDC, 1); //擦除旧曲线
    if(MenuID==118)
        pDoc->BSample(&pDC, 1); //擦除旧曲线
    pDoc->group[XL]=point;
    DrawCross(&pDC, pDoc->group[XL]); //画新十字架
    if(MenuID==117)
        pDoc->Bezier1(&pDC, 1); //画新曲线
    if(MenuID==118)
        pDoc->BSample(&pDC, 1); //画新曲线
    }
    CView:: OnMouseMove(nFlags, point);
}
```

5）用鼠标右键结束一个控制点的位置调整

在 OnRButtonDown( )函数中加入如下语句：

```
if((MenuID==117 || MenuID==118) && PressNum==1){ // 曲线控制点位
置调整结束
        PressNum=0;
    }
    CView:: OnRButtonDown(nFlags, point);
}
```

6）用鼠标左键双击结束控制点位置调整，画出最终的曲线

在 OnLButtonDblClk( )函数中插入如下语句：

```
    if(MenuID==117 && PressNum==0){ //最后绘制曲线
        pDoc->Bezier1(&pDC, 2); //画新曲线
    }
    if(MenuID==118 && PressNum==0){ //最后绘制曲线
        pDoc->BSample(&pDC, 2); //画新曲线
    }
    PressNum=0; pDoc->PointNum=0; //清零，为绘制下一条曲线做准备
    MenuID-=100; ReleaseCapture(); //恢复曲线控制点选点操作
    CView:: OnLButtonDblClk(nFlags, point);
}
```

3. B 样条曲线算法实现

生成 B 样条曲线的控制点存放在数组 group[ ]中，函数 BSample( )的任务是将所有控制点依次分组，每组控制点独立生成一段 B 样条曲线。

相邻曲线段具有三个重复的控制点，如果数组 group[ ]中的点依次编号为 0，1，2，3，…，则分组后的各组控制点分别是：0，1，2，3；1，2，3，4；2，3，4，5，…，直到最后一个控制点被分组。

函数 BSample( )的主要功能是：①所有控制点依次分成 4 个一组；②调用函数为每组控制点形成一段 B 样条曲线。使用类向导在文档类中创建 BSample( )函数，并加入下列语句：

```
void CMyGraphicsDoc:: BSample(CClientDC * pDC, int mode)
{
    //TODO: 在此处添加实现代码
    for(int i=0; i < PointNum-3; i++) //控制点分组，分别生成各段曲线
    {
        BSample_4(pDC, mode, group[i], group[i+1], group[i+2],
group[i+3]);
    }
}
```

函数中，函数 BSample_4( ) 是根据 4 个控制点生成一段 B 样条曲线，它根据公式 (8-4) 计算一系列 B 样条曲线上的点，再用直线将这些点依次连接起来。使用类向导在文档类中创建 BSample_4( ) 函数，并加入下列语句：

```
void CMyGraphicsDoc:: BSample_4(CClientDC * pDC, int mode, CPoint
p0, CPoint p1, CPoint p2, CPoint p3)
{
    //TODO: 在此处添加实现代码
    int i, n;
    CPoint p, oldp;
    CPen pen; //创建画笔
    if (mode = = 2) //mode = 2 时，画红色曲线
    {
        pDC->SetROP2(R2_COPYPEN); //设置直接画方式
        pen.CreatePen(PS_SOLID, 2, RGB(255, 0, 0));
        pDC->SelectObject(&pen);
    }
    if (mode = = 1) //mode = 1 时，画黑色曲线
    {
        pen.CreatePen(PS_SOLID, 1, RGB(0, 0, 0));
        pDC->SelectObject(&pen);
    }
    n = 100;
    oldp = p1;
    double dt = 1.0 /n; //参数 t 的间隔，分 n 段，即用 n 段直线表示一段曲线
    for (double t = 0.0; t <=1.0; t +=dt) //用 B 样条参数方程计算曲线上
等间隔的点
    {
        double t1 = (1.0-t) * (1.0-t) * (1.0-t);            //计算 P0 对应项
        double t2 = 3.0 * t * t * t-6.0 * t * t+4.0;        //计算 P1 对应项
        double t3 = -3.0 * t * t * t+3.0 * t * t+3.0 * t+1.0; //计算 P2 对
应项
        double t4 = t * t * t                               //计算 P3 对应项
        p.x = (int)((t1 * p0.x+t2 * p1.x+t3 * p2.x+t4 * p3.x) /6.0);
        p.y = (int)((t1 * p0.y+t2 * p1.y+t3 * p2.y+t4 * p3.y) /6.0);
        if (t > 0) {            //oldp = p(0)后才开始画曲线
            pDC->MoveTo(oldp); pDC->LineTo(p);
        }
        oldp = p;
```

```
    }
    }
```

至此，B 样条曲线的绘制程序全部完成。编译程序，运行。

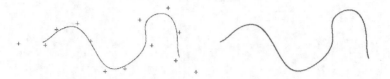

图 8-6 B 样条曲线控制点位置、草图以及最终绘制结果

8.3 Hermite 曲线

Bezier 曲线和 B 样条曲线都是分段曲线，都是由一段段相对独立的曲线段相连而成，曲线段是生成曲线的关键。以三次曲线段为例，一个 Bezier 曲线段和 B 样条曲线段都是以 $t \in [0, 1]$ 为参数的三次曲线参数方程来表示，需要四个控制点作为已知条件求解出各自基函数中的未知系数。其实，一条三次曲线参数方程可以表示为

$$P(t) = a_3 t^3 + a_2 t^2 + a_1 t + a_0, \quad t \in [0, 1] \tag{8-5}$$

其中，四个系数 a_3、a_2、a_1、a_0 唯一地确定了曲线段的形状和位置。从数学的角度看，四个系数需要四个已知条件来确定，这种根据四个已知条件来确定的一条三次参数曲线都被称为三次 Hermite 曲线。

在实际应用中，常用的条件是两个端点 $P(0)$、$P(1)$ 和对应的切矢量 $P'(0)$、$P'(1)$。另一个常用的条件是曲线上均匀分布的四个已知点 $P(0)$、$P(1/3)$、$P(2/3)$、$P(1)$。本节要介绍的是这种 Hermite 曲线，即我们这里要讨论的是能够将四个点光滑地连接起来的 3 次曲线。

8.3.1 算法分析

在 $P(0)$、$P(1/3)$、$P(2/3)$、$P(1)$ 四个点已知的情况下，将 $t = 0, 1/3, 2/3, 1$ 分别代入式(8-5)，得到

$$P(0) = a_0$$

$$P\left(\frac{1}{3}\right) = \frac{1}{27}a_3 + \frac{1}{9}a_2 + \frac{1}{3}a_1 + a_0$$

$$P\left(\frac{2}{3}\right) = \frac{8}{27}a_3 + \frac{4}{9}a_2 + \frac{1}{3}a_1 + a_0$$

$$P(1) = a_3 + a_2 + a_1 + a_0$$

解得：

$$a_3 = -\frac{9}{2}P(0) + \frac{27}{2}P\left(\frac{1}{3}\right) - \frac{27}{2}P\left(\frac{2}{3}\right) + \frac{9}{2}P(1)$$

$$a_2 = 9P(0) - \frac{45}{2}P\left(\frac{1}{3}\right) + 18P\left(\frac{2}{3}\right) - \frac{9}{2}P(1) \qquad (8\text{-}6)$$

$$a_1 = -\frac{11}{2}P(0) + 9P\left(\frac{1}{3}\right) - \frac{9}{2}P\left(\frac{2}{3}\right) + P(1)$$

$$a_0 = P(0)$$

这样,式(8-5)中四个未知系数可以根据式(8-6)由四个已知点坐标求出。将式(8-6)代入式(8-5),三次曲线参数方程变为:

$$P(t) = \left(-\frac{9}{2}P(0) + \frac{27}{2}P\left(\frac{1}{3}\right) - \frac{27}{2}P\left(\frac{2}{3}\right) + \frac{9}{2}P(1)\right)t^3 +$$

$$\left(9P(0) - \frac{45}{2}P\left(\frac{1}{3}\right) + 18P\left(\frac{2}{3}\right) - \frac{9}{2}P(1)\right)t^2 +$$

$$\left(-\frac{11}{2}P(0) + 9P\left(\frac{1}{3}\right) - \frac{9}{2}P\left(\frac{2}{3}\right) + P(1)\right)t + P(0) \ , \ t \in [0, 1]$$

$$(8\text{-}7)$$

以等间隔的参数 $t = 0$,0.1,0.2,$\cdots$,1 代入,可以求得一系列曲线上的点 $P(0)$,$P(0.1)$,$P(0.2)$,$\cdots$,$P(1)$,用直线依次连接这些点,一段曲线就绘制出来了。

式(8-7)中的 $P(t)$ 以及四个已知点都是用向量表示点,如果要计算点的坐标值,则需要用坐标表示点,四个已知点也需要用相应的坐标值代入。对于 3 维空间中的曲线,$P(t)$ 可以用 $(x(t)$,$y(t)$,$z(t))$ 三个坐标分量表示,式(8-7)可以分解成三个坐标分量的参数方程,具体如下:

$$x(t) = \left(-\frac{9}{2}x(0) + \frac{27}{2}x\left(\frac{1}{3}\right) - \frac{27}{2}x\left(\frac{2}{3}\right) + \frac{9}{2}x(1)\right)t^3$$

$$+ \left(9x(0) - \frac{45}{2}x\left(\frac{1}{3}\right) + 18x\left(\frac{2}{3}\right) - \frac{9}{2}x(1)\right)t^2$$

$$+ \left(-\frac{11}{2}x(0) + 9x\left(\frac{1}{3}\right) - \frac{9}{2}x\left(\frac{2}{3}\right) + x(1)\right)t + x(0) \ , \ t \in [0, 1]$$

$$(8\text{-}8)$$

$$y(t) = \left(-\frac{9}{2}y(0) + \frac{27}{2}y\left(\frac{1}{3}\right) - \frac{27}{2}y\left(\frac{2}{3}\right) + \frac{9}{2}y(1)\right)t^3$$

$$+ \left(9y(0) - \frac{45}{2}y\left(\frac{1}{3}\right) + 18y\left(\frac{2}{3}\right) - \frac{9}{2}y(1)\right)t^2$$

$$+ \left(-\frac{11}{2}y(0) + 9y\left(\frac{1}{3}\right) - \frac{9}{2}y\left(\frac{2}{3}\right) + y(1)\right)t + y(0) \ , \ t \in [0, 1]$$

$$z(t) = \left(-\frac{9}{2}z(0) + \frac{27}{2}z\left(\frac{1}{3}\right) - \frac{27}{2}z\left(\frac{2}{3}\right) + \frac{9}{2}z(1)\right)t^3$$

$$+ \left(9z(0) - \frac{45}{2}z\left(\frac{1}{3}\right) + 18z\left(\frac{2}{3}\right) - \frac{9}{2}z(1)\right)t^2$$

$$+\left(-\frac{11}{2}z(0)+9z\left(\frac{1}{3}\right)-\frac{9}{2}z\left(\frac{2}{3}\right)+z(1)\right)t+z(0)\ ,\ t\in[0,1]$$

(8-9)

参数方程系数 a_3、a_2、a_1、a_0在三个坐标参数方程中都有不同的值，例如，a_3在 $x(t)$ 参数方程中取的是 $x(0)$、$x(1)$进行系数值计算而得到，在 $y(t)$、$z(t)$坐标参数方程中系数值的计算分别取的是 $y(0)$，$y(1)$、$z(0)$，$z(1)$ 而得到。因此，系数 a_3 在 $x(t)$、$y(t)$、$z(t)$参数方程中分别有不同的值。对于平面上的曲线，$P(t)$只需要用$(x(t)$，$y(t))$两个坐标分量参数方程。

一条 Hermite 曲线是由多段 Hermite 曲线首尾相连组成的，如果每段曲线都是 3 次 Hermite 曲线，则每段曲线需要 4 个控制点。为了保证相邻曲线段首尾相连，前一段曲线的最后一个控制点与后一段曲线的第一个控制点必须重合，也就是共用一个控制点。对于一条 Hermite 曲线的一群控制点，按照$(1、2、3、4)$，$(4、5、6、7)$，$(7,8,9,10)$，…进行分组，然后每组控制点确定一段 3 次 Hermite 曲线。为了得到形状满意的整条曲线，必须能够进行人机交互式的控制点位置调整。控制点位置调整操作与前两种曲线完全一样，可以借鉴相关的鼠标操作程序。

8.3.2 编程实现

1. 建立菜单响应函数

打开工程项目，选择菜单项"基本图形生成"，找到"Hermite 曲线"子项，查看其属性项 ID 已经设置为"ID_HermiteCurve"。用类向导在视图类创建其菜单响应函数，并加入如下语句：

```
void CMyGraphicsView:: OnHermitecurve()
{
    //TODO: 在此添加命令处理程序代码
    CMyGraphicsDoc * pDoc=GetDocument(); //获得文档类指针
    MenuID=19; PressNum=0; pDoc->PointNum=0;
}
```

2. 鼠标操作

Hermite 曲线控制点的输入以及控制点位置的改变操作方法与 Bezier 曲线完全一样，因此，可以借助已有的 Bezier 曲线操作程序部分。

1)用鼠标左键选取曲线控制点

在 OnLButtonDown ( )鼠标左键响应函数中加入如下语句：

//多边形填充选顶点，曲线控制点选点，都是选择多个点并记录

```
    if ((MenuID>40&&MenuID<45) || MenuID = = 34 || (MenuID>16&&MenuID<20)){
        pDoc->group[pDoc->PointNum++]=point;
        mPointOrigin=point;
        mPointOld=point;
        PressNum++;
```

```
            SetCapture();
    }
```
在函数 OnMouseMove( )中插入如下语句：
```
    if ((MenuID==11 || MenuID==12 || (MenuID > 16&&MenuID<20) ||
(MenuID > 20&&MenuID < 25) || (MenuID > 31 && MenuID <35) || (MenuID >
40 && MenuID < 45)) && PressNum > 0) {
        if (mPointOld! =point) {
            pDC.MoveTo(mPointOrign); pDC.LineTo(mPointOld); //擦
旧线
            pDC.MoveTo(mPointOrign); pDC.LineTo(point); //画新线
            mPointOld=point;
        }
    }
```
2)用鼠标右键结束曲线控制点的选取

在 OnRButtonDown ( )函数中插入如下语句：
```
    if (MenuID>40 && MenuID<45 || MenuID==34 || (MenuID>16&&MenuID<20)) {
//填充选点结束
        //擦除不封闭多边形
        pDC.SetROP2(R2_NOT); //设置异或方式
        pDC.MoveTo(pDoc->group[0]);
        for (int i=0; i < pDoc->PointNum; i++)
            pDC.LineTo(pDoc->group[i]);
        pDC.LineTo(point);
    if (MenuID > 16&&MenuID<20) {
        if (pDoc->PointNum < 4)return; //控制点不足 4 个，操作无效，退
出
        MenuID +=100;                 //改变 MenuID 以进入控制点调整操作
        PressNum=0;
        for (int i=0; i <=pDoc->PointNum; i++) //控制点用十字架显示
            DrawCross(&pDC, pDoc->group[i]);
        if(MenuID==17)
            pDoc->Bezier1(&pDC, 1);
        if(MenuID==18)
            pDoc->BSample(&pDC, 1);
        if(MenuID==19)
            pDoc->Hermite1(&pDC, 1);
        ReleaseCapture();
    }
```

227

Hermite1（ ）函数实现 Hermite 曲线算法，该函数现在还没有，完成操作框架后再补充。

3）用鼠标左键选取需要调整位置的控制点

在 OnLButtonDown（ ）鼠标左键响应函数中加入如下语句：

```
if ((MenuID > 16&&MenuID<20) && PressNum==0) {  //曲线控制点位置
调整
        XL=-1; //借助类变量 XL 传输记录的控制点。XL=-1，没有选中
        for (int i=0; i < pDoc->PointNum; i++)
            //用棋盘距离找出距离左键点击最近的控制点
            if (abs(point.x-pDoc->group[i].x) <5&& abs(point.y
-pDoc->group[i].y)<5) {
                XL=i; //借助类变量 XL 传输记录的控制点
            }
        if(XL! =-1)
            PressNum=1;
    }
    CView:: OnLButtonDown(nFlags, point);
}
```

4）用鼠标移动函数调整控制点位置

在 OnMouseMove( )函数中加入如下语句：

```
if ((MenuID > 116&&MenuID<120) &&PressNum==1) { //曲线控制点位
置调整
        DrawCross(&pDC, pDoc->group[XL]);  //擦除旧十字架
        if(MenuID==117)
            pDoc->Bezier1(&pDC, 1); //擦除旧曲线
        if(MenuID==118)
            pDoc->BSample(&pDC, 1); //擦除旧曲线
        if(MenuID==119)
            pDoc->Hermite1(&pDC, 1); //擦除旧曲线
        pDoc->group[XL]=point;
        DrawCross(&pDC, pDoc->group[XL]); //画新十字架
        if(MenuID==117)
            pDoc->Bezier1(&pDC, 1); //画新曲线
        if(MenuID==118)
            pDoc->BSample(&pDC, 1); //画新曲线
        if(MenuID==119)
            pDoc->Hermite1(&pDC, 1); //画新曲线
    }
    CView:: OnMouseMove(nFlags, point);
```

```
}
```

5）用鼠标右键结束一个控制点的位置调整

在 OnRButtonDown( )函数中加入如下语句：

```
    if((MenuID > 116&&MenuID<120) && PressNum==1){ //曲线控制点位
置调整结束
        PressNum=0;
    }
    CView::OnRButtonDown(nFlags,point);
}
```

6）用鼠标左键双击结束控制点位置调整并画出最终的曲线

在 OnLButtonDblClk( )函数中插入如下语句：

```
    if(MenuID==117 && PressNum==0){ //最后绘制曲线
        pDoc->Bezier1(&pDC,2); //画新曲线
    }
    if(MenuID==118 && PressNum==0){ //最后绘制曲线
        pDoc->BSample(&pDC,2); //画新曲线
    }
    if(MenuID==119 && PressNum==0){ //最后绘制曲线
        pDoc->Hermite1(&pDC,2); //画新曲线
    }
    PressNum=0;pDoc->PointNum=0; //清零，为绘制下一条曲线做准备
    MenuID-=100;ReleaseCapture(); //恢复曲线控制点选点操作
    CView::OnLButtonDblClk(nFlags,point);
}
```

3. Hermite 曲线算法实现

生成 Hermite 曲线的控制点存放在数组 group[ ]中，函数 Hermite1( )的任务是将所有控制点依次分组，每组控制点独立生成一段 Hermite 曲线。

相邻曲线段具有一个重复的控制点，如果数组 group[ ]中的点依次编号为 0，1，2，3，…，则分组后的各组控制点分别是（0，1，2，3），（3，4，5，6），（6，7，8，9），…，如果最后一组控制点不足 4 个，则舍弃最后一组控制点。

函数 Hermite1( )要完成的工作是：①所有控制点依次分成 4 个一组；②调用函数为每组控制点形成一段 Hermite 曲线。使用类向导在文档类中创建 Hermite1( )函数，并加入下列语句：

```
void CMyGraphicsDoc::Hermite1(CClientDC *pDC,int mode)
{
    //TODO:在此处添加实现代码
    CPoint *p;
    p=new CPoint[300]; //足够大的数组，存储完整的曲线控制点
```

```
    int i, j;
    i = 0; j = 0;
    while (j < PointNum) //存入奇、偶号点, 生成并存入插入点
    {
        p[i++] = group[j++]; //第 1 点导入
        p[i++] = group[j++]; //第 2 点导入
        p[i++] = group[j++]; //第 3 点导入
        p[i++] = group[j]; //第 4 点导入, 数组下标不变, 作为下一组第 1 点
    };
    for (j = 0; j < i-4; j += 4) //控制点分组, 分别生成各段曲线
    {
        Hermite_4(pDC, mode, p[j], p[j+1], p[j+2], p[j+3]);
    }
    delete[]p;
}
```

函数中, Hermite_4( )是根据四个控制点生成一段 Hermite 曲线的函数, 它计算一系列 Hermite 曲线上的点, 再用直线将这些点依次连接起来。使用类向导在文档类中创建 BSample_4( )函数, 并加入下列语句:

```
void CMyGraphicsDoc:: Hermite_4(CClientDC * pDC, int mode, CPoint
p1, CPoint p2, CPoint p3, CPoint p4)
{
    //TODO: 在此处添加实现代码
    int i, n;
    CPoint p, oldp;
    CPen pen; //创建画笔
    if (mode == 2) //mode = 2 时, 画红色曲线
    {
        pDC->SetROP2(R2_COPYPEN); //设置直接画方式
        pen.CreatePen(PS_SOLID, 2, RGB(255, 0, 0));
        pDC->SelectObject(&pen);
    }
    if (mode == 1) //mode = 1 时, 画黑色曲线
    {
        pen.CreatePen(PS_SOLID, 1, RGB(0, 0, 0));
        pDC->SelectObject(&pen);
    }
    double ax3 = -4.5 * p1.x + 13.5 * p2.x - 13.5 * p3.x + 4.5 * p4.x; //对
应 x 的 a3
```

```
      double ay3 = -4.5 * p1.y + 13.5 * p2.y - 13.5 * p3.y + 4.5 * p4.y; //对
应 y 的 a3
      double ax2 = 9.0 * p1.x - 22.5 * p2.x + 18.0 * p3.x - 4.5 * p4.x; //对
应 x 的 a2
      double ay2 = 9.0 * p1.y - 22.5 * p2.y + 18.0 * p3.y - 4.5 * p4.y; //对
应 y 的 a2
      double ax1 = -5.5 * p1.x + 9.0 * p2.x - 4.5 * p3.x + p4.x; //对应 x 的
a1
      double ay1 = -5.5 * p1.y + 9.0 * p2.y - 4.5 * p3.y + p4.y; //对应 y 的
a1
      double ax0 = p1.x ; //对应 x 的 a0
      double ay0 = p1.y ; //对应 y 的 a0
      n = 100;
      oldp = p1;
      double dt = 1.0 / n;        //参数 t 的间隔,分 n 段,即用 n 段直线表示一
段曲线
      for ( int i = 1; i <= n; i++) //用 B 样条参数方程计算曲线上等间隔的 n 个
点
      {
          double t = dt * i;
          p.x = ( int )( ax3 * t * t * t + ax2 * t * t + ax1 * t + ax0 + 0.5);
          p.y = ( int )( ay3 * t * t * t + ay2 * t * t + ay1 * t + ay0 + 0.5);
          if ( t > 0 ) {      //oldp = p(0)后才开始画曲线
              pDC->MoveTo( oldp ); pDC->LineTo( p );
          }
          oldp = p;
      }
  }
```

至此,Hermite 曲线的绘制程序全部完成。编译程序,运行,结果如图 8-7 所示。

图 8-7　Hermite 曲线控制点位置、草图以及最终绘制结果

可以看到,Hermite 曲线段穿过了控制点,也就是所给出的控制点是曲线上的点,这样的点叫做型值点。

本章作业

1. 按照指导书说明，完成 Bezier 曲线生成方法。
2. 按照指导书说明，完成 B 样条曲线生成方法。
3. 按照指导书说明，完成 Hermite 曲线生成方法。

第9章 明暗效应与颜色模型

制作真实感场景，不仅要考虑场景中物体的几何模型，还要考虑场景环境中的光照条件。

图 9-1 所示是一个真实场景。在场景中，有光源物体直接发出的入射光，不透明物体表面发出的反射光，透明或半透明物体不仅可以反光，还能将外面的光折射进来。入射光、反射光、折射光是三种光的类型。反射光也是光源，典型的例子是月光，因此反射光可以进行多次反射。折射光同样是光源，经过窗户玻璃折射的阳光就是室内的重要光源。一个场景的景象是入射光、反射光、折射光以及多次反射的反射光综合作用的结果。为了简化，在模拟场景时只需要考虑具有一定强度的主要光源。

图 9-1 真实场景照片

明暗效应指的是对光照射到物体表面所产生的反射或透射现象的模拟。具体地说，明暗效应就是计算场景中光强度和颜色值，得到场景中像素的准确值。模拟真实场景，需要具体量化，需要用各种类型的光照模型计算具体的光强数值。

一般将光的强度和颜色分开考虑。在进行光的模拟计算时，先考虑光的强度，计算得到的是场景的灰度图像。在此基础上，再根据颜色模型，加上光的颜色因素就得到真实场景的彩色图像。

各种光都与相关物体的物理属性紧密联系。阳光，作为最重要的光源，是所有颜色光混合出来的白光；阳光的强度可以根据晴天、阴天、清晨、黄昏等物理条件进行估计。作为光源的各种灯具，其发出光的强度、颜色都可以根据产品参数准确获取。物体表面总是将入射光中与自身表面颜色不同的光吸收，反射出剩余的部分，物体表面的颜色、光滑程度、吸收光的特点等物理属性确定了反射光的特点。折射光同样是透明或半透明物体对入射光做部分吸收而在另一面以一定的角度发出的，折射光的特点取决于透明或半透明物体的光学特性。在各种光照模型中，反射光、折射光对光的吸收特点可以用各种系数来表示。

场景的具体表现还与观察点位置(或者说投影方式)有关。可以想象一下，在图 9-1 中，如果改变一下观察位置，各种物体表面的反光亮点将出现在不同的地方。同样的场景、同样的光照条件、同样的时间，只要观察位置不同，就会得到不同的场景表现。

总结一下，场景光强度的影响因素有：

- 物体的几何形状、位置、朝向；物体的性质，包括材料、颜色、透明度、折射性。
- 光源的位置、距离、颜色、数量、强度、种类。
- 环境，包括遮挡关系、光的反射与折射、阴影。
- 视点位置。

各种类型的光都有自己的照明方程，用于计算光强度值。真实场景中存在各种类型的光，是各种光叠加的结果。只要将场景每个像素处各种类型的光强度分别计算出来，进行求和，就得到该像素的光强度值，再利用相关颜色模型就可以计算出该像素的颜色值。当场景中所有像素颜色值计算并绘制出来，就得到整个场景影像。

真实场景中绝大部分物体都是不透明的，场景主要由反射光来体现，因此下面主要讨论反射光光强的计算。反射光光强度的计算可以根据各种照明方程计算。

本章先讨论光的亮度对场景形成的灰度图像明暗效应，再讨论颜色模型，将色彩加入模拟场景的方法，具体内容是三种反射光强度的计算方法、不同颜色模型的介绍以及颜色模型的相互转化。以一个球体灰度及彩色光照计算为例，说明场景模拟中的明暗效应计算及编程的方法。

9.1　反射光光强计算

反射光分为泛光、漫反射光和镜面反射光三种类型。

9.1.1　泛光

1. 编程思路

泛光是入射光在环境中经过场景各种物体表面多个角度、多次反射的结果。在空间中近似均匀分布，在任何位置、任何方向上强度一样。

泛光光照明方程如下：

$$I = K_a I_a \tag{9-1}$$

式中，I_a 为入射的泛光光强，是指环境中的明暗度；K_a 为漫反射系数，与物体属性有关。在同一个环境中，在分布均匀的环境光照射下，不同物体表面所呈现的亮度不相同，呈现的亮度与它们的漫反射系数有关，式(9-1)中的 I 就是漫反射系数为 K_a 的物体表面所反射的光强度值。

在平面上设置三个矩形区域，代表三种不同物体表面。分别设置三种不同环境光强度，依据泛光光照方程，计算三个矩形区域中每个像素的光强度，并绘制像素。

2. 编程实现

打开工程项目，添加菜单项"光照模型"，在其下添加子菜单项"泛光"，为其定义为 ID_FloodLight。在视图类定义菜单响应函数如下：

```
void CMyGraphicsView:: OnFloodlight()
{
    //TODO：在此添加命令处理程序代码
    CMyGraphicsDoc * pDoc = GetDocument(); //获得文档类指针
    CClientDC pDC(this);                   //定义当前绘图设备
    pDoc->FloodLight(&pDC);
}
```

其中，FloodLight( )函数是文档类泛光功能实现函数。使用类向导在文档类中添加函数如下：

```
//泛光
void CMyGraphicsDoc:: FloodLight(CClientDC * pDC)
{
    //TODO：在此处添加实现代码
    int I, i;
    I = 255; //设置泛光强度
    //I = 192; //设置泛光强度
    //I = 128; //设置泛光强度
    double ka = 0.2;
    i = int(ka * I+0.5); //计算反射光强度
    for(int y = 100; y<=200; y++)
        for (int x = 100; x <=200; x++) {
            pDC->SetPixel(x, y, RGB(i, i, i));
        }
    ka = 0.5;
    i = int(ka * I+0.5); //计算反射光强度
    for(int y = 100; y<=200; y++)
        for (int x = 300; x <=400; x++) {
            pDC->SetPixel(x, y, RGB(i, i, i));
        }
    ka = 0.8;
```

235

```
        i=int(ka*I+0.5); //计算反射光强度
        for(int y=100; y<=200; y++)
            for (int x=500; x <=600; x++) {
                pDC->SetPixel(x, y, RGB(i, i, i));
            }
        }
```

该函数在当前环境光光强下,分别在代表三种不同物体表面的矩形中计算并显示各个像素上的光强值。在程序中改变环境光亮度三次,运行结果如图 9-2 所示。

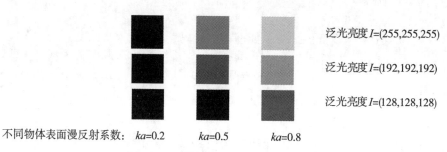

不同物体表面漫反射系数: ka=0.2   ka=0.5   ka=0.8

泛光亮度 I=(255,255,255)

泛光亮度 I=(192,192,192)

泛光亮度 I=(128,128,128)

图 9-2 不同条件下的泛光光照模拟

9.1.2 漫反射光

1. 编程思路

规则反射光指在物体表面按入射角等于反射角的反射定律发生的反射,如图 9-3 所示,入射光、反射光与平面外法线的夹角相等。

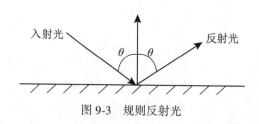

图 9-3 规则反射光

粗糙物体的表面并不平整,存在大量指向各个方向的反射面。一束入射光经过粗糙的表面反射以后,反射光并不能沿着与入射角相等的反射角方向发射,而是沿着各个反射面的指向分散开来,分散的程度取决于物体表面平整度。为了简化起见,规定反射光在各个方向的强度相同。漫反射光是具有粗糙表面物体对入射光的反射,其特点如图 9-4 所示,反射光射向各个方向,且各个方向的反射光光强相等,反射光光强只与入射光的入射角度有关。

兰伯特(Lambert)余弦定律描述了漫反射光特点,其内容是反射光强与入射光的入射角的余弦成正比,对应的光照明方程如下:

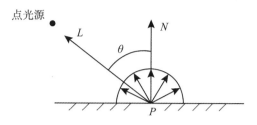

图 9-4　漫反射光特点

$$I = K_d I_l \cos\theta \quad \theta \in \left[0, \frac{\pi}{2}\right] \tag{9-2}$$

其中，I_l 表示点光源的亮度值，K_d 是物体表面漫反射系数，θ 是入射角，I 是物体表面所反射光的亮度值。

　　设置一个正方形区域模拟物体表面，在正方形上方设置一个点光源。对于正方形区域中的每一个像素，先根据其与点光源的位置关系计算入射光夹角，然后根据式(9-2)计算像素的光亮度值，并绘制。为了进行对比，改变点光源的高度，重新计算并显示。

2. 编程实现

　　打开工程项目，在菜单项"光照模型"下添加子菜单项"漫反射"，为其定义为 ID_DIFFUSE_REFLECTION。在视图类定义菜单响应函数如下：

```
void CMyGraphicsView∷OnDiffuseReflection()
{
    //TODO：在此添加命令处理程序代码
    CMyGraphicsDoc * pDoc=GetDocument(); //获得文档类指针
    CClientDC pDC(this);                 //定义当前绘图设备
    pDoc→DiffuseReflection(&pDC);
}
```

　　其中，DiffuseReflection（）函数是文档类漫反射光功能实现函数。在文档类中使用类向导添加函数如下：

```
//漫反射
void CMyGraphicsDoc∷DiffuseReflection(CClientDC * pDC)
{
    //TODO：在此处添加实现代码
    int x0=300, y0=300, z0=100; //光源位置
    int I, i;

    I=255; //设置入射光强度
    double coscita;
    double kd=0.8;
```

```
                for (int y = 100; y <= 500; y++) //反射面矩形坐标(100, 100)
-(500, 500)
                    for (int x = 100; x <= 500; x++) {
                        coscita = CosCalculate(0, 0, 1, x0-x, y0-y, z0);
                        i = int(kd * I * coscita+0.5);  //计算反射光强度
                        pDC->SetPixel(x, y, RGB(i, i, i));
                    }
            }
```

其中，CosCalculate( )计算入射光夹角。该函数的前三个参数表示像素处的外法线方向向量，后三个参数表示入射光线的方向向量。该函数还不存在，运用类向导在文档类中建立该函数如下：

```
    //计算两个向量之间夹角的余弦值
    double CMyGraphicsDoc:: CosCalculate (double x1, double y1,
double z1, double x2, double y2, double z2)
    {
        //TODO: 在此处添加实现代码
        double d1, d2, a1, a2, a3, b1, b2, b3;
        //计算两个向量的单位向量
        d1 = sqrt(x1 * x1+y1 * y1+z1 * z1);
        a1 = x1 /d1; a2 = y1 /d1; a3 = z1 /d1;
        d2 = sqrt(x2 * x2+y2 * y2+z2 * z2);
        b1 = x2 /d2; b2 = y2 /d2; b3 = z2 /d2;
        //计算两个单位向量的夹角余弦值
        double coscita = a1 * b1+a2 * b2+a3 * b3;
        if (coscita < 0)coscita = 0;  //入射光夹角余弦值不可能为负
        return coscita;
    }
```

在程序中改变点光源高度三次，运行结果如图 9-5 所示。

光强度 I=(255,255,255)

反射系数: kd=0.8

光源高度: 20　　　　100　　　　　200

光照区域(100,100) – (500,500)

图 9-5　漫反射光亮度模拟结果

光源高度的改变对每个像素入射光夹角有很大影响。为了简便，这里并没有考虑距离对光亮度衰减的影响。

9.1.3 镜面反射光

1. 编程思路

镜面反射光是具有光滑表面的物体对入射光的反射，如图 9-6 所示。光滑表面也不能做到绝对光滑，与漫反射一样，反射光也会发生散射。唯一的区别，就是镜面反射的反射面比较平，因而光束比较统一而且反射方向比较一致，散射程度小。

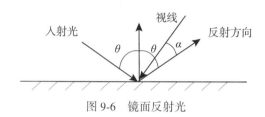

图 9-6　镜面反射光

镜面反射光照明方程如下：

$$I = K_s I_l \cos^n \alpha, \quad \alpha \in \left[0, \frac{\pi}{2} \right] \tag{9-3}$$

其中，I_l 表示点光源的亮度值，K_s 是物体表面反射系数，α 是进入视点的光线（与视线方向相反）与反射方向的夹角。n 是镜面反射指数或会聚指数，n 越大，物体越光滑。I 是视点看到的物体表面所反射光线的亮度值。

镜面反射光照方程中的夹角 α 不同于漫反射光照方程中的夹角 θ。漫反射中的 θ 是入射角，是入射光线与法方向的夹角，根据光源的位置很容易确定；镜面反射中的 α 是反射光方向与进入视点光线的夹角，反射光方向需要根据入射光线与法方向的方法进行计算才能得到。就计算量而言，镜面反射比漫反射多了一个由入射光线方向与法方向求取反射光方向的计算过程。

下面设置一个正方形区域模拟物体表面进行镜面反射的模拟。建立一个坐标系 $O\text{-}XYZ$，如图 9-7 所示。物体表面模拟区域设置在 XOY 平面，则 P 点坐标为 $(x, y, 0)$，所有像素的法向量为 $(0, 0, 1)$。A 点是点光源，坐标为 (x_0, y_0, z_0)；向量 AP 是像素 P 的入射光，向量 PB 是像素 P 的反射光方向，P 点的法向量为 $(0, 0, 1)$。投影方式为垂直于 XOY 平面的正射投影，则视线方向向量为 $(0, 0, -1)$，进入视点的光线方向为 $(0, 0, 1)$。α 就是向量 PB 与进入视点的光线方向 $(0, 0, 1)$ 之间的夹角。

若 $|PA| = |PB|$，则 B 点和 A 点对称于 P 点处的法向量。由 A 点坐标 (x_0, y_0, z_0) 和 P 点坐标 $(x, y, 0)$，可以算出 B 点的坐标为 $(2x-x_0, 2y-y_0, z_0)$。反射光方向 PB 可以由 B 点坐标减去 P 点坐标表示，即为 $(x-x_0, y-y_0, z_0)$。反射光方向 $PB(x-x_0, y-y_0, z_0)$ 与进入视点的光线方向 $(0, 0, 1)$ 的夹角为 α，根据两个向量 $(0, 0, 1)$ 和 $(x-x_0, y-y_0, z_0)$，用函数 CosCalculate( ) 计算出式（9-3）中 $\cos\alpha$ 值。因此，可以由式（9-3）计算像素 $P(x, y)$ 的亮度值并绘制。改变 $P(x, y)$，将整个区域绘制出来。

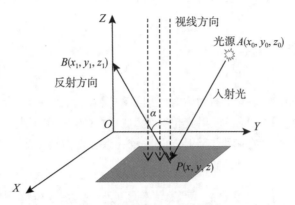

图 9-7　镜面反射光实验设计

2. 编程实现

打开工程项目，在菜单项"光照模型"下添加子菜单项"镜面反射"，为其定义为 ID_MIRROR_REFLECTION。在视图类定义菜单响应函数如下：

```
void CMyGraphicsView:: OnMirrorReflection()
{
    //TODO：在此添加命令处理程序代码
    CMyGraphicsDoc * pDoc = GetDocument(); //获得文档类指针
    CClientDC pDC(this);                   //定义当前绘图设备
    pDoc->MirrorReflection(&pDC);
}
```

其中，MirrorReflection（）函数是文档类镜面反射光功能实现函数。在文档类中使用类向导添加如下函数：

```
//镜面反射
void CMyGraphicsDoc:: MirrorReflection(CClientDC * pDC)
{
    //TODO：在此处添加实现代码
    int x0 = 300, y0 = 300, z0 = 200;
    int I, i;

    I = 255;  //设置入射光强度
    double coscita, cosncita;
    double kd = 0.8;
    for (int y = 100; y <= 500; y++)
        for (int x = 100; x <= 500; x++) {
            coscita = CosCalculate(0, 0, 1, x-x0, y-y0, z0);
            cosncita = coscita;
```

```
                int n=8;  //cos(cita)八次方
                   for ( int i = 0; i < n; i++) cosncita = cosncita
* coscita;
                i=int(kd * I * cosncita+0.5);  //计算反射光强度
                pDC->SetPixel(x, y, RGB(i, i, i));
             }
          }
```

在程序中改变 n 值两次，模拟不同光滑表面，改变光源高度，运行结果如图 9-8 所示。与图 9-5 漫反射相比，亮点区域更加集中。

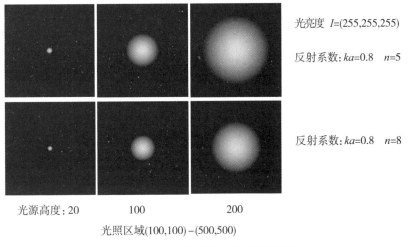

光亮度 *I*=(255,255,255)

反射系数: *ka*=0.8 *n*=5

反射系数: *ka*=0.8 *n*=8

光源高度: 20   100   200

光照区域(100,100) – (500,500)

图 9-8　不同条件下镜面反射模拟结果

9.1.4　均匀着色与光滑着色

对场景中的每个像素都依照光照明方程计算其亮度值无疑能得到最真实的效果，但计算量太大。由于场景模型中的曲面实际上都是由平面组成的，针对平面特点采用光滑着色方法可以节省计算量，加快场景生成速度。已经有了很多光滑着色的方法，这里介绍三种典型的方法，分别是均匀着色、Gouraud 方法、Phong 方法。

均匀着色是计算平面中任意一个像素的亮度值，然后用该亮度值代表整个平面所有像素的亮度值进行绘制。均匀着色适用场景：①光源在无穷远处；②视点在无穷远处；③平面多边形是物体表面的精确表示。光源和视点无穷远意味着平面上所有点入射光角度几乎相同，各点对应的视线角度几乎相同，因此也适合于距离不太远但面积相对较小的平面。实际应用中，均匀着色方法也常用于用较小的平面表示实际曲面的场合。由于相邻平面间存在亮度差异，平面边界显现称之为"马赫带效应"。

光滑着色亦称为插值着色。插值的结果是像素间亮度渐变消除了边界。用来插值的参数可以是亮度值、法线方向等，Gouraud 方法和 Phong 方法是光滑着色的典型代表。

Gouraud 方法根据多边形顶点颜色进行线性插值来获得其内部各点的光强度，其着色步骤如下：

（1）计算多边形顶点的单位法矢量；

（2）利用光照明方程计算顶点的光强度；

（3）在扫描线消隐算法中，对多边形顶点颜色进行双线性插值，获得多边形内部（位于多边形内的扫描线上）各点的光强度。

如图 9-9 所示，首先精确计算多边形各顶点 P_1、P_2、P_3 的亮度值，然后在相邻顶点 P_1P_2、P_2P_3 之间进行线性内插计算多边形边上 A、B 的亮度值，再利用扫描线两边 A、B 亮度值进行线性内插，计算出多边形内部像素 P 的亮度值。

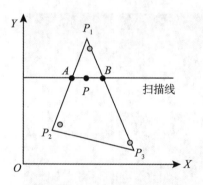

图 9-9　Gouraud 方法内插原理

Phong 方法也是采用内插方式得到参数，其内插的过程同样是采用双线性内插方式，即在一个多边形中，首先由相邻顶点对应的参数线性内插出多边形边上点对应的参数，再由扫描线与两个边的交点对应的参数内插出多边形内像素上对应的参数。Gouraud 方法内插的是亮度参数，Phong 方法内插的是点所在位置的法向参数。

1. 编程思路

在 OXY 平面设置三个正方形分别用均匀着色、Gouraud 方法、Phong 方法进行着色。三个正方形右下角正上方同样的位置分别设置一个同样光亮度的点光源，以便在同等条件下模拟三种方法各自的光照效果。

对于均匀着色，选正方形中心的像素，用式（9-2）漫反射光照明方程计算像素处的光亮度，然后用该亮度值对正方形内所有像素进行着色。

对于 Gouraud 方法，用式（9-2）漫反射光照明方程计算正方形四个顶点处的光亮度，然后分别线性内插出两个竖边上每个像素对应的光亮度；扫描线与两个竖边有两个交点，用两个交点处亮度值依次内插计算出每个扫描线上每个内点像素处的亮度值，并用该亮度值绘制该内点；变换扫描线，直到正方形所有内点绘制完毕。

Phong 方法需要用来内插各个内点像素的法向量，但实验区域是一个平面，任何点的法向量都相等，无须再进行内插计算，只需要用式（9-2）漫反射光照明方程计算正方形内每个像素亮度值并绘制，就可以看到 Phong 方法光滑着色效果。

2. 编程实现

打开工程项目，在菜单项"光照模型"下添加子菜单项"光滑着色"，为其定义为 ID_SMOOTH_SHADING。在视图类定义菜单响应函数如下：

```
void CMyGraphicsView:: OnSmoothShading()
{
    //TODO：在此添加命令处理程序代码
    CMyGraphicsDoc * pDoc=GetDocument();  //获得文档类指针
    CClientDC pDC(this);                  //定义当前绘图设备
    pDoc->SmoothShading(&pDC);
}
```

SmoothShading( )是文档类函数，它用三种方法分别对实验正方形光滑着色，并显示。用类向导在文档类中添加该函数如下：

```
//均匀着色与光滑着色
void CMyGraphicsDoc:: SmoothShading(CClientDC * pDC)
{
    //TODO：在此处添加实现代码
    int I, i;
    //为了显示对比效果，光强、反射系数均取最大
    I=255;
    double kd=1.0;
    int x1=100, y1=100, x2=300, y2=300;  //显示区域
    int x0=x2, y0=y2, z0=50;  //光源空间坐标
//均匀着色
    double coscita=CosCalculate(0, 0, 1, x0-200, y0-200, z0);
    i=int(kd * I * coscita+0.5);  //计算反射光强度
    for (int y=y1; y <=y2; y++)
        for (int x=x1; x <=x0; x++) {
            pDC->SetPixel(x, y, RGB(i, i, i));
        }
//Gouraud 方法光滑着色(亮度插值)
    double i1, i2, i3, i4, j1, j2;
    x1=320; y1=100; x2=520; y2=300;  //显示区域
    x0=x2; y0=y2; z0=50;  //光源空间坐标
    coscita=CosCalculate(0, 0, 1, x0-x1, y0-y1, z0);
    i1=kd * I * coscita;  //显示区域左上角反射光强度
    coscita=CosCalculate(0, 0, 1, x0-x2, y0-y1, z0);
    i2=kd * I * coscita;  //显示区域右上角反射光强度
    coscita=CosCalculate(0, 0, 1, x0-x1, y0-y2, z0);
```

243

```
        i3 = kd * I * coscita; //显示区域左下角反射光强度
        coscita = CosCalculate(0, 0, 1, x0-x2, y0-y2, z0);
        i4 = kd * I * coscita; //显示区域右下角反射光强度
        for (int y = y1; y <= y2; y++) {
            j1 = i1+(i3-i1) * (double)(y-y1) /200.0;
            j2 = i2+(i4-i2) * (double)(y-y1) /200.0;
            for (int x = x1; x <= x2; x++) {
                int j = int(j1+(j2-j1) * (double)(x-x1) /200.0
+0.5);

                pDC->SetPixel(x, y, RGB(j, j, j));
            }
        }
    //Phong 方法光滑着色(法向量插值)
        x1 = 540; y1 = 100; x2 = 740; y2 = 300; //显示区域
        x0 = x2; y0 = y2; z0 = 50; //光源空间坐标
        for (int y = y1; y <= y2; y++)
            for (int x = x1; x <= x2; x++) {
                coscita = CosCalculate(0, 0, 1, x0-x, y0-y, z0);
                i = int(kd * I * coscita+0.5); //计算反射光强度
                pDC->SetPixel(x, y, RGB(i, i, i));
            }
    }
```

运行程序，结果如图 9-10 所示。

均匀着色　　　　　Gouraud方法光滑着色　　　　Phong方法光滑着色

图 9-10　三种光滑着色方法效果对比

9.1.5　绘制线框球体

单个表面过于简单，难以显现光影效果。球体表面具有连续变化的法线方向，是表现光线阴影的良好对象。本小节介绍一种线框球体的绘制方法，目的是说明我们所用到的球体上点的三维空间坐标确定方法和球体上曲线的绘制方法。下一小节介绍表面球体的绘制方法，并在球体表面上进行几种光强度的模拟计算方法。

1. 编程思路

在曲线曲面的理论学习中已经知道，一个曲面的绘制实际上是绘制曲面上的几条有代表性的曲线。球体的绘制是将球体上的经纬线绘制出来，如图 9-11 所示，因此首先要在球体上建立坐标系和经纬线。

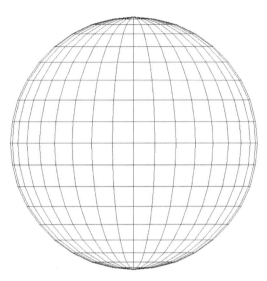

图 9-11　用经纬线表示的球体线框图

以球心为原点建立 $O\text{-}XYZ$ 右手坐标系，如图 9-12 所示。在垂直于 Z 轴的平面中绕 Z 轴正向逆时针旋转，与 X 轴出发的夹角就是经度，用 jd 表示，经度的数值范围为 [0，360]。球面上任意一点 P 的向量与 $O\text{-}XY$ 平面的夹角就是该点对应的纬度，用 wd 表示，纬度值范围 [-90，90]。Z 正轴方向的北极点纬度为 90 度，Z 负轴方向的南极点纬度为 -90度，$O\text{-}XY$ 平面为赤道面，纬度为 0。球体的半径为 R，则球面上的 P 点坐标可以用极坐标表示为 $(R,\ wd,\ jd)$。所有球面上的点都是相应的经、纬线的交点。

任何一条经、纬线都是球面上的曲线。在上一章曲线绘制的学习中已经知道，曲线绘制实际是由一系列贴近曲线的直线来表示，一条绘制的曲线实际上是由一系列直线组成。经纬线的绘制也是这样，一条纬线是用由同纬度上相邻两条经线对应的点一一用直线相连而成，一条经线也是这样。图 9-11 就是这样绘制的。相邻点的确定很容易，如果经度的间隔用 Δj 表示，则 $(R,\ wd,\ jd)$ 与 $(R,\ wd,\ jd+\Delta j)$ 就是同一纬度上的相邻点。同样，$(R,\ wd,\ jd)$ 与 $(R,\ wd+\Delta w,\ jd)$ 是同一经度上的相邻点。

虽然球面上的点 P 用极坐标形式 $(R,\ jd,\ wd)$ 定位很方便，但为了方便后续的投影和绘制，还是需要将其转化为 $(x,\ y,\ z)$ 坐标形式。根据图 9-12 所示的极坐标与坐标系 $O\text{-}XYZ$ 的关系，可以得到转换公式如下：

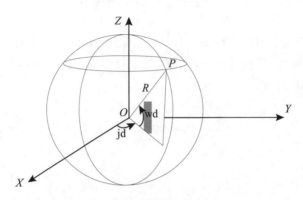

图 9-12　为球体建立的坐标系

$$x = R\cos(\text{wd}) \cos (\text{jd})$$
$$y = R\cos(\text{wd}) \sin (\text{jd}) \qquad (9\text{-}4)$$
$$z = R\sin(\text{wd})$$

经纬线是三维空间上的线，必须投影到二维平面上才能绘制。为此，必须确定投影方式和投影平面。为了简便，投影平面选为 $x=0$ 平面，即 $O\text{-}YZ$ 坐标平面，投影方式设为负 X 轴方向上的正射投影，则空间点 $P(x, y, z)$ 的投影结果为 (y, z)，即去掉三维坐标中的 x 即可。循环取出经、纬线，逐段进行坐标转换、投影、绘制，就可以完成球体的绘制。

2. 编程实现

打开工程项目，在菜单项"光照模型"下添加子菜单项"球体绘制"，为其定义为 ID_SPHERE。在视图类定义菜单响应函数如下：

```
void CMyGraphicsView:: OnSphere()
{
    //TODO：在此添加命令处理程序代码
    CMyGraphicsDoc * pDoc =GetDocument();　//获得文档类指针
    CClientDC pDC(this);　　　　　　　　　　//定义当前绘图设备
    pDoc->Sphere(&pDC);
}
```

Sphere( )函数是文档类中绘制球体的函数。用类向导在文档类中添加该函数如下：

```
//绘制球体线框图
void CMyGraphicsDoc:: Sphere(CClientDC * pDC)
{
    //TODO：在此处添加实现代码
    double P[3], P1[3];　//三维空间点坐标
    CPoint d, d1;　//三维空间点的投影点
    double R=300.0, jd, wd;　//球体半径为 300
```

```
        double dltw=10, dltj=10;  //经纬度间隔
        CPen pen;  //创建画笔
        pen.CreatePen(PS_SOLID, 1, RGB(0, 0, 0));
        pDC->SelectObject(&pen);
        for (wd=90.0; wd>=-90.0; wd-=dltw) {  //逐条绘制纬线
            for (jd=0.0; jd <=360; jd +=dltj) {
                CoordinateTranslate(P, R, wd, jd);  //三维空间点极坐
标变换
                CoordinateTranslate(P1, R, wd, jd+dltj);  //下一个空
间点
                d=CoordinateProject(P);  //三维空间点投影
                d1=CoordinateProject(P1);
                pDC->MoveTo(d); pDC->LineTo(d1);  //画线
            }
        }
        for (jd=0.0; jd<360.0; jd +=dltj) {  //逐条绘制经线
            for (wd=90.0; wd >=-90.0; wd-=dltw) {
                CoordinateTranslate(P, R, wd, jd);  //三维空间点极坐
标变换
                CoordinateTranslate(P1, R, wd+dltw, jd);  //下一个空
间点
                d=CoordinateProject(P);  //三维空间点投影
                d1=CoordinateProject(P1);
                pDC->MoveTo(d); pDC->LineTo(d1);  //画线
            }
        }
    }
```

CoordinateTranslate( )函数将极坐标(R, wd, jd)表示的球面上的点转化为三维空间坐标形式，结果存放于三维变量P中，$(P[0], P[1], P[2])$为对应的(x, y, z)坐标值。用类向导在文档类中添加该函数如下：

```
        //将空间点极坐标(R, wd, jd)转化为坐标(x, y, z)
        void CMyGraphicsDoc:: CoordinateTranslate (double p [3],
double R, double wd, double jd)
        {
            //TODO:在此处添加实现代码
            double x, y, z;
            if (wd==90.0) {
                z=R; x=y=0;
```

```
        p[0]=x; p[1]=y; p[2]=z;
        return;
    }
    if(wd==-90.0){
        z=-R; x=y=0;
        p[0]=x; p[1]=y; p[2]=z;
        return;
    }
    z=R*sin(wd*3.1415926/180.0);
    x=R*cos(wd*3.1415926/180.0)*cos(jd*3.1415926
/180.0);
    y=R*cos(wd*3.1415926/180.0)*sin(jd*3.1415926
/180.0);
    p[0]=x; p[1]=y; p[2]=z;
}
```

CoordinateProject( )函数是将三维空间点 P 进行投影，投影结果作为函数值赋给一个
CPoint 类型变量。用类向导在文档类中添加该函数如下：

```
    //将空间点(x, y, z)投影，得到投影点(xp, yp)
    //投影平面为 YOZ 平面，投影方法为简单投影
    CPoint CMyGraphicsDoc:: CoordinateProject(double P[3])
    {
        //TODO: 在此处添加实现代码
        CPoint p;
        double yp, zp;
        double ky=0.0, kz=0.0;  //两个参数设置为 0，则为正射投影
        yp=P[1]+P[0]*ky;
        zp=P[2]+P[0]*kz;
        p.x=int(yp+0.5)+400;
        p.y=int(zp+0.5)+400;
        return p;
    }
```

编译、运行程序，得到结果如图 9-11 所示。在 Sphere( )函数中，改变经纬度间隔大
小(如下)，可以得到不同效果图，如图 9-13 所示。

```
        //TODO: 在此处添加实现代码
        double P[3], P1[3];  //三维空间点坐标
        CPoint d, d1;  //三维空间点的投影点
        double R=300.0, jd, wd;  //球体半径为 300
        //      double dltw=10, dltj=10;  //经纬度间隔
```

```
double dltw=5，dltj=5；//经纬度间隔
CPen pen；//创建画笔
```

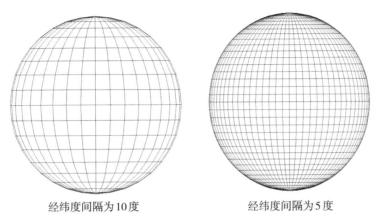

经纬度间隔为10度   经纬度间隔为5度

图 9-13   不同经纬度间隔参数绘制的球体线框图

9.1.6 绘制表面模型球体

三维场景中的模型都是表面模型，只有表面模型才能进行着色、贴图、渲染，增加模型的真实性。球体表面是曲面，曲面的一种表示方式是将一个大的曲面划分成若干个小的曲面片，每个曲面片用平面近似表示，曲面实际上是由一系列平面来近似表示的。

如图 9-13 所示，整个球面被经纬线划分成一系列曲面片。曲面片都是由相邻的两条经线和相邻的两条纬线围成，是一个具有 4 个角点的曲面片。位于南北两极的曲面片，由于两条经线交汇于一点，曲面片只有 3 个角点。对于 4 个角点的曲面片，由于 4 个角点不一定在一个平面上，因此将 4 个角点划分成两组，每组 3 个角点，3 个角点可以构成一个空间三角平面。也就是对于 4 个角点的曲面片用两个空间三角平面来近似表示。对于极点处的曲面片，由于只有 3 个角点，用一个空间三角平面来近似表示即可。这样，整个球面就用一系列空间三角平面近似表示，如图 9-14 所示。对球体光照模拟计算就转化成对每个空间三角平面的光照模拟计算。

1. 编程思路

对经纬线依次循环，取出每一条经线、纬线。由一条经线、纬线可以确定一个球面上点的坐标(R, wd, jd)，该点与三个相邻点$(R, wd+\Delta w, jd)$、$(R, wd, jd+\Delta j)$、$(R, wd+\Delta w, jd+\Delta j)$共同确定球面上一个 4 个角点的曲面片。将 4 个点分成逆时针旋转的两组：(R, wd, jd)、$(R, wd, jd+\Delta j)$、$(R, wd+\Delta w, jd)$和$(R, wd+\Delta w, jd)$、$(R, wd, jd+\Delta j)$、$(R, wd+\Delta w, jd+\Delta j)$，每一组用来构成一个空间三角形平面。三角形 3 个角点均要求逆时针排列，这是为了在后续计算空间三角形平面法向量时有一个共同的标准。

将极坐标转换为(x, y, z)形式，计算空间三角形平面法向量。一个空间多边形平面的外法线方向计算方法如下：

设物体位于右手坐标系中，多边形顶点按逆时针排列。设法矢量为$\{A, B, C\}$，则：

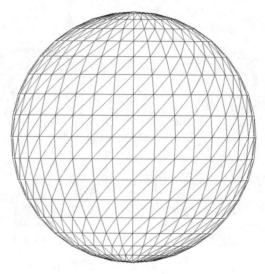

图 9-14　用空间三角平面表示的球体表面图

$$A = \sum_{i=1}^{n} (y_i - y_j)(z_i + z_j)$$

$$B = \sum_{i=1}^{n} (z_i - z_j)(x_i + x_j) \qquad (9\text{-}5)$$

$$C = \sum_{i=1}^{n} (x_i - x_j)(y_i + y_j)$$

式中，n 为顶点数量，若 $i \neq n$，则 $j=i+1$；否则 $i=n$，$j=1$。即 i，j 表示相邻的两个顶点。

事先已经规定投影方式是逆 X 轴的正射投影，只有法向量的 A 分量为正的空间三角形，迎着视点能够被看见，因此判断一个空间三角形是否可见，只需要计算式(9-5)中的 A 分量。将能看见的空间三角形投影到投影平面并绘制。

当所有的空间三角形都如此处理完毕，球体表面模型就绘制完成了。

2. 编程实现

打开工程项目，在菜单项"光照模型"下添加子菜单项"球体着色"，为其定义为 ID_SPHERE2。在视图类定义菜单响应函数如下：

```
void CMyGraphicsView:: OnSphere2()
{
    //TODO：在此添加命令处理程序代码
    CMyGraphicsDoc * pDoc = GetDocument(); //获得文档类指针
    CClientDC pDC(this);                    //定义当前绘图设备
    pDoc->Sphere2(&pDC);
}
```

Sphere2( )函数是文档类中实现球体表面模型绘制的函数。用类向导在文档类中添加该函数如下：

```
//将球体分割成若干三角曲面，绘制每个三角曲面投影
void CMyGraphicsDoc:: Sphere2(CClientDC * pDC)
{
    //TODO: 在此处添加实现代码
    double R = 350.0, jd, wd;
    double dltw = 10.0, dltj = 10.0; //经纬度间隔
    double P1[3], P2[3], P3[3], P4[3]; //极坐标(R, wd, jd)表示的
三维空间点

    int mode = 0; //设置不同着色模式
    P1[0] = R; P1[1] = 90.0; P1[2] = 0; //绘制北极地区
    wd = 90.0-dltw;
    for (jd = 0.0; jd < 360.0; jd += dltj) {
        P2[0] = R; P2[1] = wd; P2[2] = jd;
        P3[0] = R; P3[1] = wd; P3[2] = jd+dltj;
        DrawTrianglePiece(pDC, P1, P2, P3, mode); //绘制三角曲
面
    }
    P1[0] = R; P1[1] = -90.0; P1[2] = 0; //绘制南极地区
    wd = -90.0+dltw;
    for (jd = 0.0; jd < 360.0; jd += dltj) {
        P2[0] = R; P2[1] = wd; P2[2] = jd;
        P3[0] = R; P3[1] = wd; P3[2] = jd+dltj;
        DrawTrianglePiece(pDC, P1, P2, P3, mode);
    }

    for (wd = 90.0-2.0 * dltw; wd >-90.0; wd-=dltw) {
    //其他地区，空间四点曲面分成两个三角面

        for (jd = 0.0; jd < 360; jd += dltj) {
            P1[0] = R; P1[1] = wd; P1[2] = jd;
            P2[0] = R; P2[1] = wd; P2[2] = jd+dltj;
            P3[0] = R; P3[1] = wd+dltw; P3[2] = jd;
            P4[0] = R; P4[1] = wd+dltw; P4[2] = jd+dltj;
            DrawTrianglePiece(pDC, P1, P2, P3, mode); //三个点
逆时针排列
            DrawTrianglePiece(pDC, P3, P2, P4, mode); //三个点
逆时针排列
```

后续还要进行球体的均匀着色、亮度插值着色以及向量插值着色，这些着色实现程序与球体表面模型绘制程序在结构上是一致的，只是在着色方法以及方法的选择上有所添加和区别，因此共用一个程序结构。设置一个参数 mode 来区分不同的方法。目前，绘制球体表面模型，参数 mode 设置为 0。

因为南北极的曲面片都是 3 个角点，将它们先行处理，每个三角曲面片用一个空间三角形代替。其他的曲面片都是 4 个角点，分两组用两个空间三角形代替。一个空间三角形的投影、绘制功能由函数 DrawTrianglePiece( ) 完成。目前，该函数还没有，用类向导在文档类中建立如下：

```
//一个空间三角形的投影、绘制
void CMyGraphicsDoc:: DrawTrianglePiece (CClientDC * pDC,
double p1[3], double p2[3], double p3[3], int mode)
{
    //TODO：在此处添加实现代码
    double P1[3], P2[3], P3[3]; //空间三角形顶点(x, y, z)坐标

    CoordinateTranslate(P1, p1[0], p1[1], p1[2]); //三维空间点
极坐标变换
    CoordinateTranslate(P2, p2[0], p2[1], p2[2]);
    CoordinateTranslate(P3, p3[0], p3[1], p3[2]);
    if (TriangleIsVisible(P1, P2, P3)) { //如果空间三角形可见
        if (mode = = 0) {
            group[0]. x = int(P1[1]+0.5)+500;
            group[0]. y = int(P1[2]+0.5)+400;
            group[1]. x = int(P2[1]+0.5)+500;
            group[1]. y = int(P2[2]+0.5)+400;
            group[2]. x = int(P3[1]+0.5)+500;
            group[2]. y = int(P3[2]+0.5)+400;
            pDC->MoveTo(group[0]);
            pDC->LineTo(group[1]);
            pDC->LineTo(group[2]);
            pDC->LineTo(group[0]);
        }
    }
}
```

该函数将三角曲面片的三个顶点的极坐标用参数 $p1[3]$、$p2[3]$、$p3[3]$ 传入，它们

都是存储三个数据的数组，分别对应 R、wd、jd。转换成(x, y, z)空间坐标形式，分别存入 $P1$、$P2$、$P3$ 变量，它们也都是存储三个数据的数组，分别对应 x、y、z。C 语言是区分大小写的，因此大小写变量是不同的变量。完成转换的函数是 CoordinateTranslate( )。TriangleIsVisible( ) 函数判断三角形是否可见，如果可见，就投影并绘制三角形。因为是 X 轴反方向的正射投影，三角形三个顶点的 y、z 坐标，也就是 P 变量的第 2、3 维就是投影结果，将他们取整并调整显示位置直接绘制即可。

函数 CoordinateTranslate( )已经建立，TriangleIsVisible( ) 还没有，用类向导在文档类中分别建立如下：

```
    bool CMyGraphicsDoc:: TriangleIsVisible(double p1[3], double
p2[3], double p3[3])
    {
        //TODO: 在此处添加实现代码
        double A =(p1[1]-p2[1]) * (p1[2]+p2[2])+(p2[1]-p3[1]) * (p2
[2]+p3[2])+(p3[1]-p1[1]) * (p3[2]+p1[2]); //只需要计算 A 分量
        if (A > 0)
            return true;
        else
            return false;
    }
```

编译、运行程序，得到的结果如图 9-14 所示。在 Sphere2( ) 函数中改变经纬度间隔大小(如下)，可以得到不同效果图，如图 9-15 所示。

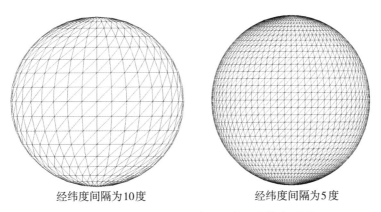

经纬度间隔为10度　　　　　经纬度间隔为5度

图 9-15　不同经纬度间隔参数绘制的球体表面图

```
void CMyGraphicsDoc:: Sphere2(CClientDC * pDC)
{
    //TODO: 在此处添加实现代码
    double R =350.0, jd, wd;
```

```
    //double dltw=10.0, dltj=10.0; //经纬度间隔
    double dltw=5.0, dltj=5.0; //经纬度间隔
    double P1[3], P2[3], P3[3], P4[3]; //极坐标(R, wd, jd)表示的三维
空间点
    int mode=0; //设置不同着色模式
```

9.1.7　球体着色

本小节完成球体上的均匀着色和光滑着色。

在上一小节，已经将球体用一系列空间三角形近似表示，因此只要实现一个空间三角形的着色就可以用循环的方式实现一系列空间三角形的着色，进而完成整个球体的着色。故一个空间三角形的着色才是关键。

在 9.1.4 小节已经介绍了三种对矩形的着色方法。矩形着色比三角形着色要简单得多，因为矩形内的像素很容易判断，任意三角形内的像素需要用计算内点的方法求解。在学习填充算法时已经学习了多种封闭多边形内点的算法，但这些算法只能求解内点。考虑到两种内插着色方法的需要，不仅要求解内点，还需要内点像素处的亮度或法向信息，也就是在求解内点像素的过程中，需要将三角形顶点处的亮度或法向信息携带上一同计算其值的变化。因此，只能严格按照双线性内插方法进行求解。

在计算亮度值时，需要知道球体表面点的法向量。因为球体的球心就是坐标系 *O-XYZ* 的原点，所以球体表面点的坐标值就等于该点的法向量，如图 9-12 所示。因此空间三角形三个顶点的坐标值精确表示其法向量，空间三角形内部的内点坐标值近似表示该点的法向量。这比用空间三角形的法向量表示所有内点的法向量更贴近球体表面实际情况。

1. 编程思路

双线性内插方法如图 9-9 所示。在三角形的最高点和最低点之间依次移动水平扫描线，扫描线必与两条边相交。求出扫描线与两条边的交点 *A*、*B*，并由顶点 P_1、P_2 处的亮度或法向量线性内插出 *A* 点处亮度或法向量，同样，*B* 点处亮度或法向量由 P_1、P_3 线性内插计算。用两个结构变量分别记录 *A*、*B* 的坐标值、亮度和法向量。*A*、*B* 之间的像素点都是内点。依次取出 *A*、*B* 之间的像素点 *P*，根据像素点的坐标，由 *A*、*B* 处的亮度或法向量线性内插像素 *P* 的亮度或法向量。

如果是均匀着色，只需要计算 *P* 点的坐标；如果是使用 Gouraud 方法进行亮度值内插，则使用所计算的 *P* 的亮度值绘制 *P* 像素；如果是使用 Phong 方法进行法向量内插，则使用所计算的 *P* 的法向量值先确定入射光角度，再根据光照明方程计算 *P* 的亮度值绘制 *P* 像素。

2. 编程实现

要实现的有均匀着色法、亮度插值的 Gouraud 方法和法向量插值的 Phong 方法。三种方法的实现步骤与绘制表面球体类似，因此可以共用绘制表面球体的程序部分。用参数 mode 区分不同的方法。规定均匀着色，mode=1；亮度插值着色，mode=2；法向量插值着色，mode=3。光照模拟需要有光源，因此在球体右前上方增加一个点光源，还需要增加一些需要的变量以及一个保存扫描线两边交点处信息的结构变量。

首先在文档类中增加结构变量，在文档定义头文件中插入如下语句：

```
EdgeInfo init(CPoint p1, CPoint p2)//非水平边的边结构初始化
{
    EdgeInfo temp;
    CPoint p;
    if (p1.y > p2.y) { p =p1; p1 =p2; p2 =p; };
    temp.ymax =p2.y; //上端点 y 坐标
    temp.ymin =p1.y; //下端点 y 坐标
    temp.xmin =(float)p1.x; //下端点 x 坐标
    temp.k =(float)(p2.x-p1.x) /(float)(p2.y-p1.y); //该线段
斜率倒数
    return temp;
}
    struct InterpolationVariable {
    double x, y; //插值位置变量
    double i; //插值亮度变量
    double dx, dy, dz; //插值向量变量
};
```

```
public: //操作
    void DDALine(CClientDC * DCPoint); //定义函数
```

其中，x，y 记录扫描线与边的交点。i 用来记录交点处的亮度值，它是由该边的两个顶点处的亮度值线性内插得到的。dx，dy，dz 记录交点处的法向量值，是由该边的两个顶点处的法向量值线性内插得到的。法向量有 x，y，z 三个分量，它们需要分别内插计算。

在 DrawTrianglePiece( ) 函数中插入以下语句：

```
//一个空间三角形的投影、绘制
 void CMyGraphicsDoc:: DrawTrianglePiece(CClientDC * pDC, double p1
[3], double p2[3], double p3[3], int mode)
 {
    //TODO：在此处添加实现代码
    double P1[3], P2[3], P3[3]; //空间三角形顶点(x, y, z)坐标
    double i1, i2, i3; //空间三角形顶点对于反射光强度
    double coscita, zmax, zmin, ymax, ymin;
    int x0 =800, y0 =500, z0 =-500; //光源空间坐标
    double I =255.0; //光源强度
    double kd =1.0; //球体反射系数

    CoordinateTranslate(P1, p1[0], p1[1], p1[2]); //三维空间点极坐
```

标变换

```
        CoordinateTranslate(P2, p2[0], p2[1], p2[2]);
        CoordinateTranslate(P3, p3[0], p3[1], p3[2]);
        if (TriangleIsVisible(P1, P2, P3)) { //如果空间三角形可见
            coscita=CosCalculate(P1[0], P1[1], P1[2], x0-P1[0],
y0-P1[1], z0-P1[2]);
            i1=kd*I*coscita; //空间三角形顶点 P1 处光强度
            coscita=CosCalculate(P2[0], P2[1], P2[2], x0-P2[0],
y0-P2[1], z0-P2[2]);
            i2=kd*I*coscita; //空间三角形顶点 P2 处光强度
            coscita=CosCalculate(P3[0], P3[1], P3[2], x0-P3[0],
y0-P3[1], z0-P3[2]);
            i3=kd*I*coscita; //空间三角形顶点 P3 处光强度
            //确定空间三角形垂直方向的范围
            zmax=MaxZ(P1, P2, P3);
            zmin=MinZ(P1, P2, P3);
            struct InterpolationVariable P0[2];
```

这样，光源设置好了，所需要的变量设置好了，空间三角形三个顶点处的亮度也由漫反射光照明方程计算出来了。$P_0[2]$是两个结构变量，准备用来存储扫描线与两个边的交点以及内插计算出来的交点处的亮度和法向量。函数 Maxz( ) 和 Minz( ) 计算空间三角形在垂直方向的最高点和最低点，也就是三个顶点坐标中最大、最小的 z 坐标。现在还没有，用类向导在文档类中建立如下：

```
double CMyGraphicsDoc:: MaxZ(double P1[3], double P2[3], double
P3[3])
{
    if (P1[2] > P2[2] && P1[2] > P3[2]) return P1[2];
    if (P2[2] > P1[2] && P2[2] > P3[2]) return P2[2];
    if (P3[2] > P1[2] && P3[2] > P2[2]) return P3[2];
}
double CMyGraphicsDoc:: MinZ(double P1[3], double P2[3], double
P3[3])
{
    if (P1[2] < P2[2] && P1[2] < P3[2]) return P1[2];
    if (P2[2] < P1[2] && P2[2] < P3[2]) return P2[2];
    if (P3[2] < P1[2] && P3[2] < P2[2]) return P3[2];
}
```

下面是几种着色方法各自的编程语句。

1)均匀着色

　　均匀着色是对空间三角形内的所有内点像素设置相同的亮度值，该亮度值取三角形三个角点处亮度值的平均值。为了简化编程，三种着色方法都直接采用球体表面模型绘制的程序框架，不再另外为其设置菜单项，只是用已经设置好的 mode 参数加以区分，并添加各自需要的语句。对于均匀着色，设置 mode = 1。

　　首先将 Spheres2( ) 函数中的参数改变如下：

```
//将球体分割成若干三角曲面，绘制每个三角曲面投影
void CMyGraphicsDoc:: Sphere2(CClientDC * pDC)
{
    //TODO：在此处添加实现代码
    double R = 350.0, jd, wd;
    double dltw = 5.0, dltj = 5.0;  //经纬度间隔
    double P1[3], P2[3], P3[3], P4[3]; //极坐标(R, wd, jd)表示的三维
空间点
    //int mode = 0; //绘制球体表面模型
    int mode = 1; //球体表面均匀着色
```

在 DrawTrianglePiece( ) 函数中添加均匀着色的相关语句如下：

```
if (TriangleIsVisible(P1, P2, P3)) { //如果空间三角形可见
    coscita = CosCalculate(P1[0], P1[1], P1[2], x0-P1[0], y0-P1
[1], z0-P1[2]);
    i1 = kd * I * coscita;  //空间三角形顶点 P1 处光强度
    coscita = CosCalculate(P2[0], P2[1], P2[2], x0-P2[0], y0-P2
[1], z0-P2[2]);
    i2 = kd * I * coscita;  //空间三角形顶点 P2 处光强度
    coscita = CosCalculate(P3[0], P3[1], P3[2], x0-P3[0], y0-P3
[1], z0-P3[2]);
    i3 = kd * I * coscita;  //空间三角形顶点 P3 处光强度
    //确定空间三角形垂直方向的范围
    zmax = MaxZ(P1, P2, P3);
    zmin = MinZ(P1, P2, P3);
    struct InterpolationVariable P0[2];
    if (mode == 1) { //均匀着色，三角形所有内点像素光强度相同
        int i0 = int((i1+i2+i3) /3.0+0.5); //确定三角形光强度
        for (int z = int(zmin); z <= zmax; z++) {
            if (FindTwoEdge(z, P0, P1, P2, P3, i1, i2, i3)) {
                ymin = P0[0].y; ymax = P0[1].y;
                    for(int y = int(ymin); y<=ymax; y++){ //沿扫
描线从左到右着色
```

```
                              pDC->SetPixel(y+500, z+400, RGB(i0, i0,
i0));
                                    }
                                  }
                                }
                              }
```

首先将三角形三个角点处的亮度求平均值，作为三角形内部像素的亮度值，然后在三角形覆盖区域最低点和最高点之间移动扫描线。FindTwoEdge(z, P0, P1, P2, P3, i1, i2, i3)) 函数的作用是找出与扫描线相交的三角形两条边，计算两个交点坐标，线性内插出两个交点处的亮度值和法向量，计算结果存入两个结构变量，并通过结构变量将计算结果返回。该函数参数表中，z 是扫描线位置；P_1、P_2、P_3 是三角形三个顶点的 (x, y, z) 坐标；i_1、i_2、i_3 是三个顶点处的亮度值；P_0 是结构变量数组，包含了两个结构变量，分别记录并返回两个交点坐标值、内插亮度值和内插法向量。该函数目前还没有，用类向导在文档类中建立如下：

//找出三角形的三条边 p1p2、p2p3、p3p1 中与扫描线 z 相交的两条边，并进行排序
//并将两条边中的相关信息存储在 p[0]、p[1]结构变量中
//信息包括：两条边与扫描线 z 的交点、两个交点处的向量、两个交点处的亮度值

```
bool  CMyGraphicsDoc:: FindTwoEdge ( int  z,  struct
InterpolationVariable p[2], double p1[3], double p2[3], double p3[3],
double i1, double i2, double i3)
{
    //TODO: 在此处添加实现代码

    double x, y, j1, dx, dy, dz;
    int num = 0;
    if (z >=p1[2] && z < p2[2] || z<p1[2] && z >=p2[2]) { //如果扫描线
与边 p1p2 有交点
        x =p1[0]+(p2[0]-p1[0]) /(p2[2]-p1[2]) *(z-p1[2]); //计算
交点坐标
        y =p1[1]+(p2[1]-p1[1]) /(p2[2]-p1[2]) *(z-p1[2]);
        j1 =i1+(i2-i1) *(z-p1[2]) /(p2[2]-p1[2]); //亮度插值
        dx =p1[0]+(p2[0]-p1[0]) *(z-p1[2]) /(p2[2]-p1[2]); //该点
向量 x 分量插值
        dy =p1[1]+(p2[1]-p1[1]) *(z-p1[2]) /(p2[2]-p1[2]); //该点
向量 y 分量插值
        dz =p1[2]+(p2[2]-p1[2]) *(z-p1[2]) /(p2[2]-p1[2]); //该点
向量 z 分量插值
```

```
            p[num].x=x; p[num].y=y; p[num].i=j1;
            p[num].dx=dx; p[num].dy=dy; p[num++].dz=dz;
        }
        if(z>=p2[2] && z<p3[2] || z<p2[2] && z>=p3[2]){//如果扫描线
与边 p2p3 有交点
            x=p2[0]+(p3[0]-p2[0])/(p3[2]-p2[2])*(z-p2[2]); //计算
交点坐标
            y=p2[1]+(p3[1]-p2[1])/(p3[2]-p2[2])*(z-p2[2]);
            j1=i2+(i3-i2)*(z-p2[2])/(p3[2]-p2[2]); //亮度插值
            dx=p2[0]+(p3[0]-p2[0])*(z-p2[2])/(p3[2]-p2[2]); //该点
向量 x 分量插值
            dy=p2[1]+(p3[1]-p2[1])*(z-p2[2])/(p3[2]-p2[2]); //该点
向量 y 分量插值
            dz=p2[2]+(p3[2]-p2[2])*(z-p2[2])/(p3[2]-p2[2]); //该点
向量 z 分量插值
            p[num].x=x; p[num].y=y; p[num].i=j1;
            p[num].dx=dx; p[num].dy=dy; p[num++].dz=dz;
        }
        if(z>=p3[2] && z<p1[2] || z<p3[2] && z>=p1[2]){//如果扫
描线与边 p3p1 有交点
            x=p3[0]+(p1[0]-p3[0])/(p1[2]-p3[2])*(z-p3[2]); //计算
交点坐标
            y=p3[1]+(p1[1]-p3[1])/(p1[2]-p3[2])*(z-p3[2]);
            j1=i3+(i1-i3)*(z-p3[2])/(p1[2]-p3[2]); //亮度插值
            dx=p3[0]+(p1[0]-p3[0])*(z-p3[2])/(p1[2]-p3[2]); //该点
向量 x 分量插值
            dy=p3[1]+(p1[1]-p3[1])*(z-p3[2])/(p1[2]-p3[2]); //该点
向量 y 分量插值
            dz=p3[2]+(p1[2]-p3[2])*(z-p3[2])/(p1[2]-p3[2]); //该点
向量 z 分量插值
            p[num].x=x; p[num].y=y; p[num].i=j1;
            p[num].dx=dx; p[num].dy=dy; p[num++].dz=dz;
        }
        if(num==2){//只有两个交点才是合理的
            if(p[0].y>p[1].y){//两个扫描线交点从左到右排序
                y=p[0].y; p[0].y=p[1].y; p[1].y=y;
                y=p[0].x; p[0].x=p[1].x; p[1].x=y;
                y=p[0].i; p[0].i=p[1].i; p[1].i=y;
```

```
        y=p[0].dx; p[0].dx=p[1].dx; p[1].dx=y;
        y=p[0].dy; p[0].dy=p[1].dy; p[1].dy=y;
        y=p[0].dz; p[0].dz=p[1].dz; p[1].dz=y;
    }
    return true;
}
else
{
    return false; //不是两个交点, 作废
}
}
```

编译、运行程序, 点击菜单项"光照模型""球体着色", 得到结果如图 9-16(a)所示。可以看到, 马赫带效应明显。

2)亮度插值的 Gouraud 方法

该方法设置 mode=2。在 Spheres2( )函数中的参数改变如下:

//将球体分割成若干三角曲面, 绘制每个三角曲面投影

```
void CMyGraphicsDoc:: Sphere2(CClientDC * pDC)
{
    //TODO: 在此处添加实现代码
    double R=350.0, jd, wd;
    double dltw=5.0, dltj=5.0; //经纬度间隔
    double P1[3], P2[3], P3[3], P4[3]; //极坐标(R, wd, jd)表示的三维
空间点
    //int mode=0; //绘制球体表面模型
    //int mode=1; //球体表面均匀着色
    int mode=2; //球体表面亮度插值着色
```

在 DrawTrianglePiece( )函数中添加均匀着色的相关语句如下:

```
        if (mode==1) {//均匀着色, 三角形所有内点像素光强度相同
            int i0=int((i1+i2+i3) /3.0+0.5); //确定三角形光强度
            for (int z=int(zmin); z <=zmax; z++) {
                if (FindTwoEdge(z, P0, P1, P2, P3, i1, i2, i3)) {
                    ymin=P0[0].y; ymax=P0[1].y;
                    for(int y=int(ymin); y<=ymax; y++) {//沿扫描线
从左到右着色
                        pDC->SetPixel(y+500, z+400, RGB(i0, i0,
i0));
                    }
                }
```

```
            }
        }
        if(mode==2){//三角形光强度插值
            for(int z=int(zmin); z<=zmax; z++){
                if(FindTwoEdge(z, P0, P1, P2, P3, i1, i2, i3)){
                    ymin=P0[0].y; ymax=P0[1].y;
                    for(int y=int(ymin); y<=ymax; y++){//沿扫描线
从左到右着色
                        int i0=int(P0[0].i+(y-P0[0].y)/(P0[1].y
-P0[0].y)*(P0[1].i-P0[0].i)+0.5); //光强度插值
                        pDC->SetPixel(y+500, z+400, RGB(i0, i0,
i0));
                    }
                }
            }
        }
    }
```

编译、运行程序，点击菜单项"光照模型""球体着色"，得到结果如图 9-16(b)所示。

3)法向量插值的 Phong 方法

该方法设置 mode=3。在 Spheres2( )函数中的参数改变如下：

```
    double P1[3], P2[3], P3[3], P4[3]; //极坐标(R, wd, jd)表示的三维
空间点
    //int mode=0; //绘制球体表面模型
    //int mode=1; //球体表面均匀着色
    //int mode=2; //球体表面亮度插值着色
    int mode=3; //球体表面法向量插值着色
```

在 DrawTrianglePiece( )函数中添加均匀着色的相关语句如下：

```
        if(mode==2){//三角形光强度插值
            for(int z=int(zmin); z<=zmax; z++){
                if(FindTwoEdge(z, P0, P1, P2, P3, i1, i2, i3)){
                    ymin=P0[0].y; ymax=P0[1].y;
                    for(int y=int(ymin); y<=ymax; y++){//沿扫描线
从左到右着色
                        int i0=int(P0[0].i+(y-P0[0].y)/(P0[1].y
-P0[0].y)*(P0[1].i-P0[0].i)+0.5); //光强度插值
                        pDC->SetPixel(y+500, z+400, RGB(i0, i0,
i0));
                    }
                }
```

```
            }
        }
        if (mode==3) {//三角形空间点向量插值
            for (int z=int(zmin); z <=zmax; z++) {
                if (FindTwoEdge(z, P0, P1, P2, P3, i1, i2, i3)) {
                    ymin=P0[0].y; ymax=P0[1].y;
                    for(int y=int(ymin); y<=ymax; y++){//沿扫描线
从左到右着色
                        double dx=P0[0].dx+(y-P0[0].y)/(P0[1].y
-P0[0].y)*(P0[1].dx-P0[0].dx); //空间点向量插值
                        double dy=P0[0].dy+(y-P0[0].y)/(P0[1].y
-P0[0].y)*(P0[1].dy-P0[0].dy); //空间点向量插值
                        double dz=P0[0].dz+(y-P0[0].y)/(P0[1].y
-P0[0].y)*(P0[1].dz-P0[0].dz); //空间点向量插值
                        coscita=CosCalculate(dx, dy, dz, x0-dx, y0
-dy, z0-dz);
                        int i0=int(kd*I*coscita+0.5); //空间点光
强度
                        pDC->SetPixel(y+500, z+400, RGB(i0, i0,
i0));
                    }
                }
            }
        }
    }
```

编译、运行程序，点击菜单项“光照模型”“球体着色”，得到结果如图 9-16(c)所示。

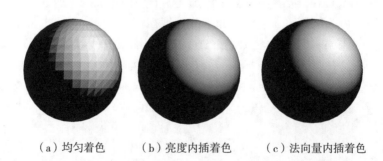

（a）均匀着色　　　　（b）亮度内插着色　　　　（c）法向量内插着色

图 9-16　经纬度间隔 10 度下不同着色方式下的球体效果图

对比图 9-16(b)、图 9-16(c)，可以看到亮度内插方法绘制的表面球体仍有若隐若现的马赫带效应，法向量内插方法绘制的表面球体完全消除了曲面边界，显得更真实。

将经纬度间隔改为 5 度，则表示曲面片的空间三角形平面更贴近球体表面，更精确，效果更好。如图 9-17 所示。

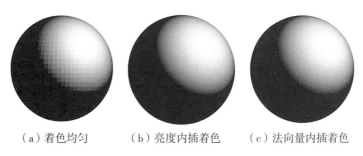

（a）着色均匀　　　　（b）亮度内插着色　　　　（c）法向量内插着色

图 9-17　经纬度间隔 5 度下不同着色方式下的球体效果图

4）直接着色

均匀着色、插值着色都是为了减少计算量而进行了某种近似。相比较而言，直接利用光照明方程计算物体表面每一个点才是最准确的着色方法。直接着色需要注意的是物体表面上的点必须足够，以保证显示器上相关区域中的每一个像素都被着色，不至于产生空洞。

球体上的每一个点都是用经纬度形式的极坐标精确选取的。在上一小节用了 10 度、5 度的间隔，毫无疑问间隔太大。为了避免空洞，需极大地缩小间隔，以保证球体 2 内的每个像素都被着色。

该方法设置 mode = 4。在 Spheres2( ) 函数中进行参数改变并添加如下语句：

```
double P1[3], P2[3], P3[3], P4[3]; //极坐标(R, wd, jd)表示的三维
空间点
    //int mode = 0; //绘制球体表面模型
    //int mode = 1; //球体表面均匀着色
    //int mode = 2; //球体表面亮度插值着色
    //int mode = 3; //球体表面法向量插值着色
    int mode = 4; //球体表面像素直接着色
    if (mode == 4) {
        dltw = 0.15, dltj = 0.15; //经纬度间隔
        int x0 = 800, y0 = 500, z0 = -500; //光源空间坐标
        double kd = 1.0, I = 255, P[3];
        int i;
        for (wd = 90.0-dltw; wd>-90.0; wd-=dltw) {
            for (jd = 0.0; jd < 360; jd +=dltj) {
                CoordinateTranslate(P, R, wd, jd); //三维空间点极坐
标变换
                if (P[0] > 0) {
                    double coscita = CosCalculate(P[0], P[1], P[2],
x0-P[0], y0-P[1], z0-P[2]);
```

```
                              if (coscita <=0)
                                  i=0;
                              else {
                                  i=int(kd * I * coscita+0.5); 点的光强度
                              }
                               pDC->SetPixel(P[1]+500, P[2]+400, RGB(i, i,
i));
                              }
                           }
                        }
                     return;
                  }
```

编译、执行，其结果如图9-18(a)所示。图中9-18(b)就是图9-17(c)，放在这里是为了效果对比。从对比图来看，向量内插绘制方法至少对于球体而言，已经十分逼真，效果良好。还要说明的是，这里的直接着色方法，经纬度间隔取值0.15度，这是在球体半径取值350的前提下。更大的半径需要更小的经纬度间隔，才能保证不出现空洞像素。但更小的间隔会使程序循环次数急剧上升，计算机资源需求上升，当资源无法满足时，会触发操作系统保护机制，导致程序非正常终止。因此，该方法实用性很低。

(a) 表面像素直接着色　　　　　　(b) 法向量内插着色

图 9-18　球体表面像素直接着色以及与法向量线性内插球体效果对比图

9.1.8　镜面反射球体

以上球体绘制都是采用漫反射方式，相比较而言，镜面反射方式更能体现球体的金属般质感。本小节探讨基于镜面反射的球体绘制方法。

1. 编程思路

在9.1.3小节已经叙述了平面的镜面反射。平面的镜面反射，每个像素的法向量方向都一样，并且为了计算简便，还通过摆放平面位置设置了一个特殊的法向量方向。球面的镜面反射，每个像素的法向量方向都不一样，没有了捷径，只能从一般方法出发，探讨计算方法。

如图9-19所示，在球心是坐标系原点的前提下，球体表面任意一点 P 的坐标值(x,

y，z)就是 P 点处的法向量 OP。假设光源 A 的坐标为$(x_0，y_0，z_0)$，则 P 点处的入射光方向用向量 $AP(x-x_0，y-y_0，z-z_0)$ 表示。只要由 P 点处的法向量$(x，y，z)$和 P 点处的入射光方向$(x-x_0，y-y_0，z-z_0)$求出 P 点处的反射光方向 PB，就可以计算 P 点处的镜面反射光亮度。

计算 P 点处的反射光方向的一种方法如下：

设 PB 上存在一点 B，B 的坐标为$(x_1，y_1，z_1)$，B 点与 A 点关于法向量$(x，y，z)$对称，即$|PB| = |PA|$。关键是由 $A(x_0，y_0，z_0)$计算出 B $(x_1，y_1，z_1)$。

建立一个辅助坐标系 $O'-X'Y'Z'$，原点 O' 为 P，Z' 轴方向为 P 点处的法向量$(x，y，z)$，X'轴方向为向量 PA 在 $O'X'Y'$平面上的投影，Y'轴方向可以由 Z'轴方向向量叉乘 X'轴方向向量得到，如图 9-19 所示。

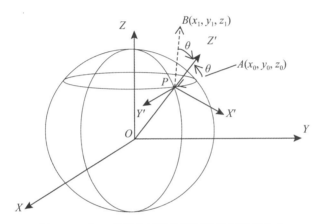

图 9-19 在 P 点建立辅助坐标系计算反射光方向

$O-XYZ$ 坐标系到 $O'-X'Y'Z'$坐标系的变换矩阵计算过程已经在 6.4 节完成。根据已知的 P 点处的法向量$(x，y，z)$，由式(6-5)求出 Z'轴单位向量$(a31，a32，a33)$；根据其计算结果，由式(6-9)和式(6-10)求出 X'轴单位向量$(a11，a12，a13)$；再由式(6-12)求出 Y'轴单位向量$(a21，a22，a23)$。由式(6-4)将 A 点坐标$(x_0，y_0，z_0)$变换到辅助坐标系中，得到 A 点在辅助坐标系中的坐标值$(x_0'，y_0'，z_0')$。在辅助坐标系中，A 点和 B 点关于 Z'轴对称，因此，可以立即得到 B 点的坐标值$(x_1'，y_1'，z_1') = (-x_0'，-y_0'，z_0')$。由式(6-4)的逆变换过程，将 B 点在辅助坐标系中的坐标值$(x_1'，y_1'，z_1')$变换到 $O-XYZ$ 坐标系，得到$(x_1，y_1，z_1)$。在 $O-XYZ$ 坐标系中，由 B 点坐标值$(x_1，y_1，z_1)$减去 P 点坐标值$(x，y，z)$，就可以得到反射光方向向量为 $PB(x_1-x，y_1-y，z_1-z)$。规定的投影方式是逆 X 轴的正射投影，即方向是$(-1，0，0)$，那么进入视点的光线方向即为$(1，0，0)$。向量$(1，0，0)$与向量 PB 的夹角就是 α，根据镜面反射光照方程就可以计算出 P 点处的镜面反射光亮度值。

2. 编程实现

下面以法向量插值为例说明球面镜面反射编程方法。

该方法设置 mode = 5。在 Spheres2( ) 函数中进行参数改变如下：

```
// int mode = 2;  //球体表面亮度内插着色
// int mode = 3;  //球体表面法向量内插着色
// int mode = 4;  //球体表面像素直接着色
int mode = 5;  //球体表面镜面着色
if (mode == 4) {
        dltw = 0.15, dltj = 0.15;  //经纬度间隔
        int x0 = 800, y0 = 500, z0 = -500;  //光源空间坐标
```
在 DrawTrianglePiece( ) 函数中添加镜面反射的相关语句如下：
```
        if (mode == 3) {  //三角形空间点向量插值
            for (int z = int(zmin); z <= zmax; z++) {
                if (FindTwoEdge(z, P0, P1, P2, P3, i1, i2, i3)) {
                    ymin = P0[0].y; ymax = P0[1].y;
                    for(int y = int(ymin); y <= ymax; y++) {  //沿扫描线
从左到右着色
                        double dx = P0[0].dx+(y-P0[0].y)/(P0[1].y
-P0[0].y)*(P0[1].dx-P0[0].dx);  //空间点向量插值
                        double dy = P0[0].dy+(y-P0[0].y)/(P0[1].y
-P0[0].y)*(P0[1].dy-P0[0].dy);  //空间点向量插值
                        double dz = P0[0].dz+(y-P0[0].y)/(P0[1].y
-P0[0].y)*(P0[1].dz-P0[0].dz);  //空间点向量插值
                        coscita = CosCalculate(dx, dy, dz, x0-dx, y0
-dy, z0-dz);
                        int i0 = int(kd * I * coscita+0.5);  //空间点光
强度
                        pDC->SetPixel(y+500, z+400, RGB(i0, i0,
i0));
                    }
                }
            }
        }

        if (mode == 5) {  //三角形空间点向量插值镜面着色
            for (int z = int(zmin); z <= zmax; z++) {
                if (FindTwoEdge(z, P0, P1, P2, P3, i1, i2, i3)) {
                    ymin = P0[0].y; ymax = P0[1].y;
                    for (int y = int(ymin); y <= ymax; y++) {  //沿扫描
线从左到右着色
```

```
                double dx=P0[0].dx+(y-P0[0].y)/(P0[1].y
-P0[0].y)*(P0[1].dx-P0[0].dx); //空间点向量插值
                double dy=P0[0].dy+(y-P0[0].y)/(P0[1].y
-P0[0].y)*(P0[1].dy-P0[0].dy); //空间点向量插值
                double dz=P0[0].dz+(y-P0[0].y)/(P0[1].y
-P0[0].y)*(P0[1].dz-P0[0].dz); //空间点向量插值
                double P4[3];
                ReflectDir(P4,dx,dy,dz,x0,y0,z0);
                coscita=CosCalculate(1,0,0,P4[0]-dx,P4
[1]-dy,P4[2]-dz);

                double cosncita=coscita;
                int n=3; //cos(alpha)3次方
                for(int i=0;i<n;i++)cosncita=cosncita
*coscita;

                int i0=int(kd*I*cosncita+0.5); //空间点光
强度
                  pDC->SetPixel(y+500,z+400,RGB(i0,i0,
i0));
                }
              }
            }
          }
```

在法向量插值得到球面一点 P 处的法向量($\mathrm{d}x$, $\mathrm{d}y$, $\mathrm{d}z$)，它也是 P 点的坐标。ReflectDir( )函数根据法向量和光源 A 的坐标(x_0, y_0, z_0)计算反射光线上 B 点的坐标，计算结果由一维数组 P_4 返回。B 点的坐标减去 P 点的坐标就得到反射光线的方向向量。用函数 CosCalculate( )计算反射光线方向向量与进入视点光线方向向量夹角 α 的余弦值，进而用光照方程计算出反射光光亮度并显示。其中，n 是表示物体表面光滑程度的参数。

ReflectDir( )函数目前还不存在，用类向导在文档类中添加如下：

```
//计算反射光方向上的 B 点坐标，计算结果放在 p 数组中返回
void CMyGraphicsDoc:: ReflectDir(double p[3],double x,double y,
double z,double x0,double y0,double z0)
{
  //TODO:在此处添加实现代码
  double a11,a12,a13,a21,a22,a23,a31,a32,a33;

  //计算 Z'轴单位向量
  double d=sqrt(x*x+y*y+z*z);
```

```
a31 = x /d; a32 = y /d; a33 = z /d;
//计算 X'轴单位向量
if (a32 == 0 && a33 == 0) {
    if (a31 > 0) {
        a11 = 0; a12 = -1; a13 = 0;
    }
    else {
        a11 = 0; a12 = 1; a13 = 0;
    }
}
else {
    double b1 = 1.0-a31 * a31;
    double b2 = -a31 * a32;
    double b3 = -a31 * a33;
    d = sqrt(b1 * b1+b2 * b2+b3 * b3);
    a11 = b1 /d;
    a12 = b2 /d;
    a13 = b3 /d;
}
//计算 Y'轴单位向量
a21 = a32 * a13-a33 * a12;
a22 = a33 * a11-a31 * a13;
a23 = a31 * a12-a32 * a11;


//将 A 点坐标从世界坐标系变换到辅助坐标系
double x1, y1, z1;
x1 = (x0-x) * a11+(y0-y) * a12+(z0-z) * a13;
y1 = (x0-x) * a21+(y0-y) * a22+(z0-z) * a23;
z1 = (x0-x) * a31+(y0-y) * a32+(z0-z) * a33;
//根据对称关系计算 B 点在辅助坐标系坐标值
x1 = -x1; y1 = -y1;
//将 B 点坐标从辅助坐标系变换到世界坐标系
p[0] = (x1+x) * a11+(y1+y) * a21+(z1+z) * a31;
p[1] = (x1+x) * a12+(y1+y) * a22+(z1+z) * a32;
p[2] = (x1+x) * a13+(y1+y) * a23+(z1+z) * a33;
}
```

编译、执行程序，结果如图 9-20 所示。可以改变 n 值，对比不同效果。

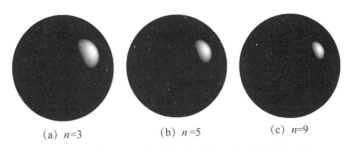

(a) *n*=3   (b) *n*=5   (c) *n*=9

图 9-20   球体镜面反射效果对比图(经纬度间隔为 5 度)

9.2   颜色模型

要生成有高度真实感的图形，就要使用颜色，所以，需要对颜色相关知识进行讨论和编程实现。

任何一种具体的颜色，都是由三个独立的因素决定的。例如，通过红、绿、蓝三种基色可以调制出万紫千红的颜色；从视觉的角度出发，颜色有如下三个特性：色彩(Hue)、饱和度(Saturation)和亮度(Lightness)；从光学的量化角度出发，颜色有如下三个特性：主波长，纯度和辉度。这些各不相同的特性描述了从不同的角度观察、测量、感知颜色的结果。每一个角度都构成了一个颜色模型。也就是说，对于一种具体的颜色，每个颜色模型都可以用自己的三个独立因素来构成。

不同的颜色模型是不同的颜色使用者从各自的角度出发，为了更方便地使用颜色，通过实践经验的总结而提炼出来的。各种模型有各自的优缺点，为了发挥各种颜色模型的长处，必须进行模型间的转换。例如，人眼对于一种颜色的色彩、饱和度和亮度容易确定，但是要确定该颜色的红、绿、蓝三个分量却十分困难。计算机使用红、绿、蓝三基色颜色模型，显示器硬件和相关管理应用软件是在红、绿、蓝颜色模型的基础上建立起来的，计算机图形学的各种应用必须使用红、绿、蓝颜色模型。解决的办法就是在人眼对于颜色的色彩、饱和度和亮度进行确定后，用一种颜色模型确定色彩、饱和度和亮度参数值，然后利用模型变换将三个参数转换成红、绿、蓝三分量参数值，这样就可以在计算机上绘制所需要的颜色。

本节介绍几种常用的颜色模型以及模型间的转换方法，并编程加以验证。

9.2.1   RGB 颜色模型

RGB 颜色模型是用红、绿、蓝三种颜色按照不同的比例进行混合而得到的彩色色彩。在学习计算机图形学系统硬件时已经知道，显示器上的每一个像素被分成红、绿、蓝三个子像素，通过不同的赋值实现三个子像素的混合比例，从而合成一个彩色的像素。计算机图形学各种软件系统都有为每个像素红、绿、蓝三分量提供赋值的接口，例如 Visual C++的 RGB(r，g，b)函数就是用红、绿、蓝三个形参提供颜色的赋值接口。

本小节通过实验来演示红、绿、蓝三分量混合成彩色的效果。

1. 编程思路

在一个正方形区域设置三个分别代表红、绿、蓝颜色且相互部分重叠的圆，分别对圆内像素设置红、绿、蓝颜色值，则重叠部分的像素分别设置了两种或三种颜色分量。这样，正方形内存在未设置、设置了一种颜色、设置了两种颜色、设置了三种颜色共四类像素。将正方形显示出来，看看红、绿、蓝三种颜色混合后的颜色效果。

设置一个二维数组，每个数组元素代表一个像素。数组元素是一个一维数组，有三个分量，分别存放红、绿、蓝颜色值。

2. 编程实现

在菜单栏添加"颜色模型"菜单项，在其下建立"RGB 模型"子菜单项，子菜单项的 ID 设置为 ID_COLOR_RGB。用类向导在视图类建立菜单响应函数如下：

```
void CMyGraphicsView:: OnColorRgb()
{
    //TODO：在此添加命令处理程序代码
    CMyGraphicsDoc * pDoc=GetDocument(); //获得文档类指针
    CClientDC pDC(this);                  //定义当前绘图设备
    pDoc->ColorRGB(&pDC);
}
```

其中，ColorRGB( )函数是文档类实现函数。用类向导在文档类建立函数如下：

```
void CMyGraphicsDoc:: ColorRGB(CClientDC * pDC)
{
    //TODO：在此处添加实现代码
    unsigned char * A;      //建立二维数组存放像素的 RGB 三分量
    A=new unsigned char[400 * 400 * 3]; //数组数据量太大，使用动态空间
申请方式
    int r, x1, y1, x2, y2, x3, y3; //半径和圆心
    int R=255, G=255, B=255;
    r=100; x1=150; y1=150; x2=250; y2=150; x3=200; y3=250;
    for (int i=0; i < 400; i++) { //所有像素初始化为黑色
        for (int j=0; j < 400; j++) {
            *(A+(i * 400+j) * 3+0)=0; //R 分量
            *(A+(i * 400+j) * 3+1)=0; //G 分量
            *(A+(i * 400+j) * 3+2)=0; //B 分量
        }
    }
    for (int i=0; i < 400; i++) { //所有像素赋值
        for (int j=0; j < 400; j++) {
            if (InCircle(i, j, x1, y1, r))//像素(i, j)在第一个圆里
```

```
            *(A+(i*400+j)*3+0)=R;  //R分量
        if(InCircle(i,j,x2,y2,r))//像素(i,j)在第二个圆里
            *(A+(i*400+j)*3+1)=G;  //G分量
        if(InCircle(i,j,x3,y3,r))//像素(i,j)在第三个圆里
            *(A+(i*400+j)*3+2)=B;  //B分量
        }
    }
    for(int i=0; i < 400; i++) { //所有像素赋值
        for(int j=0; j < 400; j++) {
            pDC->SetPixel(i+100, j+100, RGB( *(A+(i*400+j)*3
+0), *(A+(i*400+j)*3+1), *(A+(i*400+j)*3+2)));
        }
    }
    delete []A;
}
```

InCircle( )函数用来判断当前像素是否在圆中，如果在就可以在该像素中设置该圆所代表的颜色。用类向导在文档类建立函数如下：

```
bool CMyGraphicsDoc:: InCircle(int x, int y, int x0, int y0, int R)
{
    //TODO: 在此处添加实现代码
    double d=sqrt((x-x0)*(x-x0)+(y-y0)*(y-y0));
    if (d < R)return true;
    return false;
}
```

编译、运行，得到如图 9-21 所示结果。

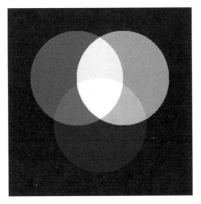

图 9-21 RGB 颜色模型运行结果

改变程序中 R、G、B 三个参数的初始值，可以得到其他颜色混合结果。具体如下：

```
unsigned char * A;        //建立二维数组存放像素的 RGB 三分量
A=new unsigned char[400 * 400 * 3];
int r, x1, y1, x2, y2, x3, y3;  //半径和圆心
// int R=255, G=255, B=255;
int R=128, G=128, B=128;
r=100; x1=150; y1=150; x2=250; y2=150; x3=200; y3=250;
```

9.2.2　*XYZ* 颜色模型

XYZ 颜色模型是唯一一个包含了可见光波段内所有颜色的颜色模型，也就是说，其他任何颜色模型都不能包含所有颜色。

XYZ 颜色模型和 RGB 颜色模型类似，用 *X*、*Y*、*Z* 作为基色进行不同比例的混合，得到各种颜色。事实上，*XYZ* 颜色模型是 RGB 颜色模型的改进。人们发现某些颜色用 RGB 颜色模型表示，一些基色分量必须是负值，即需要从一种颜色中减去一些基色才能得到需要的颜色。从一种颜色中抽出一些基色是做不到的，因为 RGB 颜色模型是加色系统，只能向颜色中加入一些基色而不能减出。这就是 RGB 颜色模型不能表示某些颜色的根本原因。认识到红、绿、蓝作为三基色的缺陷，人们期望找到更好的三个参数作为基色来混合所有的颜色。找到的就是 *X*、*Y*、*Z*，所有的颜色都可以通过添加一定数量的 *X*、*Y*、*Z* 混合出来。但 *X*、*Y*、*Z* 的物理意义不明，不像 RGB 颜色模型，其红、绿、蓝三种基色在自然界中明确存在。

XYZ 颜色模型表示的所有颜色，其 *X*、*Y*、*Z* 分量都为正。如果用 *X*、*Y*、*Z* 构成一个三维坐标系 *O-XYZ*，则所有的颜色都在 *X*、*Y*、*Z* 均为正的第一卦限，是第一卦限空间中的某一个点。在第一卦限，从坐标原点出发的一根空间直线所遇到的点代表了一系列的颜色，这些颜色的 *X*、*Y*、*Z* 分量比例相同，因而具有相同的色彩；但它们的 *X*、*Y*、*Z* 分量大小不一，因而这些颜色的亮度值不同。如果只考虑色彩不考虑亮度，这一系列颜色就可以由一个代表来表示。这个代表就是这一系列点中位于平面 $X+Y+Z=1$ 上的那个点。所有颜色的代表点在 $X+Y+Z=1$ 平面上构成了一个马蹄形图案。$X+Y+Z=1$ 是一个斜平面，它与每个坐标轴都有交点，交点位于坐标轴刻度为 1 的点上。为了更方便地使用，将这个斜平面放平，即将这个马蹄形图案正射投影到 *XOY* 二维平面，得到的就是 CIE 色度图，如图 9-22 所示，其中水平轴是 *X* 轴，垂直轴是 *Y* 轴。

CIE 色度图包含了可见光波段所有的可见色彩，每种色彩可以用 (x, y) 坐标表示。例如，白色点大约在 $(0.33, 0.33)$ 点附近。不要忘了真正的色彩点在 $x+y+z=1$ 斜平面上，因此每个色彩点还暗含了一个 *Z* 坐标，用 $z=1-x-y$ 计算。因此，白色点大约在 $(0.33, 0.33, 0.34)$ 点附近。该点代表的是无色彩的点，包括纯白、纯黑以及在纯白和纯黑之间所有的无色彩灰色。

CIE 色度图不仅可以用坐标表示色彩，还可以解释、解决很多颜色方面的问题。例如，不存在纯 *X* 或纯 *Y*、纯 *Z* 这样的颜色，在色度图上找不到 $(1, 0)$、$(0, 1)$、$(0, 0)$ 对应的色彩，它们不包含在可见色彩中。这就是 *X*、*Y*、*Z* 不像 R、G、B 那样有明确物理

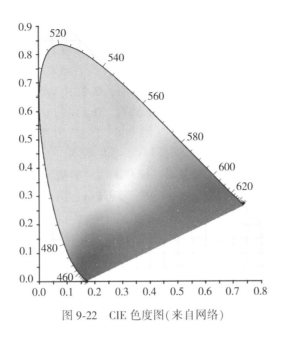

图 9-22 CIE 色度图(来自网络)

意义的原因。在色度图上可以找到纯红、纯绿、纯蓝三点,这三点构成一个三角形,则三角形内部所有点代表的色彩都可以由红、绿、蓝三基色组合而成,这是因为三角形内部的任何点都可以由三个顶点通过线性组合得到,而三角形外部的点不能由三顶点得到。这就可以解释为什么有些颜色不能在 RGB 颜色模型中表示。其实,马蹄形范围内任意三个不在一条直线上的三点都可以构成一个三角形,可以作为三基色组合出三角形内所有颜色。还可以看到,在马蹄形范围内找不到一个三角形能囊括马蹄形中所有的颜色,因此,任何一个三基色颜色模型都不能组合出所有颜色。在马蹄形范围内作一条过白色点的线段,则白色点一端线段上的点所代表的颜色都可以构成另一端线段上的点的颜色的补色。这为应用者寻找一种特定颜色的补色指明了查找方向。

关于 CIE 色度图的应用还有许多。颜色模型的本质是具体颜色数据化表示,本小节关注的是在色度图上取一个坐标,然后在计算机上显示其颜色,验证表示颜色的数据是否与颜色一致。

1. 编程思路

计算机上显示颜色必须使用 RGB 颜色模型,因此在显示前,将颜色由 XYZ 颜色模型转换到 RGB 颜色模型。

给出一个色度图上的坐标(x, y),计算 z 值,然后使用 XYZ 颜色模型转换到 RGB 颜色模型转换矩阵对(x, y, z)计算,得到对应的(r, g, b),绘制一个用该颜色填充的矩形图形。

XYZ 颜色模型转换到 RGB 颜色模型转换矩阵如下:

$$\begin{bmatrix} R \\ G \\ B \end{bmatrix} = \begin{bmatrix} 1.910 & -0.532 & -0.288 \\ -0.985 & 1.999 & -0.028 \\ -0.058 & 0.118 & 0.898 \end{bmatrix} \begin{bmatrix} X \\ Y \\ Z \end{bmatrix} \tag{9-6}$$

RGB 颜色模型也可以转换到 XYZ 颜色模型，转换矩阵如下：

$$\begin{bmatrix} X \\ Y \\ B \end{bmatrix} = \begin{bmatrix} 0.607 & 0.174 & 0.201 \\ 0.299 & 0.587 & 0.114 \\ 0 & -0.066 & 1.117 \end{bmatrix} \begin{bmatrix} R \\ G \\ B \end{bmatrix} \tag{9-7}$$

需要说明的是，上面两个转换矩阵已经有了多种版本，人们还在研究着，预计还会有新版本出现。两个模型之间的关系很复杂，简单的线性转换只能追求对大部分颜色转换较为精确，为了实现不同条件下的最优解，需要不断调整，因而会不断引出新版本。

2. 编程实现

在菜单栏"颜色模型"菜单项下建立"XYZ 模型"子菜单项，子菜单项的 ID 设置为 ID_COLOR_XYZ。用类向导在视图类建立菜单响应函数如下：

```
void CMyGraphicsView:: OnColorXyz()
{
    //TODO: 在此添加命令处理程序代码
    CMyGraphicsDoc * pDoc=GetDocument(); //获得文档类指针
    CClientDC pDC(this);                 //定义当前绘图设备
    pDoc->ColorXYZ(&pDC);
}
```

ColorXYZ( )是文档类中的实现函数。使用类向导在文档类中建立该函数如下：

```
//在色度图上用(x, y)坐标定位颜色，绘制出颜色矩形。
void CMyGraphicsDoc:: ColorXYZ(CClientDC * pDC)
{
    //TODO: 在此处添加实现代码
    double x=0.33, y=0.33; //灰
//  double x=0.65, y=0.3; //红
//  double x=0.55, y=0.4; //橙
//  double x=0.45, y=0.5; //黄
//  double x=0.35, y=0.65; //绿
//  double x=0.05, y=0.4; //青
//  double x=0.15, y=0.08; //蓝
//  double x=0.3, y=0.08; //紫

    double z=1.0-x-y;
    double r, g, b;
    r=1.91 * x-0.532 * y-0.288 * z;
    g=-0.985 * x+1.999 * y-0.028 * z;
```

```
b=-0.058*x+0.118*y+0.898*z;
int R=int(r*255.0+0.5);
if(R > 255)R=255;
if(R < 0)R=0;
int G=int(g*255.0+0.5);
if(G > 255)G=255;
if(G < 0)G=0;
int B=int(b*255.0+0.5);
if(B > 255)B=255;
if(B < 0)B=0;
for(int i=100; i < 300; i++)
    for(int j=100; j < 300; j++)
        pDC->SetPixel(i, j, RGB(R, G, B));
}
```

编译、运行程序，查看生成的彩色矩形。改变 x、y 值，选择不同的几种颜色画矩形，结果如图 9-23 所示。

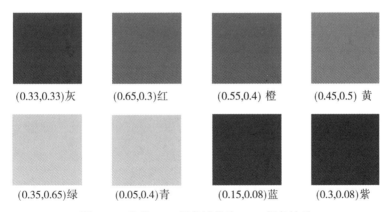

(0.33,0.33)灰   (0.65,0.3)红   (0.55,0.4) 橙   (0.45,0.5) 黄

(0.35,0.65)绿   (0.05,0.4)青   (0.15,0.08)蓝   (0.3,0.08)紫

图 9-23　几种 XYZ 颜色转换为 RGB 颜色结果

用 XYZ 模型来选择颜色，难以准确选择需要的颜色，需要反复、多次尝试参数值。该模型更多地应用于颜色理论研究，在实际应用中应该选择相关的应用类模型。

9.2.3　HSV 颜色模型

HSV 颜色模型是用 H、S、V 三个参数的数值来描述颜色。H、S、V 分别表示颜色的色彩(Hue)、饱和度(Saturation)和亮度值(Value)。色彩又称为色调、色相，是视觉系统对一个区域呈现的颜色的感觉。色彩取决于可见光谱中光波的频率，是最容易把颜色区分开的一种属性。饱和度是指一个颜色的鲜明程度，饱和度越高，颜色越深。在物体反射光的组成中，白色光越少，色饱和度越大；颜色中的白色或灰色越多，其饱和度就越小。亮度是指视觉系统对可见物体发光多少的感知属性，它和人的感知有关，其大小由物体反射系数来决定，反射系数越大，物体的亮度越大，反之越小。

如图 9-24 所示，H 和 S 构成二维极坐标，H 是角度，S 是距离旋转基点的距离。V 构成第 3 维 V 轴。H 围绕 V 轴旋转，即旋转基点在 V 轴上，其位置由 V 值决定。V 是归一化的亮度，取值范围为 $[0，1]$，$S \leqslant V$。因此，HSV 颜色模型空间是一个圆锥形，如图 9-25 所示。

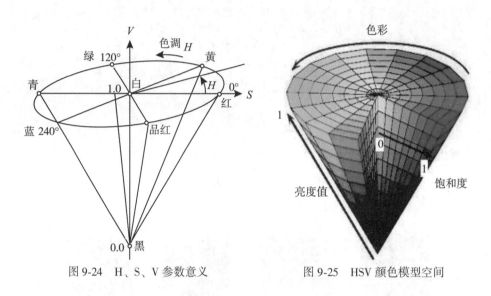

图 9-24　H、S、V 参数意义　　　　图 9-25　HSV 颜色模型空间

H 用旋转角度的大小描述色彩，取值范围 $[0，360]$，其角度值对应色彩值如图 9-26 所示。

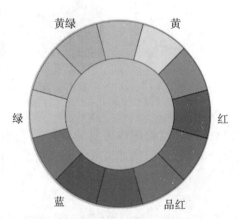

图 9-26　H 参数与色彩对应关系

S 取值范围 $[0，V]$，随着 V 值的大小而变化。S 值越大，色彩饱和度越高，颜色越鲜艳。随着 S 值逐步减小，色彩越暗淡，直至变成无色彩的灰度。

V 值是归一化的亮度值。$V = 0$ 时，为黑色；$V = 1$ 时，亮度值最大，若此时 $S = 0$，则为白色，若 $S=1$，则得到最明亮、最鲜艳的颜色，颜色色彩取决于 H 的取值。在 V 轴$[0,1]$区间依次分布着从黑逐渐到白的所有灰色点。

HSV 模型对应于画家配色的方法。画家用改变色浓和色深的方法从某种纯色获得不同色调的颜色。具体做法是，在一种纯色中加入白色以改变色浓（改变饱和度），加入黑色以改变色深（改变亮度）。加入不同比例的白色、黑色即可获得各种不同的色调。本小节关注的是在 HSV 模型颜色空间上取一个坐标，然后在计算机上显示其颜色，验证表示颜色的数据是否与颜色一致。

1. 编程思路

在 HSV 模型颜色空间上确定一个颜色坐标(h, s, v)后，将坐标值转化成(r, g, b)，然后绘制出该颜色填充的矩形。

HSV 颜色空间转化到 RGB 颜色空间是用算法实现的，具体算法如下：

```
if s=0
    R=G=B=V
Else
    H /=60;
i=INTEGER(H)
f=H - i
a=V*( 1-s )
b=V*( 1-s*f )
c=V*( 1-s*(1-f ) )
switch(i)
    case 0: R=V; G=c; B=a;
    case 1: R=b; G=v; B=a;
    case 2: R=a; G=v; B=c;
    case 3: R=a; G=b; B=v;
    case 4: R=c; G=a; B=v;
    case 5: R=v; G=a; B=b;
```

2. 编程实现

在菜单栏"颜色模型"菜单项下建立"HSV 模型"子菜单项，子菜单项的 ID 设置为 ID_COLOR_HSV。用类向导在视图类建立菜单响应函数如下：

```
void CMyGraphicsView:: OnColorHsv()
{
    //TODO：在此添加命令处理程序代码
    CMyGraphicsDoc * pDoc=GetDocument(); //获得文档类指针
    CClientDC pDC(this);                 //定义当前绘图设备
    pDoc->ColorHSV(&pDC);
}
```

ColorHSV( )是文档类中的实现函数。使用类向导在文档类中建立该函数如下：

277

```
//在 HSV 颜色模型中用(h，s，v)坐标定位颜色，绘制出颜色矩形
void CMyGraphicsDoc:: ColorHSV(CClientDC * pDC)
{
    //TODO：在此处添加实现代码
  //double h=0；//红
  //double h=25；//橙
  //double h=60；//黄
  //double h=120；//绿
  //double h=180；//青
  //double h=240；//蓝
  //double h=265；//紫
  double h=270；//品红
  double s=1.0，v=1.0；
  double r, g, b；
  if ( s==0 ) {
      r=v; g=v; b=v；
  }
  else {
      h=h /60.0；
  }
  int i=int(h+0.5)；
  double f=h-i；
  double a1=v * (1.0-s)；
  double b1=v * (1-s * f)；
  double c1=v * (1-s * (1-f))；
  switch (i) {
      case 0: r=v; g=c1; b=a1; break；
      case 1: r=b1; g=v; b=a1; break；
      case 2: r=a1; g=v; b=c1; break；
      case 3: r=a1; g=b1; b=v; break；
      case 4: r=c1; g=a1; b=v; break；
      case 5: r=v; g=a1; b=b1; break；
      }

  int R=int(r * 255.0+0.5)；
  if (R > 255)R=255；
  if (R < 0)R=0；
  int G=int(g * 255.0+0.5)；
```

```
if (G > 255)G=255;
if (G < 0)G=0;
int B=int(b*255.0+0.5);
if (B > 255)B=255;
if (B < 0)B=0;
for (int i=100; i < 300; i++)
    for (int j=100; j < 300; j++)
        pDC->SetPixel(i, j, RGB(R, G, B));
}
```

使用不同的 H 值可以选择不同的色彩。编译、运行程序，结果如图 9-27 所示。

(0,1,1)红 (25,1,1)橙 (60,1,1)黄 (120,1,1)绿

(180,1,1)青 (240,1,1)蓝 (265,1,1)紫 (270,1,1)品红

图 9-27 HSV 颜色模型：用 H 参数选择色彩

使用不同的 S 值可以选择不同的饱和度，S 值递减的过程相当于添加白色。编译、运行程序，结果如图 9-28 所示。

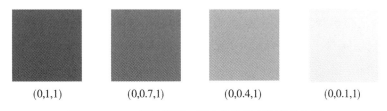

(0,1,1) (0,0.7,1) (0,0.4,1) (0,0.1,1)

图 9-28 HSV 颜色模型：用 S 参数改变颜色饱和度

使用不同的 V 值可以选择不同的颜色亮度，V 值递减的过程相当于添加黑色。编译、运行程序，结果如图 9-29 所示。

$S=0$，成为无颜色的灰度图，灰度亮度取决于 V 值。编译、运行程序，结果如图 9-30 所示。

只要能够理解 H、S、V 参数的意义以及参数值对应的颜色，使用 HSV 颜色模型选择

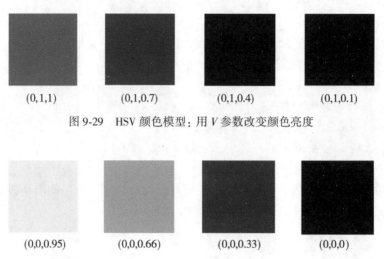

图 9-29　HSV 颜色模型：用 *V* 参数改变颜色亮度

（上排方块下方标注）(0,1,1)　(0,1,0.7)　(0,1,0.4)　(0,1,0.1)

（下排方块下方标注）(0,0,0.95)　(0,0,0.66)　(0,0,0.33)　(0,0,0)

图 9-30　HSV 颜色模型：饱和度为 0，成为无色彩的灰色

颜色就很容易、很准确。

9.2.4　HSI 颜色模型

HSI 颜色模型是从人的视觉系统出发，用色调（Hue）、色饱和度（Saturation）和亮度（Intensity）来描述色彩，其中，H 和 S 参数与 HSV 模型完全一样，V 和 I 也都是颜色的亮度。两个模型最本质的区别是颜色空间的形状不同，HSV 颜色模型只有下面一个圆锥，HIS 颜色模型是两个圆锥的组合。两个模型中轴线都是灰度，最下面是纯黑，最上面是纯白。两个模型最大饱和度都出现在圆锥底面上，HSV 的饱和度是对纯白而言，HSI 的饱和度是对中值灰度而言。HSV 是从画家颜色调配出发，HIS 对颜色的描述更符合人对颜色的视觉理解。电脑自带的画图软件调色板使用 HIS 颜色模型。

HSI 模型参数意义如图 9-31 所示。H 的取值范围为 $[0, 360]$，不同的值决定了不同的色调。I 的取值范围为 $[0, 1]$，全黑为 0，全白为 1。S 的取值范围为 $[0, 1]$，其中，当 I 在 $[0, 0.5]$ 区间时，$S \leqslant 2 \cdot I$，当 I 在 $[0.5, 1]$ 区间时，$S \leqslant 2 - 2 \cdot I$。HSI 颜色模型空间如图 9-32 所示。

本小节的实验是在 HSI 模型颜色空间上取一个坐标，然后在计算机上显示其颜色，验证表示颜色的数据是否与颜色一致。

1. 编程思路

在 HSI 模型颜色空间上确定一个颜色坐标 (h, s, i) 后，将坐标值转化成 (r, g, b)，然后绘制出该颜色填充的矩形。

HSI 颜色空间转化到 RGB 颜色空间用以下公式实现：

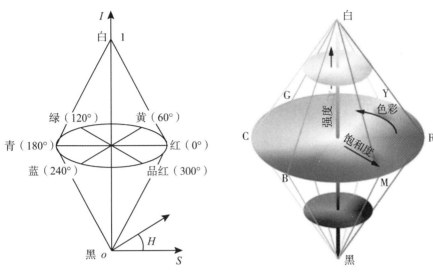

图 9-31 *H*、*S*、*I* 参数意义   图 9-32   HIS 颜色模型空间

$0° \leqslant h < 120°$

$r = i \times \left[1 + \dfrac{s \times \cos h}{\cos (60° - h)} \right]$, $\quad b = i \times (1 - s)$, $\quad g = 3 \times i - (r + b)$

$120° \leqslant h < 240°$, $\quad h = h - 120°$

$g = i \times \left[1 + \dfrac{s \times \cos h}{\cos (60° - h)} \right]$, $\quad r = i \times (1 - s)$, $\quad b = 3 \times i - (r + g)$ $\qquad$ (9-8)

$240° \leqslant h < 360°$, $\quad h = h - 240°$

$b = i \times \left[1 + \dfrac{s \times \cos h}{\cos (60° - h)} \right]$, $\quad g = i \times (1 - s)$, $\quad r = 3 \times i - (g + b)$

2. 编程实现

在菜单栏"颜色模型"菜单项下建立"HSI 模型"子菜单项，子菜单项的 ID 设置为 ID_
COLOR_HSI。用类向导在视图类建立菜单响应函数如下：

```
void CMyGraphicsView:: OnColorHsi()
{
    //TODO: 在此添加命令处理程序代码
    CMyGraphicsDoc * pDoc = GetDocument(); //获得文档类指针
    CClientDC pDC(this);                    //定义当前绘图设备
    pDoc->ColorHSI(&pDC);
}
```

ColorHSI( )是文档类中的实现函数。使用类向导在文档类中建立该函数如下：

```
//在 HSI 颜色模型中用(h, s, i)坐标定位颜色，绘制出颜色矩形
void CMyGraphicsDoc:: ColorHSI(CClientDC * pDC)
{
```

```
//TODO：在此处添加实现代码
double h=0; //红
//double h=30; //橙
//double h=60; //黄
//double h=120; //绿
//double h=180; //青
//double h=240; //蓝
//double h=270; //紫
//double h=300; //品红
double i=0.5;
double s;
if (i<0.5||i==0.5)s=2.0*i;
if (i>0.5)s=2.0-2.0*i;
//s=0.0;
double r, g, b;
if (h>=0&&h<120) {
    r=i*(1+s*cos(h /180.0*3.1415926) /cos((60-h) /180.0
*3.1415926));
    b=i*(1.0-s); g=3.0*i-(r+b);
}
if (h>=120&&h<240) {
    h=h-120;
    g=i*(1+s*cos(h /180.0*3.1415926) /cos((60-h) /180.0
*3.1415926));
    r=i*(1.0-s); b=3.0*i-(r+g);
}
if (h>=240&&h<360) {
    h=h-240;
    b=i*(1+s*cos(h /180.0*3.1415926) /cos((60-h) /180.0
*3.1415926));
    g=i*(1.0-s); r=3.0*i-(b+g);
}

int R=int(r*255.0+0.5);
if (R>255)R=255;
if (R<0)R=0;
int G=int(g*255.0+0.5);
if (G>255)G=255;
```

```
    if (G < 0)G=0;
    int B=int(b*255.0+0.5);
    if (B > 255)B=255;
    if (B < 0)B=0;
    for (int i=100; i < 300; i++)
        for (int j=100; j < 300; j++)
            pDC->SetPixel(i, j, RGB(R, G, B));
}
```

使用不同的 H 值可以选择不同的色彩。编译、运行程序，结果如图 9-33 所示。

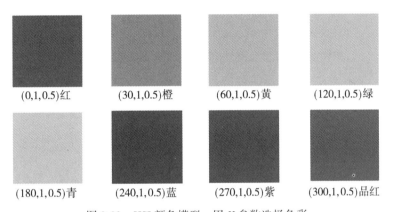

(0,1,0.5)红　　　(30,1,0.5)橙　　　(60,1,0.5)黄　　　(120,1,0.5)绿

(180,1,0.5)青　　　(240,1,0.5)蓝　　　(270,1,0.5)紫　　　(300,1,0.5)品红

图 9-33　HSI 颜色模型：用 H 参数选择色彩

都使用式(9-9)计算(r, g, b)，有的颜色亮度能达到最大，有些颜色达不到。达不到的颜色显得不鲜艳，例如黄色，但黄色的计算结果 $r=g$，$b=0$，RGB 各分量的比例关系是正确的。

使用不同的 S 值可以选择不同的饱和度，S 值递减的过程相当于添加白色。编译、运行程序，结果如图 9-34 所示。

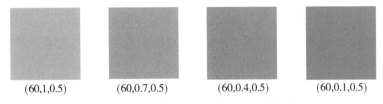

(60,1,0.5)　　　(60,0.7,0.5)　　　(60,0.4,0.5)　　　(60,0.1,0.5)

图 9-34　HSI 颜色模型：用 S 参数改变颜色饱和度

使用不同的 I 值可以选择不同的颜色亮度。S 选最大值，该值随 I 值变化。编译、运行程序，结果如图 9-35 所示。

$S=0$，成为无颜色的灰度图，灰度亮度取决于 V 值。编译、运行程序，结果如图 9-36 所示。灰度的表现与 HSV 模型完全一样。

图 9-35　HSI 颜色模型：用 V 参数改变颜色亮度

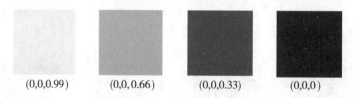

图 9-36　HSI 颜色模型：饱和度为 0，成为无色彩的灰色

对于 HSI 模型，同样需要能够理解各参数的意义以及参数值对应的颜色，便于在具体应用时使用该模型选择颜色。

9.2.5　彩色球体绘制

学习颜色模型是为了建立真实场景，以便将场景物体的颜色表现出来。对于场景物体的色彩、鲜艳程度，人眼容易作出一个大致判断，这样就确定了色调、饱和度两个参数。场景物体明暗程度可以根据光源情况、物体材质、光滑程度使用光照明方程进行计算，这样亮度参数也就确定了。利用颜色模型将颜色三个参数转化为 R、G、B，就可以在计算机中为场景物体着色了。本小节以彩色球体绘制为例，说明为场景物体着色的过程，其中，颜色变换部分采用 HSV 颜色模型，球体绘制部分使用漫反射方式下的法向量插值方法。

1. 编程思路

H、S 参数在程序中直接给出，亮度值 V 是在绘制球体的过程中逐像素计算出来的，只是在前面只考虑明暗程度时绘制像素时用亮度值绘制灰度像素。对程序做部分修改，绘制像素时加入彩色信息，这就要 HSV 模型转化为 RGB 模型。Sphere2( ) 函数已经建立了绘制球体的完整框架，可以直接利用。Sphere2( ) 函数已经有了 5 种模式，在其中增加第 6 种模式就可以完成彩色球体的绘制。

2. 编程实现

在菜单栏"颜色模型"菜单项下建立"彩色球体"子菜单项，子菜单项的 ID 设置为 ID_COLOR_SPHERE。用类向导在视图类建立菜单响应函数如下：

```
void CMyGraphicsView:: OnColorSphere()
{
    //TODO：在此添加命令处理程序代码
    CMyGraphicsDoc * pDoc =GetDocument(); //获得文档类指针
```

```
    CClientDC pDC(this);              //定义当前绘图设备
    pDoc->Sphere2(&pDC);
}
```

这里直接调用了 Sphere2( ) 函数。为了保证执行第 6 种模式，对 Sphere2( ) 函数做如下修改：

```
//   int mode=0；//绘制球体表面模型
//   int mode=1；//球体表面均匀着色
//   int mode=2；//球体表面亮度内插着色
//   int mode=3；//球体表面法向量内插着色
//   int mode=4；//球体表面像素直接着色
//   int mode=5；//球体表面镜面着色
     int mode=6；//球体表面彩色着色
     if(mode==4){
         dltw=0.15, dltj=0.15；//经纬度间隔
         int x0=800, y0=500, z0=-500；//光源空间坐标
```

不同模式的执行是在 DrawTrianglePiece( ) 函数中实现的，因此，在 DrawTrianglePiece( ) 函数中添加第 6 种模式实现语句如下：

```
         if(mode==3){//三角形空间点向量插值
             for(int z=int(zmin); z <=zmax; z++){
                 if(FindTwoEdge(z, P0, P1, P2, P3, i1, i2, i3)){
                     ymin=P0[0].y; ymax=P0[1].y;
                     for(int y=int(ymin); y<=ymax; y++){//沿扫描线
从左到右着色
                         double dx=P0[0].dx+(y-P0[0].y)/(P0[1].y
-P0[0].y)*(P0[1].dx-P0[0].dx)；//空间点向量插值
                         double dy=P0[0].dy+(y-P0[0].y)/(P0[1].y
-P0[0].y)*(P0[1].dy-P0[0].dy)；//空间点向量插值
                         double dz=P0[0].dz+(y-P0[0].y)/(P0[1].y
-P0[0].y)*(P0[1].dz-P0[0].dz)；//空间点向量插值
                         coscita=CosCalculate(dx, dy, dz, x0-dx, y0
-dy, z0-dz)；
                         int i0=int(kd*I*coscita+0.5)；//空间点光
强度
                         pDC->SetPixel(y+500, z+400, RGB(i0, i0,
i0))；
                     }
                 }
             }
         }
```

285

```
        }
        if (mode= =6) {//三角形空间点向量插值
            int R, G, B;
            for (int z=int(zmin); z <=zmax; z++) {
                if (FindTwoEdge(z, P0, P1, P2, P3, i1, i2, i3)) {
                    ymin=P0[0].y; ymax=P0[1].y;
                    for(int y=int(ymin); y<=ymax; y++){//沿扫描线
从左到右着色
                        double dx=P0[0].dx+(y-P0[0].y)/(P0[1].y
-P0[0].y)*(P0[1].dx-P0[0].dx); //空间点向量插值
                        double dy=P0[0].dy+(y-P0[0].y)/(P0[1].y
-P0[0].y)*(P0[1].dy-P0[0].dy); //空间点向量插值
                        double dz=P0[0].dz+(y-P0[0].y)/(P0[1].y
-P0[0].y)*(P0[1].dz-P0[0].dz); //空间点向量插值
                        coscita=CosCalculate(dx, dy, dz, x0-dx, y0
-dy, z0-dz);
                        double i0=kd*coscita; //空间点光强度
                        HSV2RGB(i0, &R, &G, &B);
                        pDC->SetPixel(y+500, z+400, RGB(R, G, B));
                    }
                }
            }
        }
    }
```

可以看到，第 6 种模式在复制第 3 种模式语句的基础上，增加了 R、G、B 整数变量，修改了亮度值计算方法，增加了一个颜色模式转换函数，改成了绘制彩色像素。HSV2RGB( ) 函数完成将 H、S、V 参数转换成 R、G、B 参数的任务，其中 V 参数是光照明方程计算出来的 i_0，通过形参传入转换函数，H、S 参数直接在函数内给出，转换计算出的 R、G、B 由函数形参返回。目前，HSV2RGB( ) 还不存在，使用类向导在文档类中建立如下：

```
//将 HSV 颜色模型的 H、S、V 参数转换为 RGB 颜色模型的 R、G、B 参数
void CMyGraphicsDoc:: HSV2RGB(double v, int *R, int *G, int *B)
{
    //TODO: 在此处添加实现代码
    double h=0; //红
//  double h=25; //橙
//  double h=60; //黄
//  double h=120; //绿
//  double h=180; //青
```

```
//  double h=240; //蓝
//  double h=265; //紫
//  double h=270; //品红
double s=1.0;
double r, g, b;
if (s==0) {
    r=v; g=v; b=v;
}
else {
    h=h /60.0;
}
int i=int(h+0.5);
double f=h-i;
double a1=v*(1.0-s);
double b1=v*(1-s*f);
double c1=v*(1-s*(1-f));
switch (i) {
case 0: r=v; g=c1; b=a1; break;
case 1: r=b1; g=v; b=a1; break;
case 2: r=a1; g=v; b=c1; break;
case 3: r=a1; g=b1; b=v; break;
case 4: r=c1; g=a1; b=v; break;
case 5: r=v; g=a1; b=b1; break;
}

*R=int(r*255.0+0.5);
if (*R>255) *R=255;
if (*R<0) *R=0;
*G=int(g*255.0+0.5);
if (*G>255) *G=255;
if (*G<0) *G=0;
*B=int(b*255.0+0.5);
if (*B>255) *B=255;
if (*B<0) *B=0;
return;
}
```

函数功能已经在 ColorHSV( ) 函数中实现，这里做的少量修改是去除了绘制彩色矩形语句，增加了 R、G、B 参数值返回功能。

编译、运行程序，通过 H 参数改变不同的颜色，几种颜色的球体绘制结果如图 9-37 所示。

图 9-37　几种颜色球体绘制结果

本章作业

1. 编制程序，分别使用 HSV、HIS 颜色模型绘制光谱图，并做对比，找出两个颜色模型之间的差异。

2. 编制程序，绘制一个带有光照阴影的球体。（提示：对于书中例子，需要改变投影方式，以便能将阴影所在平面显示出来）

参 考 文 献

［1］于子凡．计算机图形学实习教程：基于 C#语言［M］．武汉：武汉大学出版社，2017.

［2］［美］Donald Hearn，M. Pauline Baker，Warren R. Carithers. 计算机图形学（第四版）［M］．蔡士杰，杨若瑜，译．北京：电子工业出版社，2014.

［3］许社教．计算机图形学［M］．西安：西安电子科技大学出版社，2023.

［4］孙家广，胡事民．计算机图形学基础教程（第 2 版）［M］．北京：清华大学出版社，2009.

［5］王汝传，黄海平，林巧民，蒋凌云．计算机图形学教程（第 3 版）［M］．北京：人民邮电出版社，2020.

［6］苏小红，孙志刚．C 语言大学实用教程学习指导（第 4 版）［M］．北京：电子工业出版社，2017.

［7］孙鑫．VC++深入详解（第 3 版）（基于 Visual Studio 2017）［M］．北京：电子工业出版社，2019.

［8］朱晨冰．Visual C++ 2017 从入门到精通［M］．北京：清华大学出版社，2020.

［9］明日科技．Visual C++从入门到精通（第 4 版）［M］．北京：清华大学出版社，2017.